André Papmehl | Peter Gastberger | Zoltan Budai

Die kreative Organisation

André Papmehl | Peter Gastberger |
Zoltan Budai (Hrsg.)

Die kreative Organisation

- Führungsverantwortung wahrnehmen
- Kreative Mitunternehmer entfesseln
- Chancen im globalen Wettbewerb gestalten

GABLER

Bibliografische Information der Deutschen Nationalbibliothek
Die Deutsche Nationalbibliothek verzeichnet diese Publikation in der Deutschen Nationalbibliografie; detaillierte bibliografische Daten sind im Internet über <http://dnb.d-nb.de> abrufbar.

André Papmehl ist Personalleiter in einem internationalen Konzern. Zuvor war er im Personal- und Bildungswesen mehrerer namhafter Unternehmen tätig. Er ist Autor und Herausgeber zahlreicher Publikationen zu innovativen Management-Themen.

Zoltan Budai ist selbständiger Berater. Er verfügt über langjährige Praxiserfahrung in den Bereichen Kreativität, Führung und Teamentwicklungsprozesse und ist zertifiziert für die Kreativitätstechniken nach Dr. Edward de Bono.

Peter Gastberger ist Gründer und CEO von Scalaria the eventresort in Österreich am Wolfgangsee. Dieses besondere Eventhotel wurde aufgrund seiner kreativen Konzeption wiederholt mit Preisen ausgezeichnet.

1. Auflage 2009

Lektorat: Ulrike M. Vetter | Sabine Bernatz

Gabler ist Teil der Fachverlagsgruppe Springer Science+Business Media.
www.gabler.de

Umschlaggestaltung: Nina Faber de.sign, Wiesbaden
Umschlag: Kunstwerk „Stier" von Susanne Wolter, www.susannewolter.de
Fotografie des Kunstwerkes „Stier" von Marleen Adam, www.marleen.adam.de
Druck und buchbinderische Verarbeitung: Krips b.v., Meppel
Gedruckt auf säurefreiem und chlorfrei gebleichtem Papier
Printed in the Netherlands

ISBN 978-3-8349-0647-2

Wir widmen dieses Buch
allen kreativen
Mitunternehmern, Führungskräften & Unternehmern,
Brigitta Jost
(langjähriges Mitglied des Betriebsrats
der Daimler-Benz AG, Niederlassung Lübeck)
sowie unseren Familien & Freunden!

Inhaltsverzeichnis

Teil II
Kreativität in der Praxis

Beispiele aus Wirtschaft, Wissenschaft und Gesellschaft

Produktion

Dienstleistung und Informationstechnologie

Gesellschaft

Teil III
Perspektiven

Schlusswort

Kreativität – Grundlagen und aktuelle Bedeutung

Grußwort von Rainer M. Holm-Hadulla

Prof. Dr. med. Rainer M. Holm-Hadulla
ist einer der führenden Kreativitätsforscher. Nach dem Studium der Medizin und Philosophie in Marburg, Rom und Heidelberg wurde er Facharzt für Psychiatrie, Psychosomatik und Psychotherapie.

Er ist heute Professor an der Universität Heidelberg und leitender Arzt der Psychotherapeutischen Beratungsstelle des Studentenwerks. Daneben ist er als Berater von Wissenschaftlern, Künstlern, Unternehmern und Politikern tätig. Gastprofessuren führten Professor Holm-Hadulla nach Südamerika und China.

Sein Buch *Kreativität – Konzept und Lebensstil* ist 2007 in zweiter Auflage erschienen, im Herbst 2008 erscheint *Leidenschaft – Goethes Weg zur Kreativität.* Professor Holm-Hadulla erforscht die Kreativität aber auch empirisch: So leitet er ein umfangreiches Forschungsprojekt zum Einfluss von Beratung auf analytische und kreative Problemlösungskompetenzen.

In der modernen Welt mit ihren vielfältigen Herausforderungen ist Kreativität von hervorragender praktischer Bedeutung. Insofern ist höchst verdienstvoll, dass sich dieses Buch dem Thema der kreativen Organisation, Unternehmenskultur und Führung annimmt. Der Begriff Kreativität läuft jedoch Gefahr, inflationär und letztlich nichtssagend gebraucht zu werden. Deswegen soll einleitend eine kleine Zusammenfassung gegeben werden, was Kreativität eigentlich bedeutet.

Populär ist die Vorstellung, dass kreative Individuen aufgrund ihres Talents das Neue und Hervorragende spielerisch gestalten: Schöpferische Menschen werden von den Musen geküsst und schaffen das Ungewöhnliche mit Leichtigkeit. Andere scheinen von geheimnisvollen Mächten getrieben zu werden, die ihnen unter Schmerzen geniale Leistungen abzwingen.

Biologen sehen dies nüchterner. Sie betrachten Kreativität nicht als Charakteristikum besonderer Individuen, sondern als grundlegende Eigenschaft aller Lebewesen. Leben besteht für sie in einem kontinuierlichen und kreativen Anpassungsprozess des Individuums an seine Umgebung. So wie die einfachsten Lebewesen bedarf auch der biologisch hoch entwickelte Mensch einer beständig wirkenden Kreativität, um überlebensfähig zu sein.

Diese Auffassung teilen die meisten Kultur- und Sozialwissenschaftler. Sie betrachten die kreative Gestaltung der Wirklichkeit als grundlegende Aufgabe der menschlichen Entwicklung. Kreativität ist kein Zeitvertreib für Müßiggänger, sondern ein Erfordernis jeder sozialen Gemeinschaft. Ohne Kreativität ist nach dieser Auffassung die Welt nicht nur langweilig, sondern liefert sich Kräften aus, die sie zerstören. Aus politischer Sicht müssen Bürger ihrem Leben kreativ Sinn und Struktur verleihen, um friedliches Zusammenleben zu ermöglichen.

Deswegen lässt sich Kreativität nur sehr grob definieren als Eigenschaft von begabten Personen, die sich auf einem Erfolg versprechenden Gebiet und in einem fördernden soziokulturellen Kontext produktiv betätigen.

Neben Begabung gehören Wissen, Motivation, bestimmte Persönlichkeitseigenschaften und günstige Umfeldbedingungen zu den Voraussetzungen der Kreativität. Die wichtigsten Motivationsfaktoren sind Neugier, Interesse und Ehrgeiz als Ausdruck eines Grundbedürfnisses des Menschen nach Anerkennung. Die motivationalen Faktoren hängen eng mit Persönlichkeitseigenschaften zusammen, die weitere Bedingungen für die Realisierung von Begabungen darstellen: Flexibilität, Originalität, Selbstvertrauen und Widerstandsfähigkeit. Nicht zuletzt sind günstige und schädliche Umwelteinflüsse wie wertschätzende Bestätigung und entwürdigende Kritik für die Entfaltung kreativer Potenziale von Bedeutung.

Kreativität findet sich schon in den frühesten Dokumenten menschlichen Lebens. Als roter Faden lässt sich in der Kulturgeschichte ausmachen, dass Kreativität der Bewältigung von Chaos dient. Diese Aktivität, die auch der Alltagsmensch leisten muss, um ein erfülltes Leben zu führen, findet in einem ständigen Wechselspiel von Anspannung und Entspannung, Gestalten und Wachsen-Lassen statt.

Der kreative Prozess findet in fünf Phasen statt: Vorbereitung, Inkubation, Illumination, Produktion und Verifikation. Diese können gezielt gefördert werden.

Eine kreative Unternehmenskultur berücksichtigt die „weichen" Faktoren der Kreativität wie Imagination und Intuition. Es wird zunehmend deutlich, dass die unternehmerischen Kardinaltugenden Kompetenz, Fleiß, Mut, Zuversicht und Beharrlichkeit durch Phantasie, Spielfähigkeit und Kreativität ergänzt werden müssen. Dies gilt nicht nur für Führungspersönlichkeiten, sondern spielt auf allen Hierarchieebenen eine große Rolle. Ein gutes Betriebsklima, mit Freiräumen für Eigeninitiative und Selbstverwirklichung, ist entscheidend für die Entfaltung individueller Kreativität. Führungspersönlichkeiten stellen fest, dass unternehmerische Kreativität erlernbar ist. Die Gegenüberstellung von hartnäckigem Fleiß und genialer Phantasie ist problematisch. Es spricht sogar vieles dafür, dass klassische Tugenden wie Fleiß, Ordnung und Disziplin im Wirtschaftsleben schöpferisches Denken und Handeln begünstigen. Moderne Unternehmen haben erkannt, dass sie ihren Mitarbeitern Spielräume ermöglichen müssen, in denen sie ihr Gleichgewicht von strukturierter Routinearbeit und flexibler Suche nach neuen Möglichkeiten finden können. Weil hierbei die Motivation von zentraler Bedeutung ist, richten die Unternehmen ihre Maßnahmen zunehmend darauf aus, dass sich alle Mitarbeiter ihrer Aufgabe persönlich verpflichtet fühlen, das heißt „commitment" entwickeln.

Trotz der erheblichen Unterschiede in den verschiedenen Domänen lassen sich auch gemeinsame Grundlagen der Kreativität finden: *Neugier*, *Interesse*, *Ehrgeiz*, *Leidenschaft* und *Hingabefähigkeit*. Bei kreativen Persönlichkeiten findet sich darüber hinaus eine besondere Fähigkeit zu *autotelischer Produktivität*, das heißt zu einer Tätigkeit, die das Ziel – griechisch: telos – in sich selbst findet. Sie schaffen nicht nur im Hinblick auf potenzielle Belohnungen, sondern widmen sich mit Haut und Haar ihrer Aufgabe und sind bereit, trotz Niederlagen, Enttäuschungen und Widerständen um der Sache selbst willen produktiv zu arbeiten.

Aus der Kenntnis der wesentlichen Elemente der Kreativität lassen sich vielfältige Strategien zu ihrer Förderung z. B. durch Beratung und Coaching ableiten. Kompetente Berater können helfen, individuelle Begabungen zu erkennen, domänenspezifische Chancen zu realisieren und vorhandene Ressourcen produktiv zu nutzen.

Zuletzt möchte ich erwähnen, dass auch die alltägliche Lebensführung als kreative Aufgabe angesehen werden kann. Gelungene Erziehung, befriedigende Partnerschaft, beruflicher Erfolg, soziales Engagement und erfülltes Altern sind Ausdruck der Bereitschaft zu kreativer Gestaltung und eine Ressource für körperliche und seelische Gesundheit.

Die nachfolgenden Beiträge sind Ausdruck der Bereitschaft, die Herausforderung zur Kreativität in Organisationen und Unternehmen anzunehmen.

Die kreative Organisation

Einleitung der Herausgeber

> *„Die Europäer können sich nicht aus der Verantwortung in Globalisierungsfragen herausargumentieren. Sie dürfen heute nicht die Wehleidigen spielen, nachdem sie sich 500 Jahre lang in der Rolle des Robusten gefielen."*
>
> *Peter Sloterdijk*

Gesättigte Märkte, Verdrängungswettbewerb, Innovationsdruck, Globalisierung – dies sind hinlänglich bekannte Schlagworte und gleichzeitig Herausforderungen, die es zu berücksichtigen gilt, um am Markt weiter erfolgreich „mitspielen" zu dürfen. Es ist ebenfalls keine wirkliche Neuigkeit, dass Unternehmenserfolg auf permanenten Innovationen sowie einer intelligenten Anpassungsfähigkeit der eigenen Organisation basiert. Das sind Binsenweisheiten – wie auch die Aussage, dass alle Menschen im Unternehmen motiviert und unternehmerisch agieren müssen – vom „einfachen" Mitarbeiter bis hin zur „Chefetage".

Dennoch – Unternehmen, welche in Zukunft überleben wollen, müssen heute einen ganz entscheidenden Paradigmenwechsel schnell und konsequent vollziehen: den Abschied vom Dogma *„Kreativität ist doch nur eine überflüssige Spinnerei"* – und hin zu der gelebten Überzeugung *„Kreativität schafft unverzichtbare Gestaltungsfreiräume und profitables, nachhaltiges Wachstum."*

Denn das Kreativitätspotenzial von Organisationen ist der *„letzte Schlüssel"*, um uns die Tore zu neuen, aber auch zu hart umkämpften Märkten sowie zu den „positiven Energien" unserer Mitarbeiter zu erschließen! Unternehmensprozesse sind fortlaufend zu optimieren, Verschwendung ist schonungslos zu eliminieren, absolute Kundenorientierung ist heute nicht mehr die „Kür", sondern die „Pflicht".

Umsetzung der kreativen Organisation

Profitables und nachhaltiges Wachstum könnten zu zwangsläufigen Abfallprodukten einer Strategie werden, die lautet: *„Kreative Mitunternehmer zu entfesseln!"*. Der rückwärts gewandte Blick bzw. das „Not-invented-here-Syndrom": „Das haben wir schon immer so gemacht ..." darf folglich zukünftig von der Unternehmensleitung (im Sinne einer Innovationsbremse) nicht mehr gestattet werden.

Vielmehr muss ein Ruck durch das gesamte Unternehmen gehen. Ein erneuerter Pioniergeist, wie eine Goldgräberstimmung, mit ganzem Augenmerk auf eine erfolgreiche, anstrebenswerte Zukunft: *„Hurra! Lasst uns zu neuen unbekannten Ufern aufbrechen! Lasst uns mit Lust arbeiten und erfolgreich sein! Lasst uns Träume verwirklichen!"*

Pioniergeist, Zukunft, Lust – Träume gar?! Die Kommentare der Bedenkenträger – also von Menschen, die an ihren eigenen Bedenken schwer zu tragen haben – sind vorhersehbar:

> „Und wieder ein schlaues Management-Buch ... Voll theoretischer Abhandlungen, für die Praxis nicht geeignet und folglich auch überflüssig!"

Lassen Sie sich überzeugen ...

Im Internet-Buchhandel sind zum Begriff „Kreativität" rund 2.400 Ergebnisse aufrufbar. Bei einer Kombination der Stichworte „Kreativität & Organisation" sieht es dann deutlich anders aus. Die entsprechenden Ergebnisse sind eher dürftig; zumindest ein Indiz dafür, dass ein latenter Handlungsbedarf gegeben ist.

Das Autorenteam und die Herausgeber beschäftigen sich in diesem Kontext mit drei sehr konkreten Fragestellungen:

- Wie kann Kreativität im globalen Wettbewerb zu einem nachhaltigen Erfolgsfaktor ausgebaut werden?
- Wie kann gelebte Führungsverantwortung – in der Praxis – deutlich besser realisiert werden?
- Wie kann es Organisationen gelingen, kreative Mitunternehmer tatsächlich zu entfesseln?

Die dargestellten Lösungsansätze sind nicht Ergebnisse, die in theoretischen Denk-Runden am „grünen Tisch" entstanden sind. Ausgangsbasis ist vielmehr ein solides Fundament, das im Grundlagenteil auf Beiträgen aus Wissenschaft, Beratung und Management fußt. Darauf bauen Lösungsansätze aus Produktion, Dienstleistung, Informationstechnologie und Gesellschaft auf – mit dem Lösungsansatz „von der Praxis für die Praxis". Angesehene Unternehmer und inspirierende Menschen aus Wirtschaft, Wissenschaft und Gesellschaft schildern Erfolg versprechende Veränderungswege sowie in der Praxis erprobte Ideen und Resultate.

Abschließend werden Perspektiven und Zukunfts-Szenarien von renommierten Kollegen aufgezeigt. Der Leser kann somit aus unterschiedlichen Blickwinkeln geeignete Anregungen bzw. Blaupausen auswählen – sozusagen „modular lesen". Und im Idealfall einen passgenauen Lösungsansatz für sein persönliches „Veränderungsanliegen" finden.

te. Auf modische Kuschelbegriffe wie beispielsweise „Mitbewerber“ verzichten wir im gegebenen Zusammenhang bewusst; denn die aktuelle Wettbewerbssituation erscheint für solche Floskeln eher ungeeignet.

„Strategie ist der Weg zu dauerhaften Wettbewerbsvorteilen!“ lautet eine nicht neue, aber dennoch zutreffende Aussage. Die konsequente Umsetzung der *„kreativen Organisation“* ist (aus Sicht der Herausgeber) eine durchaus Erfolg versprechende Strategie, deren Umsetzung sich die Unternehmensleitung deshalb intensiv widmen sollte. Auch sind wir der Meinung, dass kreative Ideen, ungewöhnliche Mittel und innovative Lösungsansätze nicht nur erlaubt, sondern im Unternehmen ausdrücklich erwünscht sein müssen! Neue, andersartige und ungewöhnliche Ideen zur Zielerreichung sollten erkundet und mutig realisiert werden.

Dieses Buch versteht sich insofern als „kreativer Ideenköcher“ bzw. als „Katalysator“ für Entscheider, welche die Zukunft des eigenen Unternehmens pro-aktiv gestalten und nicht dem Zufall überlassen wollen. Es liegt folglich bei Ihnen, *die kreative Organisation* im eigenen Wirkungsumfeld auszubauen bzw. Wirklichkeit werden zu lassen! Den Menschen, welche heute noch in unkreativen Unternehmen arbeiten, wäre dies jedenfalls zu wünschen! Auf Ihre kreativen Fragen, Ihre persönlichen Anregungen bzw. Ihr konstruktives Feedback freuen wir uns: *create@creativity.net*

Wir bedanken uns bei dem kreativen Autorenteam – insbesondere für die wirklich große Geduld bei diesem komplexen Projekt! Gleichermaßen bedanken wir uns bei Professor Holm-Hadulla für sein kreatives Grußwort und bei Matthias Horx für sein perspektivisches Schlusswort. Ebenfalls danken wir unseren Freunden, welche zur gestalterischen Umsetzung dieses Buches beigetragen haben.

Last, but not least danken wir dem Verlag und allen Menschen, die uns während der Umsetzung dieses Buches inspiriert und unterstützt haben. Insbesondere danken wir den Unternehmern und Kollegen, welche sich mit unseren Inhalten im Vorfeld beschäftigt haben und für ein „Testimonial“ gewonnen werden konnten!

Die Herausgeber

André Papmehl *Peter Gastberger* *Zoltan Budai*

Teil I

Grundlagen der Kreativität

Kreative Freiräume schaffen – Führungsverantwortung wahrnehmen

Zoltan Budai

Zoltan Budai,
Jahrgang 1964, arbeitet als selbstständiger Organisationsentwickler. Seine Schwerpunkte sind Kreativität, Führung sowie Teamentwicklung. Er war er im Vertrieb und als regionaler Personalentwicklungsleiter bei der Bauhaus AG tätig.

Für Grid International Deutschland und für das Forum für kreatives Denken betreute er als externer Organisationsentwickler unterschiedliche Unternehmen. Im Anschluss daran war Zoltan Budai Personalchef in einem mittelständischen Konzern. Vor seiner Selbstständigkeit verantwortete er das Human Resource Management eines österreichischen Unternehmens.

Zoltan Budai ist ausgebildet und zertifiziert für die Kreativitätstechniken nach Dr. Edward de Bono, für Maßnahmen nach dem Grid-Konzept und für kompetenzorientierte Personalentwicklung („KODE"/„KODE-X"). Er verfügt über langjährige Praxiserfahrung in den Bereichen Personal- und Organisationsentwicklung.

Kreativität – ein Begriff, dem in der Regel mit großen Vorurteilen begegnet wird und der unentwegt gegen Klischees aller Art kämpfen muss.

Was ist eigentlich Kreativität?

Der Brockhaus definiert: ***Kreativität*** *die*, schöpferisches Vermögen im Handeln und Denken, das Originalität mit einem Bezug zur Lösung (z. B. technischer Probleme) verbindet.

Im Gabler Wirtschaftslexikon steht: ***Kreativität***, keine konsistente inhaltliche Definition innerhalb der Kreativitätsforschung; allgemein die Fähigkeit des Individuums oder einer Gruppe, in phantasievoller, gestaltender und assoziativer Weise zu denken und zu handeln, um mit bewussten oder unbewussten Zielsetzungen einen sinnvollen Beitrag zu einer Problemlösung zu leisten.

Kreativität steht in der Regel per Definition in Zusammenhang mit Problemen und deren Lösung und wird eher schöpferisch und dementsprechend „hoch in den Wolken“ angesiedelt. Für den Alltag im Unternehmen und am Arbeitsplatz braucht es griffige und konkrete Definitionen und Interpretationen und daraus abgeleitete klare und konkrete Anwendungsmöglichkeiten. Diese müssen wiederum flächendeckend an alle Menschen im Unternehmen kommuniziert und mit ihnen gemeinsam operationalisiert werden, d. h. als Antworten auf die Frage: *„Was heißt das für mich an meinem Arbeitsplatz, in meinem Arbeitsumfeld, innerhalb meiner Aufgaben?“*

Nur so erlangt Kreativität auch den notwendigen Einfluss im Unternehmen – auf die Steuerung von Prozessen, auf die Lösung von Aufgaben und Herausforderungen und auf die Gestaltung von Projekten.

Alle Menschen kennen die Auslegung und die Funktionsweise von Kreativität – und setzen sie bewusst und im Sinne des persönlichen Erfolgs, des Teamerfolgs und auch des Unternehmenserfolgs ein und um. Die einen ein bisschen konsequenter und mehr, die anderen sicherlich ein bisschen inkonsistenter und weniger ...

Auch bei der Kreativität trägt man den individuellen und unterschiedlichen Ausprägungen von Vorlieben, Werten, Prinzipien und Stärken der Menschen im Unternehmen Rechnung.

Kreativität ist die Möglichkeit und Fähigkeit jedes einzelnen Mitarbeiters, sich und sein eigenes Umfeld im Sinne der Unternehmensziele und des Unternehmenserfolgs wertschöpfend zu verändern.

Geschichten aus dem Unternehmerwald

„Wer keine Visionen hat, vermag weder große Hoffnungen zu erfüllen, noch große Vorhaben zu verwirklichen.“

Thomas Woodrow Wilson

Nachfolgend zwei Dialoge, die ich in der Praxis so und in ähnlicher Weise immer wieder führe:

> „Ich schlage vor, dass wir auch das Thema Kreativität als festen Bestandteil, also eigenes Modul, in das Personalentwicklungskonzept integrieren. So erhalten alle Führungskräfte und Mitarbeiter Werkzeuge an die Hand, mit deren Hilfe sie ihre komplexen Aufgaben besser bzw. einfacher bewältigen können. Wir stoßen damit auch einen selbstständigen persönlichen Veränderungsprozess an.“
>
> „Ist sehr interessant. Aber unser Marketingbereich ist zu klein, als dass sich ein Modul nur für ihn rechnet. Wir brauchen etwas, das alle Mitarbeiter in allen Abteilungen weiterbringt.“
>
> (Auszug aus einem kürzlich geführten Erstgespräch mit einem Geschäftsführer)

Der typische Zusammenhang zwischen Kreativität und dem Unternehmen, der gesehen wird: Das ist nur etwas für unsere Marketing- und für unsere Werbeleute. Das sind unsere Kreativen, die dies täglich benötigen.

Doch Kreativität ist im gesamten Unternehmen notwendig. Zum einen zur Verrichtung der täglichen Arbeit innerhalb der Organisation und zum anderen zur Differenzierung nach außen zum Markt hin. Die Aufgaben werden immer komplexer. Lösungen müssen immer schneller gefunden werden. Produkte – Technik, Service, Dienstleistung etc. – sind immer homogener. Marktauftritt und Unternehmenspräsentation sind sich sehr ähnlich, und oftmals sogar identisch.

Jeder Veränderungsprozess im Unternehmen braucht Kreativität bzw. kreative Menschen in allen Unternehmensbereichen, die die Bereitschaft haben, kritisch und zukunftsgewandt die erforderlichen Schritte auszuarbeiten und zu unternehmen.

Effizienz, Alleinstellungsmerkmal, Differenzierung, Außergewöhnlichkeit, Andersartigkeit: Faktoren, die im Wettbewerb den entscheidenden Vorteil verschaffen. Wir brauchen den Mut zur Originalität im Denken und Handeln und müssen den Angst überwindenden Schritt tun, über diesen Stein, auf dem in großen Buchstaben geschrieben steht: Wenn du das tust, fällst du auf!

Trotz der Zensur und vieler Scheren in unserem eigenen Kopf: Wir müssen unsere spontanen und andersartigen bzw. außergewöhnlichen Ideen immer weiter und bis zum Ende denken. So schaffen wir Wahrscheinlichkeiten und Möglichkeiten, dass tatsächlich die besten und auch die richtigen Ideen dabei sind. Für den Vertrieb und für die Lagerverwaltung genauso wie für das Marketing und den Personalbereich.

> „Ich habe seit unserem letzten Gespräch stark an mir gearbeitet."
>
> „Was hatten Sie sich für Ziele vorgenommen?"
>
> „Mehr zu delegieren. Damit ich mich selbst entlasten kann und meine Mitarbeiter besser motivieren."
>
> „Sehr gut. Haben Sie ein Beispiel für mich?"
>
> „Ich gebe nicht mehr alles vor."
>
> „Wie haben Sie denn das ´Nicht-mehr-alles-vorgeben´ das letzte Mal konkret gemacht?"
>
> „Ich habe die Verantwortung für ... an meine Mitarbeiter abgegeben. Ich habe gesagt, was ich erwarte, als Ergebnis. Natürlich habe ich auch ganz klar formuliert, was ich von ihnen will."
>
> „Wie meinen Sie das?"
>
> „Na, ich habe ein paar Tipps gegeben, wie sie es machen können und worauf sie achten müssen. Und auch aufgezeigt, wie ich es machen würde. Dass es erfahrungsgemäß so am besten geht. Und natürlich auch, was ich auf gar keinen Fall sehen will."
>
> (Auszug aus einem kürzlich geführten Coaching-Gespräch mit einer Führungskraft)

Den Mitarbeitern Freiraum zu geben bedeutet, dass tatsächlich dieser Raum auch frei gestaltbar ist. Es ist ausreichend, das Ziel oder das Ergebnis klar zu formulieren. Andere Faktoren, soweit wesentlich, wie Budget, wie Zeit, wie Unternehmensleitbild etc., können den Rahmen weitergehend definieren. Das ist den Mitarbeitern Regelwerk genug. Schließlich sollen sie die Möglichkeit haben, sich innerhalb dieses Freiraumes „auszutoben". Immer unter Berücksichtigung der Rahmenbedingungen und anderer grundsätzlich im Unternehmen definierten Normen und Standards.

Es geht darum, dass die Mitarbeiter ihre eigenen Gedanken und ihr eigenes Leistungsvermögen ausloten, ausreizen und ausprobieren – das bedeutet in der Umsetzung nicht zwangsläufig, dass die Ideen und die typischen Vorgehensweisen des Vorgesetzten zum Zuge kommen. Der Führungskraft muss klar sein, dass Ziele und Ergebnisse von ihm gesetzt werden, dass aber der Weg dorthin – und das bedeutet Freiräume zu schaffen – von den Mitarbeitern selbstverantwortlich kreativ gestaltet wird.

Kreativität und Führung im Einklang

„Führung ist die schöpferischste aller Künste. Es ist die Kunst, Talente richtig einzusetzen.“

Robert S. McNamara

Den Mitarbeitern Freiräume schaffen – Ist das nicht unvereinbar mit dem Führungsanspruch?

> „Meine Mitarbeiter sollen ihre Aufgaben erledigen und nicht ständig an irgendwelchen neuen Ideen herumspinnen und ihre kostbare Zeit verplempern.“

Um noch einmal das Vorurteil zu bemühen, Kreativität sei Zeitvergeudung und Herumspinnerei.

Jede zeitgemäß handelnde Führungskraft kennt und wendet auch Management-by-Techniken an. Eine davon ist das Führen mit Zielen. Und genau hier wird gerne das Argument des scheinbaren Widerspruchs zwischen Kreativität und Zielorientiertheit angeführt. Weil natürlich „Herumspinnen“ ein orientierungsloses Herumirren ist – mithin der Gegensatz von Führung.

Kreativität im Unternehmen muss wertschöpfend den Unternehmenszielen dienen und im unmittelbaren Zusammenhang mit den gestellten Aufgaben stehen. Das bedeutet, dass nicht Kreativität um der Kreativität willen ermöglicht und angewandt wird. Vielmehr braucht es eine sehr klare und deutliche Ergebnisfokussierung – konkrete Ziele. Was soll am Ende einer Kreativitäts-Sitzung oder auch einer individuellen Kreativitätsbemühung herauskommen? Das ist keine Einschränkung der Möglichkeiten, sondern durch einen konkreten Endpunkt die Erhöhung der Wahrscheinlichkeiten und damit der Weg zur Generierung der bestmöglichen Idee.

> „Es gibt hier ein umfangreiches Organisationshandbuch, wo alles drinsteht, wie die Dinge zu erledigen sind. So eine große Organisation braucht klare Strukturen. Da kann doch nicht einfach jeder machen, was er will.“

Kreativität geht nicht mit chaotischen Zuständen einher. Chaos ist auch nicht Voraussetzung für Kreativität. Kreativität verwandelt bestehende Ordnungen nicht in Chaos. Und sie ist kein Freibrief für das permanente und kritische Hinterfragen der bestehenden organisatorischen und aufgabenspezifischen Regelungen. Vielmehr definieren diese mögliche Rahmenbedingungen und Eckpunkte, die auf dem Weg zum Ergebnis Berücksichtigung finden müssen. Um nicht am Ziel vorbeizuschießen.

Die Krawatte behalten wir an und auf dem Boden sitzen müssen wir auch nicht – „ver-rückt“ werden nur die notwendigen Stellschrauben zur Verbesserung bestehender Vorgehensweisen und nicht die am Kreativitätsprozess Beteiligten.

Für einen kreativen Prozess gibt es ebenfalls Regeln. Jede Kreativitätstechnik ist definiert – Voraussetzungen, Ablauf, Technik, Einsatzgebiete, Rollen. So besitzt jede Technik ein eigenes Organisationshandbuch, das uns alle notwendigen Faktoren zur Anwendung liefert und vorschreibt.

Die logische Folge beim verantwortungsvollen Gebrauch der unterschiedlichen Kreativitätstechniken ist die Einhaltung aller Regeln, die definiert werden – organisatorische und technische. Die Verantwortung dafür liegt in der Führung, ob nun per hierarchischer Position oder per Rolle. Zur Sicherstellung des zielorientierten Prozesses und sinnvollen Ergebnisses.

> „I´m right, because I´m your boss!"

Führungsverantwortung zu besitzen bedeutet, Macht über Mitarbeiter zu haben. Diese Macht wird unterschiedlich interpretiert und auch unterschiedlich gelebt. Sie führt allzu häufig zu übermäßig sichtbarer und auch in den Vordergrund gespielter Dominanz. Das unterdrückt oft das Engagement und die Bereitschaft der Mitarbeiter, aktiv an Verbesserungen und Veränderungen mitzuarbeiten.

Wenn der Chef ohnehin immer die beste Idee hat, die auch immer zum Zuge kommt, dann lohnt sich keinerlei Anstrengung in Richtung kreativer Denk- und Handlungsprozesse.

Die notwendige Einsicht, dass alle im Unternehmen Tätigen auch wertvolle und sinnvolle Beiträge zum Erfolg leisten können, ist Grundlage für gegenseitigen Respekt und gegenseitige Wertschätzung. Das wiederum fördert ein Klima der offenen und freien Kommunikation und die Auseinandersetzung mit sich selbst und dem eigenen Umfeld. Also, die ehrliche Betrachtung des eigenen Verantwortungs- und Kompetenzbereiches.

Wenn die Mitarbeiter wissen, dass ihre Ideen erwünscht und willkommen sind und ernsthaft gemeinsam betrachtet werden – ohne dass negative Sanktionen drohen oder sie einfach nur „abgebügelt" werden – dann haben Sie in ihnen die erforderlichen kritischen Leistungsträger, die immer bemüht sind, ihr gesamtes Umfeld stetig zu verbessern.

Die Forderung und Förderung der kreativen Gestaltung der Freiräume ist ein Führungswert – genauso wie Kommunikation, Konfliktlösung, Entscheidungsfindung, Motivation und Personalentwicklung. Es liegt in der Verantwortung und Kompetenz jeder einzelnen Führungskraft, wie umfangreich und in welcher Art und Weise sie diese Führungselemente als normalen Bestandteil ihrer täglichen Führungsarbeit ansieht und lebt (siehe auch McKee/Carlson, 2000).

Wie gut kennen Sie Ihre Mitarbeiter? Oder anders formuliert: Wem können Sie wie viel Freiraum mit wirklich gutem Gewissen zugestehen?

> „Das traue ich meinen Mitarbeitern nicht zu. Da fehlen die ausreichenden Kenntnisse. Die wären doch total überfordert. Deshalb bin ich doch da."

Die Führungskraft von heute ist Beziehungsmanager. Nicht im Sinne von Country-Club-Management. Vielmehr in Bezug auf die Schaffung und die Pflege einer Vertrauenskultur innerhalb des Teams und darüber hinaus über die Schnittstellen in alle anderen Unternehmensbereiche hinein.

Innerhalb dieser Vertrauenskultur funktioniert eine offene und auch notwendigerweise ehrliche Kommunikation. Das ist die Basis einer erfolgeichen Zusammenarbeit und eines leistungsfördernden Klimas. Die Offenheit führt dazu, dass sich alle bestmöglich kennen. Ihre Stärken und Potenziale, ihre Fähigkeiten und Fertigkeiten, ihre Neigungen und Aversionen.

Das ist letztendlich Voraussetzung, um personenangepasste Freiräume gestalten und delegieren zu können (Leistungsfähigkeit, Leistungsbereitschaft, Leistungsentfaltungsmöglichkeiten).

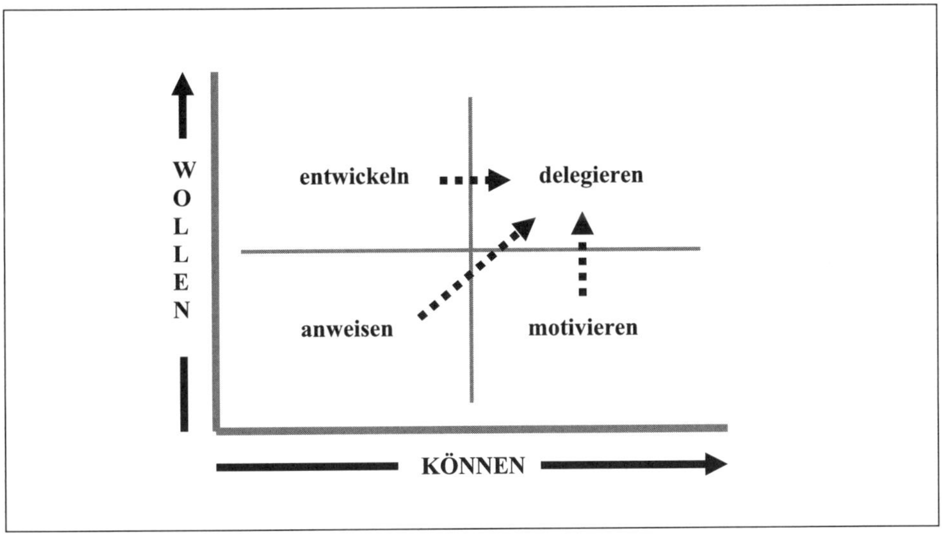

Abbildung 1: *Delegationsmatrix – Freiraumgestaltung aller Mitarbeiter*

Stellen Sie sich die Frage: Wie viel Freiraum kann ich meinem Mitarbeiter geben? Dieser Freiraum steht in Abhängigkeit zur individuellen Leistungsfähigkeit und Leistungsbereitschaft. Nur wenn diese beiden „Leistungskennzahlen" hoch sind, können Sie auch guten Gewissens und motivierend einen Verantwortungsbereich delegieren (Abbildung 1). Je geringer Leistungsfähigkeit und Leistungsbereitschaft ausgeprägt sind, desto geringer wird auch der mögliche Freiraum sein.

Was der Mitarbeiter nicht leisten kann, das wird er nur ungern übernehmen wollen. Fachliche Überforderung und Aktionismus wären die Folge. Angst vor Versagen wäre hier der Nährboden für Fehler und fehlende Selbstverantwortung. Die Gefährdung von Qualität und Ergebnis der übertragenen Arbeiten wären mögliche Folgen.

Die Matrix unterstützt die Führungskraft dabei, durch die richtige Einordnung der Mitarbeiter auch die richtigen Freiräume zu definieren – und zeigt ihr auch gleichzeitig auf, welche Anforderungen an ihre Führungsaufgabe bei den jeweiligen Mitarbeitern an sie abgeleitet werden können.

Von links unten (anweisen) bis rechts oben (delegieren) kann der Freiraum immer größer und der Rahmen immer weiter gefasst werden, die Aufgaben können immer komplexer und durchaus weniger strukturiert gestaltet werden, die Ziele können immer langfristiger gesteckt werden, die Kontrollpunkte können immer weiter auseinander liegen.

Links oben (entwickeln) bedeutet, die Führungsverantwortung im Bereich Personalentwicklung zu übernehmen und die notwendigen und passenden Qualifizierungsmaßnahmen (Fähigkeiten, Fertigkeiten, Kompetenzen) einzuleiten, zu steuern und zu überwachen.

Rechts unten (motivieren) hat zur Folge, dass die grundlegendste aller Führungsaufgaben erfüllt werden muss: die Schaffung und Organisation eines leistungsfördernden Umfeldes und Klimas.

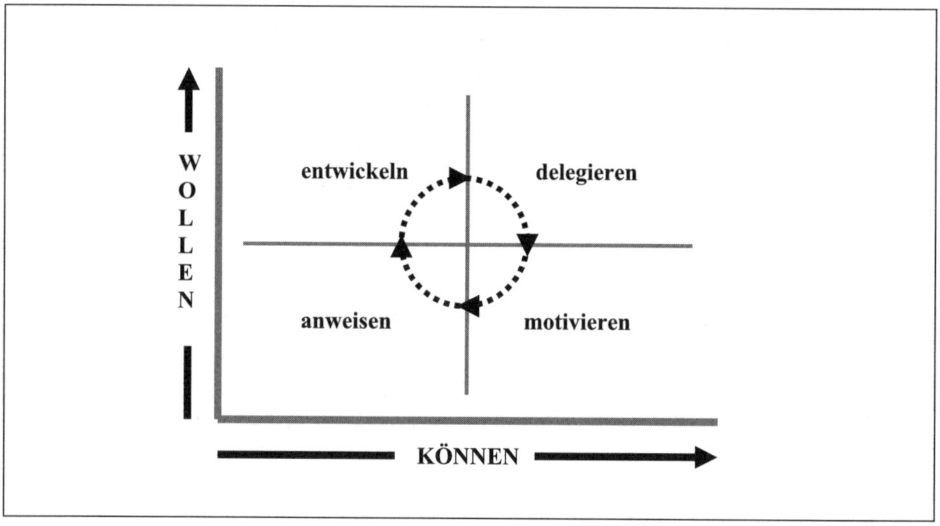

Abbildung 2: *Delegationsmatrix – Freiraumgestaltung einzelner Mitarbeiter*

Das ist natürlich keine Burteilung und Bewertung der individuellen Leistungsfähigkeiten und Leistungsbereitschaften für die Ewigkeit.

Es erfordert eine regelmäßige Überprüfung durch die Führungsverantwortlichen, inwieweit diese Matrix tatsächlich die gegenwärtigen Leistungsmöglichkeiten des einzelnen Mitarbeiters und letztendlich des gesamten Teams abbildet. Auf der individuellen Ebene bedarf es vor jeder Veränderung des Freiraumes bzw. vor der Delegation eines neuen Verantwortungsbereiches einer Klärung, ob der Mitarbeiter dieser neuen Herausforderung und Aufgabe voll gewachsen ist. Also die Beantwortung der Frage: Kann und will er in vollem Umfang?

Diese einfache Matrix hat Konsequenzen für die Anforderungsprofile. Nur wenn entsprechende Anforderungen für die Jobs und Aufgaben im Unternehmen vorhanden sind, kann auch eine relativ objektive Einordnung in die vier Felder der Matrix erfolgen. Das gilt für notwendige Fertigkeiten und Fachkenntnisse genauso, wie für wünschenswerte persönliche Kompetenzen und andere Stärken. Die emotionale Komponente – ich glaube, ich denke, ... – ist nicht zu unterschätzen. Der Mitarbeiter muss sich auf eine höchstmögliche sachliche Richtigkeit der Bewertung verlassen können. Der „Bauch" der Führungskraft ist hier eher kontraproduktiv.

Die weitere Präzisierung der Anforderungsprofile, das Hinterlegen von klaren notwendigen Kompetenzen, kann und sollte die Grundlage für die gezielte individuelle und ganzheitliche Personalentwicklung im Unternehmen sein. In Ergänzung zu den Befindlichkeiten, Erwartungen und Bedürfnissen der Mitarbeiter. Immerzu im Hinblick auf die vorhandenen kurzfristigen und langfristigen Ziele und Strategien und den Unternehmenserfolg (siehe auch Heyse/Erpenbeck/Max und Erpenbeck/Heyse).

Fragen Sie sich regelmäßig:

- Wann habe ich zuletzt mit meinen Mitarbeitern über deren Umfeld gesprochen?
- Welche Mitarbeiter brauchen eine Veränderung ihrer Freiräume?
- Wie gut passen gegenwärtig die Aufgaben und Verantwortungsbereiche zu den entsprechenden Mitarbeitern?
- Wie kann ich Freiräume verändern und umgestalten, um die Motivation aufrecht zu erhalten bzw. um neue freizusetzen?
- Wie offen und wertschätzend gehe ich mit kreativen Zugängen der Mitarbeiter bei der Lösung ihrer Aufgaben um?
- Welche Mitarbeiter können mich bei diesen Überlegungen unterstützen?
- Welche Mitarbeiter brauchen welche weiteren Entwicklungsmaßnahmen, um den anstehenden Veränderungen kompetent gewachsen zu sein?

Ein sehr gutes Instrument, in das diese Fragen eingebaut werden können, ist das Jahresgespräch. So wird zumindest einmal jährlich die kritische Auseinandersetzung mit den Themen „Freiräume" und „Kreativität" gefördert und sichergestellt. Sie werden fester Bestandteil der Personalarbeit.

Kreativität als langfristiger und beständiger Motivationsfaktor

„Man muss nicht nur mehr Ideen haben als andere, sondern auch die Fähigkeit besitzen, zu entscheiden, welche dieser Ideen gut sind."

Linus Pauling

Welche wesentlichen Effekte hat Kreativität im und für das Unternehmen? Meiner Überzeugung nach gibt es fünf wesentliche erfolgsrelevante Folgen von ernsthaft gelebter Kreativität im Unternehmen. Deren Wirkung richtet sich erst einmal nach innen. Und im zweiten Schritt werden sie in der Außenwirkung zum Wettbewerbsvorteil und Differenzierungsmerkmal.

1. Differenzierung der Human Resources zum Wettbewerb

> „Am liebsten würde ich mir Mitarbeiter klonen. Wenn sie genauso wären wie ich und genauso ticken würden, dann bräuchte ich mich um nichts mehr zu kümmern und müsste mich auch über nichts mehr ärgern. Ich könnte mich hundertprozentig auf sie verlassen."

Die Möglichkeit der Mitarbeiter, ihre Freiräume selbst kreativ zu gestalten, führt zwangsläufig zu ganz persönlichen und individuellen Kompetenzausprägungen. Vergleichbar mit einem Unternehmen oder einem Produkt, entwickelt der Mitarbeiter ganz automatisch ein Alleinstellungsmerkmal für sich selbst. Diese Einzigartigkeit bildet die persönlichen Denk- und Handlungsmuster ab. Die erforderliche und verantwortungsvolle Auseinandersetzung mit diesen Freiräumen, in denen halt nicht alles einfach vorgegeben wird, hilft den Mitarbeitern, herkömmliche und gewöhnliche Denk- und Verhaltensmuster zu überwinden.

In der Summe aller Mitarbeiter hat dies die Differenzierung, das Alleinstellungsmerkmal und ungewöhnliche Denk- und Verhaltensmuster des Gesamtunternehmens zur Folge.

2. Leistungsförderndes Umfeld

> „Meine Mitarbeiter werden für das Arbeiten und nicht fürs Denken bezahlt. Das ist mein Job. Die sollen einfach die Dinge so tun, wie ich es ihnen sage. In der Zeit, in der Qualität, in dem Umfang. Dann stimmt auch das Ergebnis."

Die Freiräume der Mitarbeiter bieten ihnen die Gelegenheit, ihre ganz persönlichen und individuellen Leistungsentfaltungsmöglichkeiten auszuleben und einzubringen.

Ziel der Führungskraft muss eindeutig sein, einen größtmöglichen Teil der Leistungsfähigkeit ihrer Mitarbeiter abzurufen. Das gelingt in der Regel nur dann, wenn die Erwartungen und die damit verbundenen Bedürfnisse an die täglichen Aufgaben erfüllt werden können. Die Mitarbeiter zu Beteiligten zu machen – Entscheidungen, Abläufe, Regeln und Standards – kann hier sehr viel der erwünschten und notwendigen Ressourcen freisetzen. Leistung macht dann Freude, wenn diese nicht nur abgefordert wird, sondern die Mitarbeiter das „Wie" zum Großteil mitgestalten können. So wird das Ergebnis *ihr* Ergebnis und ihre Leistung – *ihr persönlicher Sieg*.

3. Plattform zur selbstständigen Weiterentwicklung der Mitarbeiter

> „Die Personalabteilung macht da jedes Jahr so einen Seminarkalender. Da sind alle Themen und Termine drin. Wenn es passt, melde ich Mitarbeiter an und teile es ihnen mit. Wenn wir vor lauter Arbeit keine Zeit haben, wird in dem Jahr halt kein Seminar besucht. Das muss dann auch gehen."

Personalentwicklung liegt in der Verantwortung der direkt vorgesetzten Führungskraft und ist nicht an die Personalabteilung delegierbar. Durch permanente Beobachtung und regelmäßige Kommunikation kann der Bedarf kontrolliert und die entsprechenden Maßnahmen eingeleitet werden.

Durch das selbstverantwortliche Handeln innerhalb der gesteckten Freiräume geht ein großer Teil dieser Verantwortung auch auf die Mitarbeiter über. Da ständig die eigenen Kompetenzen gefordert werden, um die Aufgaben zu erledigen und die Ziele zu erreichen, beschäftigt sich der Mitarbeiter selbst mit den eigenen Potenzialen und zu schließenden Lücken. So tritt er in den Kreislauf der selbstständigen permanenten Weiterentwicklung und Verbesserung ein. Er eignet sich den Umgang mit den Werkzeugen an, die er für die bestmögliche Lösung seiner Aufgaben braucht.

4. Kreative Herausforderungen anstatt problemorientiertem Denken

> „Meine Mitarbeiter können bei Problemen immer zu mir kommen. Das wissen die. Bevor irgendetwas falsch läuft, sollen sie lieber mich fragen. Ist zwar manchmal stressig, wenn ich selber viel auf meinem Tisch habe. Aber besser ist das. Ich habe keine Lust, dass dadurch noch größere Probleme entstehen."

Schwierige Aufgaben werden oft als Problem bezeichnet. Und am einfachsten ist es immer, die Funktion mit der vermeintlich höheren Problemlösungskompetenz um die Lösung zu bitten – die vorgesetzte Führungskraft. Eine subtile Form der Rück-Delegation.

Die Übernahme der Verantwortung und der Entscheidungsfindung innerhalb der Freiräume führt in der Regel dazu, dass die Mitarbeiter nicht wie der Hase vor der Schlange vor Angst erstarren. Vielmehr wird der persönliche Ehrgeiz zum Motor einer selbstständigen Lösungsfindung. Langsam weicht die gewöhnliche Einstellung „Vor was für einem Problem stehen wir jetzt schon wieder?" einer Betrachtungsweise „Wie können wir diese komplexe Aufgabe bewältigen?". Aus Passivität (stehen) wird Aktivität (bewältigen).

5. Permanenter zielorientierter Veränderungsprozess

> Der Geschäftsführer eines mittelständischen Unternehmens und ein externer Berater machen gemeinsam einen Betriebsrundgang. Der Geschäftsführer möchte dem Berater den Betrieb zeigen, damit dieser sich einen groben Überblick in Zusammenhang mit seiner bevorstehenden mehrtägigen Beratungstätigkeit machen kann.
>
> Folgender Dialog entsteht während des Rundgangs:
>
> „Na, das ist ja stark!" (Berater)

> „Was meinen Sie damit?“ (Geschäftsführer)
>
> „Haben Sie das denn nicht gesehen?“ (Berater)
>
> „Was denn?“ (Geschäftsführer)
>
> „In dem Büro, an dem wir gerade vorbeigegangen sind, schaute Ihr Mitarbeiter aus dem Fenster und hatte seine Beine auf dem Tisch!“ (Berater)
>
> „Wo liegt denn das Problem?“ (Geschäftsführer)
>
> „Sie wissen doch, wie viel die Arbeitsstunde eines Abteilungsleiters bei Ihnen kostet!“ (Berater)
>
> „Machen Sie sich da mal keine Sorgen. Das letzte Mal, als er so in seinem Büro saß, hatte das im Folgejahr eine Umsatzsteigerung von einer Million Euro zum Ergebnis …“ (Geschäftsführer)

Die Freiräume zwingen die Mitarbeiter dazu, ihre eigenen vorhandenen Fähigkeiten, Möglichkeiten und Kapazitäten vollends auszuschöpfen. Die übernommene Verantwortung für das Ergebnis nötigt die Mitarbeiter zur Suche nach dem besten Werkzeug für ihre Aufgabenerfüllung.

Sie werden demnach permanent nach den effizientesten Wegen suchen – sie wollen schließlich ihr Ziel hervorragend erreichen. Daraus ergeben sich unweigerlich Veränderungs- und Optimierungsprozesse im Hinblick auf eigene Arbeitsweisen. Fokussiert auf die Sinnhaftigkeit – also nicht Kreativität und Veränderung um ihrer selbst willen, sondern um Zielerreichung und Ergebnissicherung optimaler gestalten zu können.

„Es ist nicht gesagt, dass alles besser wird, wenn es anders wird. Wenn es aber besser werden soll, muss es anders werden.“

Georg Christoph Lichtenberg

Methodenkompetente Mitarbeiter als Ausgangspunkt und Bedingung

„Probleme sind nicht mit der gleichen Denkweise zu lösen, durch die sie entstanden sind.“

Albert Einstein

Die zur Verfügung gestellten Freiräume und die Erlaubnis, kreativ zu werden, führen nicht automatisch zu motivierten und aktiven Mitarbeitern. Die Mitarbeiter brauchen nicht nur die Kenntnisse über viele unterschiedliche Kreativitätstechniken, sondern auch die Fähigkeit, mit ihnen erfolgreich arbeiten zu können.

> „Wenn, dann machen wir immer nur Brainstorming. Bis der Chef sagt, das reicht jetzt, die Seite ist voll. Ist ganz schön langweilig, immer nur die gleiche Prozedur. Hat keiner so richtig Spaß dran."

Im ersten Schritt ist es also notwendig, die Mitarbeiter in Richtung Kreativität zu qualifizieren. Je größer ihr Werkzeugkasten, desto besser können sie die Methodenvielfalt nutzen. Das gilt selbstverständlich auch für die Führungskraft, die Sitzungen oder Workshops mit Ideengenerierungsphasen leitet.

Die Abwechslung in der Anwendung von unterschiedlichen Kreativitätswerkzeugen erhöht die Menge der generierten Ideen und gleichzeitig auch die Qualität der Ergebnisse. So wird Kreativität nicht zur Gewohnheit mit der Konsequenz der Langeweile und der daraus resultierenden Lustlosigkeit – trotz der Möglichkeit mitzuwirken und mitzugestalten entsteht kein Engagement und kein Interesse, sich einzubringen. Des Weiteren werden auch nicht immer gleichartige Ideen generiert und gleichartige Lösungswege vorgeschlagen. Durch unterschiedliche Vorgehensweisen in der Phase der Ideengenerierung werden auch unterschiedliche Ergebnisse erzielt. Das erhöht die Wahrscheinlichkeit des außergewöhnlichen Denk- und Handlungsmusters – also die Wahrscheinlichkeit der Differenzierung nach innen und nach außen.

Die gleiche Technik muss auch nicht immer die gleiche Technik sein. Das Brainstorming – der Klassiker schlechthin und die bekannteste und am häufigsten angewandte Kreativitätstechnik – kann verändert und variiert werden. Variationen wären das Brainwriting (Methode 6-3-5) oder auch das Brainwalking. Das setzt natürlich eine Methodensicherheit bei allen voraus, welche es erlaubt, mit der Methode „kreativ spielen" zu können. Unterschiedliche Dynamik und unterschiedliche Arten und Weisen der Generierungsprozesse schaffen die notwendige Abwechslung für die Mitarbeiter, damit sie dabei bleiben und motiviert an Lösungen und Entwicklungen mitarbeiten.

Mit den unterschiedlichen Methoden zu spielen heißt nicht, die wesentlichen Grundlagen außer Acht zu lassen und über Bord zu werfen. Kreativität erfordert immer einen disziplinierten und konsequenten Generierungsprozess – Regeln müssen gesetzt und auch eingehalten werden. Von Beginn an, also ab der konkreten Zielformulierung, über die Generierungsphase bis hin zur Bewertung der Ideen und Lösungsvorschläge.

Das kompletteste, abwechslungsreichste und effektivste Instrument im Bereich Kreativität, das ich persönlich kenne, ist das „Laterale Denken" von Dr. Edward de Bono. Es bildet einen geschlossenen Kreis um den gesamten Kreativitätsprozess – von der notwendigen Zielformulierung und Fokussierung vor der eigentlichen Ideenfindung, über unterschiedliche logische und provokative Werkzeuge zur Ideengenerierung selbst, bis zur Ordnung und Bewertung der generierten Ideen und Lösungsansätze. Es begleitet also einen kompletten kreativen Prozess vom Anfang bis zum Ende.

Ein wesentlicher Aspekt von Kreativität im Unternehmen ist Zielorientiertheit. Das Unternehmen partizipiert nur dann an Kreativität, wenn sie nicht nur grundsätzlich im Sinne der Unternehmensziele angewandt wird, sondern die Erreichung dieser formulierten Ziele erleichtert und beschleunigt. Keine Spinnerei und Freiräume „just-for-fun“ oder „nice-to-have“. Vielmehr im Sinne der Definition:

> Kreativität ist die Möglichkeit und Fähigkeit jedes einzelnen Mitarbeiters, sich und sein eigenes Umfeld im Sinne der Unternehmensziele und des Unternehmenserfolges wertschöpfend zu verändern.

Disziplin und Zielorientiertheit stehen nicht im Widerspruch zu kreativen Freiräumen. Vielmehr sorgen sie dafür, dass Kreativität im Unternehmen wertschöpfend eingesetzt wird. Im Vorfeld sollte die Frage beantwortet werden, inwieweit eine Einschränkung durch die definierten Rahmenbedingungen unbedingt schon vor dem Generierungsprozess erfolgen muss. Wird es einfacher sein, die Leute wieder zurückzuholen, weil sie sich zu weit außerhalb des Rahmens befinden? Oder lohnt sich die Anstrengung, sie weiterbewegen zu müssen, weil sie durch übermäßige Regeln zu stark ausgebremst worden sind? Ich neige zur ersten Möglichkeit.

Über die Schaffung von methodenkompetenten Mitarbeitern wird auch die Personalentwicklung als Teil der Personalabteilung zu einem wertschöpfenden Bereich im Unternehmen. Sie unterstützen die Mitarbeiter im Aufbau der erfolgsrelevanten Kompetenzen (siehe auch de Bono).

Das Prinzip „Verantwortungsbewusste Mit-Unternehmer“

„Wer von der Vergangenheit in die Gegenwart schaut, betrachtet diejenigen, die von der Gegenwart in die Zukunft schauen, immer als Aussteiger.“

Kurt Biedenkopf

Eine Voraussetzung für unternehmerisches Denken und Handeln ist die Möglichkeit, frei in seinen Entscheidungen und Möglichkeiten zu sein. Sich Freiräume zu schaffen und sich innerhalb dieser selbstverantwortlich zu bewegen. So müssen auch die Freiräume für die Mitarbeiter definiert werden – als eigene Verantwortungs- und Kompetenzsphären. Die Mitarbeiter betrachten dann ihre Freiräume als ihr eigenes Unternehmen. Der individuelle persönliche Freiraum ist das Profit-Center. Sie werden daran arbeiten, dieses Unternehmen herausragend am Markt zu etablieren. Ihr Bestreben wird sein, permanent nach Möglichkeiten zu suchen, ihr Unternehmertum langfristig effizient, kostengünstig, produktiv und erfolgreich zu gestalten.

Bei der Delegation sollte die Führungskraft eines berücksichtigen: wichtig sind nicht nur Entscheidungskompetenz und Verantwortung. Der Mitarbeiter braucht auch das Gefühl, dass ihm vertraut wird. Delegieren sie auch das notwendige Vertrauen. Vertrauen ist das Fundament, auf dem mit gutem „Bauchgefühl“ der Antrieb und die Tatkraft entstehen, die Dinge anpacken zu wollen. Sie vertreibt die Angst vor Versagen und übertriebenen Sanktionen bei Fehlern und falschen Entscheidungen. Wer nichts tut, macht auch keine Fehler – er bewegt und verändert auch nichts.

Schaffen Sie die Voraussetzungen für verantwortungsbewusst denkende und handelnde Mit-Unternehmer in ihrem Unternehmen,

- indem Sie gemeinsam mit Ihren Mitarbeitern den Begriff der Kreativität für ihr Unternehmen definieren und für das tägliche Aufgabenumfeld „griffig" machen.
- indem Sie Ihren Mitarbeitern ermöglichen, sich selbst und ihr eigenes Arbeitsumfeld wertschöpfend zu verändern.
- indem Sie ihnen Mut machen, zu experimentieren, um durch Andersartigkeit und Außergewöhnlichkeit einen Wettbewerbsvorteil zu schaffen – nach innen und letztendlich in Summe auch nach außen.
- indem Sie Ihre Mitarbeiter dazu motivieren, das eigene Leistungsvermögen permanent auszuloten und weiter zu entwickeln.
- indem Sie Ihre Rolle als *Führungskraft* wahrnehmen und leben und nicht nur ihre Funktion als Manager.
- indem Sie immer nur ein notwendiges Maß an Regelwerk, Beschränkungen und Grenzen für den Weg oder Lösungsfindungsprozess vorgeben – und sich möglichst auf konkrete und transparente Ziele beschränken.
- indem Sie die kreative Gestaltung der Freiräume Ihrer Mitarbeiter fordern und fördern.
- indem Sie im regelmäßigen Dialog mit Ihren Mitarbeitern deren Freiräume und Kompetenzbereiche im Hinblick auf ihre „Richtigkeit" überprüfen und daraus ableiten, welche Veränderungen in den Aufgaben und welche Entwicklungsschritte in der Persönlichkeit des Mitarbeiters erforderlich sind – und diese auch in gemeinsamer Verantwortung einleiten.
- indem Sie Ihren Mitarbeitern die Möglichkeit geben, ihren Werkzeugkasten mit vielen unterschiedlichen Kreativitätstechniken zu füllen und sie ermuntern, diese auch immer wieder abwechslungsreich anzuwenden und einzusetzen.

Eine unerlässliche Prämisse stellen Leistungstransparenz und Kommunikation dar. Die Mitarbeiter müssen jederzeit genau wissen, wo sie stehen und ob sie auf einem guten, aber nicht auf dem vermeintlich richtigen, Weg sind. Die Führungskraft ist angehalten, klare Kriterien und Strukturen – konkrete Messgrößen – für Leistung und auch Feedback zu gestalten. Und diese auch regelmäßig zu kommunizieren. Bezogen auf Ergebnisse und Lösungen – nicht auf den eingeschlagenen Weg. Denn dann brauchen die Mitarbeiter die Freiräume nicht – sie bleiben Makulatur, weil letztendlich doch die vorgesetzte Führungskraft immer die beste Art und Weise der Lösung kennt und diese auch durchsetzt.

Literatur

BONO, EDWARD DE, *Serious Creativity*, Stuttgart 1996.

BONO, EDWARD DE, *De Bonos neue Denkschule*, Heidelberg 2002.

ERPENBECK, JOHN/HEYSE, VOLKER, *Die Kompetenzbiographie – Wege der Kompetenzentwicklung,* 2. Auflage, Münster 2007.

HEYSE, VOLKER/ERPENBECK, JOHN/MAX, HORST (HRSG.), *Kompetenzen erkennen, bilanzieren und entwickeln,* Münster 2004.

MCKEE, RACHEL KELLY/CARLSON, BRUCE, *Mut zum Wandel – Das GRID Führungsmodell,* München 2000.

NOVAK, ANDREAS, *Schöpferisch mit System: Kreativitätstechniken nach Edward de Bono.* Reihe Arbeitshefte Führungspsychologie, Band 39, herausg. von Ekkehard Crisand, Stuttgart 2001.

PAPMEHL, ANDRÉ (HG.), *Absolute Customer Care*, 2. Auflage, Wien 2002.

PAPMEHL, ANDRÉ/SIEWERS, RAINER (HG.), *Wissen im Wandel*, Wien/Frankfurt 1999.

Die kreative Führungskraft – Mut zum Außergewöhnlichen zeigen

Armin Anwander

Dr. Armin Anwander
ist Gründer und geschäftsführender Gesellschafter der ILTIS GmbH. Er begleitet Unternehmenseigner und Führungskräfte bei Strategieverwirklichung und Change Management sowie als Coach für persönliche Strategien. Die Übertragung von Forschungsergebnissen und Erfahrungen aus dem Bereich bioenergetischer und bioinformativer Felder auf Gruppen- und Organisationsaktivitäten runden sein Arbeitsgebiet ab.

Das Spiel mit der Schöpfungskraft

Statt einer Lösung

Kreative Unternehmen brauchen kreative Führungskräfte. Das hört sich schlüssig an. Doch was zeichnet kreative Führungskräfte aus? Was denken diese? Wie gehen sie vor? Und vor allem, wie bewahren sie sich ihre schöpferische Kraft, wenn Hektik, Gleichmacherei und Rechthaberei oft den Alltag prägen? Wenn Sie jetzt hoffen, dass Ihnen die passgenaue Lösung präsentiert wird – die gibt es nicht. Und das ist gut so. Denn Kreativität fußt auf Weltbildern, Meinungen, Deutungen. Etwas Endgültiges hätte das Ende der Transformation und damit der Kreativität zur Folge.

Was man glaubt, welche Richtung man einschlägt und ob sich auf diesem Weg die eigenen Hoffnungen erfüllen, zeigt erst die Zukunft. Eine Garantie für das Ergebnis besteht nicht. Der Beitrag zeigt deshalb nicht, wie es geht, sondern enthält Anregungen, wohin es gehen könnte. Jonglieren Sie mit den Inhalten. Was sind Entwicklungen, die es Ihrer Meinung nach geben wird? Welche Gedanken führen voran? Was ist Utopie? Vor allem aber: Was wollen Sie bei sich und anderen fördern und wie entsteht daraus die Welt, in der Sie leben möchten?

Kreativität überschreitet Grenzen

Kreativität kann aktiv und passiv gelebt werden. Wer sie aktiv begreift, sieht sie als „seine" Aktivität an. Er wird sich auf die Suche machen, Ziele setzen, Probleme erkennen, Verkrustungen auflösen, Verbesserungen initiieren und deren Umsetzung steuern. Es findet ein Gedankenaustausch statt, man tüftelt gemeinsam und durch Kombinieren entstehen neue Ideen.

Demgegenüber steht ein eher passives Vorgehen. Wer Kreativität so deutet, entspannt sich. Er vagabundiert durch verschiedene Erfahrungen und Wissensgebiete, lässt diese auf sich wirken, bleibt offen für Gelegenheiten und Einfälle und erkennt Dinge an, die er bisher nicht zugelassen hat. Ihm „fällt etwas zu". Er probiert das Neue spielerisch aus, und wenn es sich als hilfreich erweist, nutzt er es weiter.

In beiden Fällen treibt uns die Schöpfungskraft über die Grenzen des bisherigen Weltbilds hinaus. Erscheint der Niedergang des Bestehenden als besonders schmerzhaft, droht das Bewusstsein zu blockieren. Eine kreative Führungskraft lenkt deshalb die Aufmerksamkeit weg vom Verlust und hin auf das anregende Spiel mit der Schöpfungskraft, den sich öffnenden Raum und die künftigen Aussichten.

Alles schwingt

Jeder schaut durch sein Wahrnehmungsfenster

Kreative Führung überschreitet Grenzen – auch die der Führung. Vermehrte Anzeichen für ein neues Führungsparadigma liefert die Physik. Bereits für Max Planck und Albert Einstein war klar, dass Materie in der Form, wie wir sie wahrnehmen, nicht existiert. Alles und jedes ist aus Schwingung zusammengesetzt. Durch die Quantenphysik der letzten Jahre wurde dies weiter bestätigt (Zeilinger 2005).

Dies hat weitreichende Konsequenzen. Wenn alles schwingt, gibt es keine Trennung, weder von den Dingen, die uns umgeben, noch von anderen Menschen. Wir sind verbunden. Selbst geistige Aktivität wirkt wie eine Art bioenergetischer Schallwellen weit über die Körpergrenzen hinaus, was Squid-Detektoren seit Jahrzehnten in Form biomagnetischer Felder des Gehirns und einzelner Organe nachweisen (Oschman 2006). Sie können von anderen Menschen empfangen werden, die in Resonanz zu dieser Schwingung gehen.

So regen wir wissenschaftlich bewiesen nicht nur mit unserem äußeren Tun, sondern bereits mit unserem inneren Fühlen und Denken das Umfeld an. Auf welcher Ebene wir uns und andere wahrnehmen, entscheiden wir, indem wir unser Wahrnehmungsfenster öffnen oder schließen (Abbildung 1).

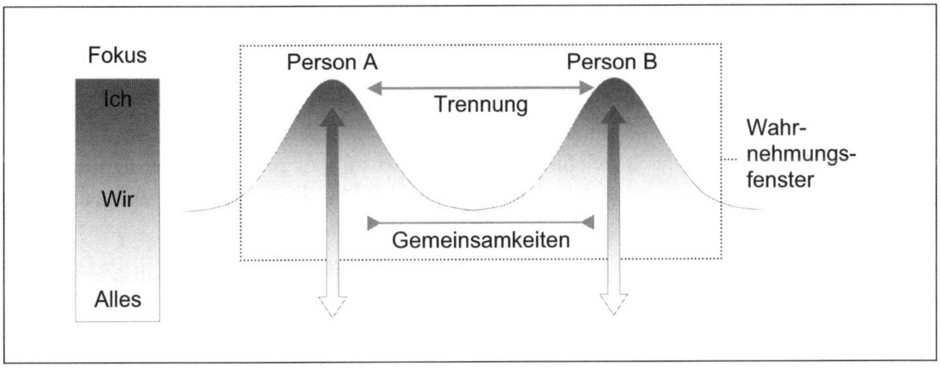

Abbildung 1: *Wahrnehmungsfenster*

Wir können uns als Ich erfahren, das einen Körper samt Gehirn und eine eigene Persönlichkeit hat. Mit der Fokussierung auf das Ich erfolgt die Trennung vom Gegenüber. Wir können uns in der Gemeinsamkeit eines Wir-Gefühls erleben. Es eint uns zu einer Gruppe oder Kultur und lässt so Kollektives und Fremdartiges entstehen. Wir können in außergewöhnlichen Situationen spüren, dass unser scheinbares Selbst im Alles aufgeht.

Es ist faszinierend, dass wir gleichzeitig auf all diesen Ebenen zu Hause sind. Wir sind ich, uns und Eines. Absicht und Bewusstsein bestimmen, welchen Ausschnitt der Realität wir wählen. So wie es ein Wahrnehmungsfenster für den Einzelnen gibt, so legen auch Gruppen, Organisationen und Gesellschaften ihren Realitätsausschnitt fest. Die Wahrnehmungskanäle werden dann auf das entsprechende Fenster justiert. Es ist wie beim Radio. Unzählige Sender stehen zur Verfügung. Durch die Einstellung eines Kanals entscheiden wir jedoch, welche Musik wir hören wollen.

Felder voller Energie und In-Formation

Jeder Mensch nimmt mit seiner Schwingungsmelodie aktiv und passiv als eine Art multienergetisches Musikinstrument an der Welt teil. Wo Schwingungsmuster von Menschen aufeinandertreffen, entstehen komplexere Schwingungsgefüge. Sie bilden ein Art Musikstück mit einer inneren Harmonie. Eine Begründung liefert die Entdeckung der sogenannten Spiegelneuronen durch eine Gruppe um den Gehirnforscher Giacomo Rizzolatti. Diese Nervenzellen lösen im Gehirn dieselben Aktivitäten aus, und zwar unabhängig davon, ob eine Person etwas tut oder nur beobachtet (Rizzolatti 2006).

Fehlen in der organisatorischen Schwingungsmelodie Töne oder sind welche zu viel, ergeben sich die immer selben Phänomene an der Oberfläche der Organisation. Wie bei einem See, in dessen Tiefe gewisse Schwingungen als Musikstück freigesetzt werden, entstehen an der Oberfläche des Sees Muster. Veränderungen erfolgen, sobald fehlende Töne ergänzt oder Misstöne beseitigt sind. Mit der Änderung des Schwingungsgefüges entstehen andere Resonanzen und an der Oberfläche des Sees bilden sich neue Formen.

Schwingungsgefüge können auch als Felder bezeichnet werden. Felder sind voller Energie und In-Formation. Der von David Bohm geprägte Begriff verdeutlicht, dass es sich hier nicht um herkömmliches Wissen handelt, sondern um eine strukturierende Kraft, die den Empfänger formt. Rupert Sheldrakes bezeichnet diese Kraft als morphogenetisches Feld (Sheldrake 2003). Ervin Laszlo knüpft an das Konzept der vedischen Akasha-Chronik an und wählt den Begriff A-Feld (Laszlo 2005).

Das Feld ist ein über Raum und Zeit hinausreichendes Gedächtnis. Es vermittelt Muster und Strukturen an die von ihm gesteuerten Prozesse und Systeme. Alles, was im Universum geschieht, prägt sich in das Feld ein und kann folglich auch wieder ausgelesen werden. Durch die Ausdehnung unseres Wahrnehmungsfensters bestimmen wir mit, wie viel und welche Informationen wir aus dem übergeordneten Feld aufnehmen können oder wollen. Obwohl wir also immer mit dem gesamten Feld verbunden sind, können wir so zugleich unser eigenes getrenntes Feld erfahren.

Das Feld hat eine Tendenz, Prozesse und Systeme in Richtung höherer Ordnung und Komplexität zu transformieren. Felder wirken dabei nicht als moralische Instanz. Sie spiegeln nur zurück, was über die Zeit an Gedanken, Emotionen, Motivationen, Handlungen und Erfahrungen eingespeichert wurde. Der Rat Buddhas, das eigene Denken, Sprechen und Handeln zu prüfen, war seiner Zeit damit weit voraus.

Indizien für das neue Paradigma

Die Idee der Felder erweitert eine Welt, die auf reproduzierbaren und intersubjektiv überprüfbaren Beweisen aufbaut. Eine subjektive Welt der Erfahrungen mit persönlichen Wirklichkeiten kommt hinzu. In der Wissenschaft finden sich denn auch Indizien für das neue Paradigma aus Energie und In-Formation – hierzu drei Beispiele.

- Beispiel 1: Placeboeffekte

  Arzneimittel gründen auf einer Theorie über ihren Wirkungszusammenhang im Körper. Davon nicht erklärte Wirkungen werden als Placeboeffekt bezeichnet. Doch was, wenn man umgekehrt vorgeht und den Placeboeffekt nicht als Begleiterscheinung, sondern als Wirkung definiert? Dann sind sie therapeutische Wirkungen, die aufgrund der Bedeutung zustande kommen, welche eine Intervention für eine Person hat. Sie können in der emotionalen Beziehung von Therapeut und Patient liegen, im gemeinsamen Mythos über die Krankheitsentstehung und -linderung, in Insignien der therapeutischen Kraft oder in einem einleuchtenden Ritual, das angefangen von einer schamanistischen Handlung über die Einnahme von Medikamenten bis hin zu einer Operation gehen kann (Walach/Sadaghiani 2002).

  Untersuchungen zeigen, dass schon die Erwartungshaltung die Wirkung von Medikamenten stark beeinflusst. Migränepatienten erhielten im Verhältnis 8:8:1 ein anerkannt wirksames Mittel A, das Mittel B oder ein Placebo. Die Erfolgsrate lag bei den anerkannten Mitteln bei 42 Prozent, beim Placebo bei 38 Prozent! Der Placeboerfolg nahm übrigens zu, je höher die Wahrscheinlichkeit lag, im Rahmen einer Studie ein anerkanntes Mittel zu erhalten.

  Einer anderen Studie zufolge wurden Patienten mit Osteoarthrose des Knies tatsächlich operiert oder sie erhielten unter leichter Narkose lediglich Operationseinschnitte. Keiner erfuhr, was mit seinem Knie geschehen war. Zwei Jahre nach dem Experiment zeigte sich, dass es keinen signifikanten Unterschied zwischen den Gruppen gab. Trotz der Veröffentlichung im renommierten Fachblatt „New Journal of Medicine“ finden allein in Deutschland jährlich Hunderttausende von Eingriffen in Kliniken und Praxen statt (Blech 2007).

  Für die kreative Führungskraft ergeben sich daraus aber aufschlussreiche Einsichten. Wenn bereits die Erwartungshaltung biochemische Prozesse im Gehirn und nachfolgend reale Veränderungen im Körper auslöst: Wie wichtig ist es dann, wie und welche Informationen man in den Feldern stärkt, auf die man Einfluss hat?

- Beispiel 2: Wasser und Gefühle

  Eine weitere Facette beleuchten die Forschungen von Masuro Emoto zur Qualität von Wasser. Er gefriert Wasser, entnimmt anschließend Kristalle und fotografiert diese in 200- bis 500-facher Vergrößerung. Nach Emoto ist die Qualität des Wassers um so höher, je klarer und ästhetischer die Kristallstruktur hervortritt. Emoto bespielte nun Wasser derselben Herkunft mit Musik von Klassik bis Heavy Metal. Er schrieb auf die Außenseite der Proben Worte wie „Danke“ oder „Dummkopf“. Und er bat eine Gruppe von Menschen, Gefühle der Liebe mental auf Wasserproben zu übertragen. Sein Ergebnis: Bei erhebenden Intentionen zeigt das Wasser vermehrt Kristallstrukturen, bei gegenteiliger Intention sind diese nicht vorhanden oder werden sogar zerstört (Emoto 2002).

  Bewusstsein scheint also auch materielle Objekte wie Wasser zu beeinflussen. Bedenkt man, dass der erwachsene menschliche Körper zu einem Großteil aus Wasser besteht, wird deutlich, wie wichtig die Gestaltung unseres Umfelds sowie unsere bewusste und unbewusste Kommunikation mit uns selbst und unserem Umfeld ist.

- Beispiel 3: Geist beeinflusst Maschinen

  Robert Jahn und Brenda Dunne bestätigten in Experimenten von 1979 bis 2007 an der Princeton University, Fachbereich Aeronautik, dass Menschen Maschinen beziehungsweise materielle Systeme geistig beeinflussen können. Unter anderem sollten sie einen Zufallszahlengenerator mental so beeinflussen, dass er bestimmte Ergebnisse überdurchschnittlich oft erzeugt. Die nachgewiesene Wirkung ist schwach, aber statistisch hoch signifikant. Sie scheint unabhängig von Raum- und Zeitbarrieren zu sein.

  Weitergehend wurden seit mehreren Jahren Tests mit Gruppen bei Großveranstaltungen durchgeführt. Im Rahmen des GPR Global Consciousness Project realisierte man in Princeton sogar weltweite Forschungen. Immer wieder zeigte sich, dass die Zufallsgeneratoren aus der Zufallsreihe laufen, wenn stark emotional geprägte Ereignisse auftreten. Ob es sich dabei um Freude oder Trauer handelte, ob die Beteiligten vom Experiment wussten oder nicht, schien keinen Unterschied zu machen.

  Nun wissen wir alle, dass starke Gefühle etwas zwischen Menschen bewirken. Bei der Zusammenarbeit kommt es sprichwörtlich auf die Chemie der Beteiligten an. Wenn Absichten und Gefühle sogar auf die materielle Ebene wirken, dürfte ihr Einfluss auf die „weichen" Felder noch weitaus größer sein.

  Folglich kommt großen Organisationen und einflussreichen Führungskräften über das oberflächliche Vorbild-Sein hinaus eine herausragende Rolle in der Transformation der Felder und damit unserer Zukunft zu. Wird dieser Einfluss tatsächlich heute so gelebt, dass man in zwanzig Jahren zufrieden wird zurückschauen können?

Sieben Schritte kreativer Führung

Kreatives Management

Lässt man sich die Existenz von energetischen und in-formatorischen Feldern als ein mögliches Wahrnehmungsfenster jenseits der materiell wahrnehmbaren Ebene zu, entsteht eine neue Grundlage für Führung, Aufbau und Transformation von Organisationen. Das klassische Vorgehen ist ineffizient, da es vor allem versucht, die Wellenbewegung an der Oberfläche des Sees in den Griff zu bekommen.

Kreative Führungskräfte dagegen lassen sich auf die Felder in der Tiefe des Sees ein. Mit einer Art homöopathischem Management führen sie auf der energetischen und der In-Formationsebene eine Veränderung bei sich und infolgedessen bei anderen herbei. Neue Perspektiven und Verhaltensmöglichkeiten ergeben sich, aber auch eine umfassendere Verantwortung, als sie bei der Steuerung rein materieller Objekte und Strukturen erforderlich ist.

Der kreative Prozess verläuft kontinuierlich. Manchmal durchläuft man ihn in Sekunden, manchmal dauert es Jahre. Manche Abläufe lassen sich gut von anderen abgrenzen, andere bleiben untrennbar verwoben. Die Phasen fließen ineinander. Eher aus praktischen Gründen werden im Folgenden sieben Schritte unterschieden: Spiegeln, Entspannen, Aufdecken, Lösen lassen, Empfangen, Erkennen, Erschaffen (Abbildung 2). Jeder Schritt regt zu einer bestimmten Haltung und damit verbundenen Verhaltensweisen an.

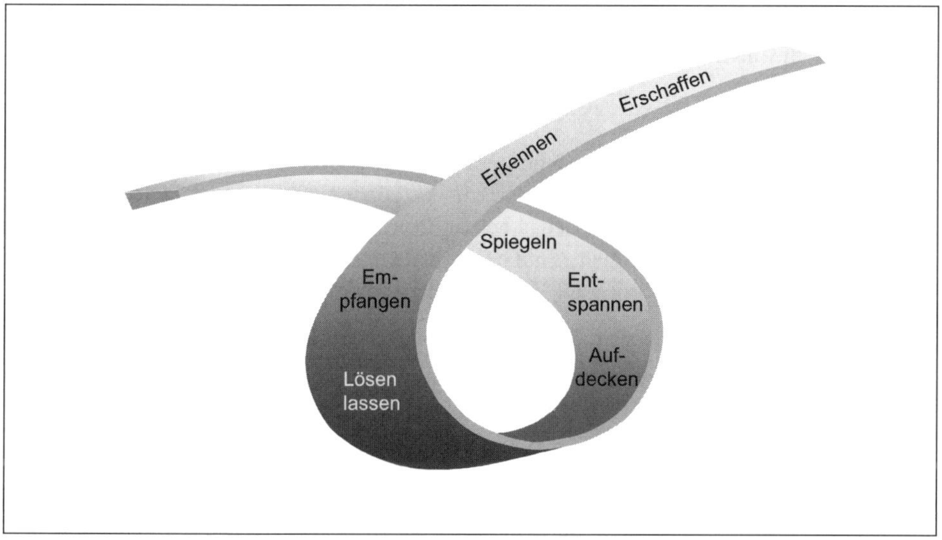

Abbildung 2: *Sieben Schritte kreativer Führung*

Spiegeln

Die Suche nach dem Neuen beginnt mit dem bewussten Blick durch das eigene Wahrnehmungsfenster. Für die kreative Führungskraft spiegelt das, was sie sieht, ihre eigenen Entscheidungen wider. Diesen Realitätsausschnitt hat sie bewusst oder unbewusst gewählt. Schnell argumentiert der eigene Verstand: Für vieles da draußen kann und will man nicht verantwortlich sein. Doch wer den Vorhang vor sein Wahrnehmungsfenster zieht, macht sich zum Opfer der Umstände. Was außerhalb unseres Einflusses liegt, entzieht sich auch unserer Schöpfungskraft.

Umgekehrt sind die Grenzen, die der Spiegel offenbart, Wegweiser der Kreativität. Besonders lohnend ist es, Schranken aufzuspüren, die im Alltag starke Schmerzen verursachen und bei denen die Verbesserung vorhandener Lösungen kaum noch Fortschritte mit sich bringt. Denn hinter jeder Begrenzung warten neue Emotionen, Verhaltensweisen, Leistungen, Organisationen und Märkte.

In der Person kann es sich um emotionale oder materielle Schranken handeln. Die Funktion ist durch Vorgaben oder Kollegen eingeengt. Im Team mögen Auseinandersetzungen oder Kapazitätsengpässe kennzeichnend sein. Die Organisation ist durch große Investitionen beschränkt. In der Branche zwingen Spielregeln zu den immer gleichen Vorgehensweisen.

Auf der gesellschaftlichen Ebene treten Grenzen in den ungewollten Begleiterscheinungen unserer Art zu leben und zu wirtschaften hervor. Die explodierende Weltbevölkerung, Armut, Bildungsnotstand, neuzeitliche Völkerwanderungen, die Gefährdung unserer Lebensgrundlagen Erde, Wasser, Luft, labile Finanzsysteme und nicht zuletzt die Überschuldung vieler Staaten samt drohendem Kollaps der Gesundheits- und Rentensysteme – all dies sind Herausforderungen, die unserer Kreativität die Richtung anzeigen.

Entspannen

Derjenige, dessen Aufgabe darin besteht, die Dinge am Laufen zu halten, muss wissen, was er will, wo er hin will, und er muss es gut begründen können. Für Manager bedeutet Recht zu haben und Recht haben zu müssen, genau beschreiben zu können, wie etwas ist, warum es so ist, wie es sich verhält und wie man es am besten steuert. So bestärkt man die In-Formationen im Feld und richtet seine Energien auf Grenzziehung, Abwehr und Angriff aus.

Verantwortung und Schuldfragen können so vielleicht geklärt werden. Ideen, wie man die Beschränkung auflöst, entstehen dabei in aller Regel nicht. Um tatsächlich Neues zu erfahren, muss der Manager den Modus wechseln. Wird er still, treten die Konturen des Geschehens, der Subjekte und Objekte deutlicher hervor. Wahrnehmen, fühlen, spüren, was da ist, ohne sofort eine Lösung finden zu wollen. Dabei ist es gleich, ob man die Öffnung mittels Meditation, Literatur, Kunst, Musik, in der Natur oder auf andere Weise erreicht. Ein kontemplativer Raum entsteht. Das Gehirn stellt auf einen Entspannungs- und Rezeptionsmodus um. Jetzt hat die Intuition eine Chance (Guntern 2003).

Kreative Führungskräfte schaffen deshalb für sich und ihr Team eine Balance von Anspannung und Entspannung. Beispielsweise werden statt durchgängig funktionalen Büroräumen Lebenslandschaften mit variierenden Zimmern, Möbeln, Farben, Gerüchen, Klängen und Formen oder die Arbeit in der Natur gefördert.

Aufdecken

In der Entspannung steigen Bilder und Gefühle aus dem Inneren empor. Die wahren Begrenzungen in der Tiefe des Felds dringen an die Oberfläche. Sie aufzudecken, anzunehmen und zu überwinden erfordert Mut und psychische Stabilität. Denn mit jeder Begrenzung, die aufgelöst wird, geht zugleich eine innere Determinante, ein strukturierendes Element der Person, des Teams oder der Organisation verloren.

Der offene Raum bringt also nicht nur Leichtigkeit, sondern auch Unsicherheiten und Ängste hervor. Im Alltag zeigen sie sich der Führungskraft als Widerstand gegen neue Ideen und mögliche Veränderungen. Widerstand ist Energie. Wer ihn direkt bekämpft oder zu brechen versucht, wird in seinen Kreativitätsbemühungen scheitern. Die unterdrückte Energie verschwindet aus dem Gesichtsfeld des Managers. Weg ist sie damit nicht. Sie erzeugt nur eine andere Form von Kreativität, nämlich die, wie man dem Druck am besten ausweichen kann.

Eine kreative Führungskraft braucht deshalb in der Phase des Aufdeckens besonderes Fingerspitzengefühl. Empathie und Kenntnisse der Gruppendynamik sind willkommene Helfer, wenn es darum geht, die verschlüsselten Botschaften im Widerstand zu ergründen und via Dialog und Absprachen in eine förderliche Richtung zu lenken (Doppler, Lauterburg 2005).

Lösen lassen

Sind Begrenzungen aufgedeckt und angenommen, treibt uns die transformatorische Kraft der Kreativität dahin sie zu überwinden. Der klassische Weg, das Problem zu lösen, indem man es definiert, Ursachen und Zusammenhänge möglichst genau herausarbeitet und analysiert, führt in die Irre. Was dem Verstand als einzige Lösung erscheint, verstärkt paradoxerweise die Blockierung. Frustration, Wut, Enttäuschung, Unfähigkeit: Es sind nur selten angenehme Gefühle, die wachgerufen werden.

Kein Wunder, denn auf energetischer Ebene verdichtet die Aufmerksamkeit die vorhandene Blockierung. Auf der In-Formationsebene wird ein ums andere Mal die alte Sicht und damit die Unlösbarkeit aus dem Feld gelesen, verstärkt und zurückgeschrieben. Der Vorgang wiederholt sich, bis Überdruss und Erschöpfung eintreten. Endlich wird losgelassen: Die Schöpfungskraft hat freie Bahn! Sie lockert die Blockade und löst sie schließlich auf.

Eine kreative Führungskraft, die die Schönheit des Vorgangs begreift, wird möglichst früh aufgeben. Sie bekämpft das Problem nicht länger. Sie nutzt die Eigendynamik der kreativen Kräfte. Aufgabe der Führung ist es, Intention, Aufmerksamkeit und Motivation darauf zu lenken, dass eine Veränderung möglich ist und zweifelsohne kommen wird. Die Auflösung der Begrenzung wird durch die Schöpfungskraft vorangetrieben, ob in einem Schritt oder wie bei einer Zwiebel Schale für Schale.

Empfangen

Sind Begrenzungen aufgelöst, geht es im nächsten Schritt darum, das Wahrnehmungsfenster eine Zeit lang offen zu halten. Man muss dabei verstehen, dass man der Kreativität ihren Inhalt nicht vorschreiben kann (Brodbeck 2006). So entstehen im neu gewonnenen Raum auch Ideen und Tüfteleien, die man selbst für unbrauchbar oder kontraproduktiv hält. Manager, die gewohnt sind eng zu steuern, stellt dies auf eine harte Probe. Schnell werden Kreativitätsbemühungen als Zeit- und Geldvergeudung denunziert. Doch Worte sind schöpferisch. Sie schaffen Realität und prägen die Felder. Nach jeder Abwertung braucht es mehr Energie, um den Prozess erneut in Gang zu bringen.

Aus diesem Grund nutzen kreative Führungskräfte zu Beginn alltägliche und unkritische Situationen und Aufgaben, um Fantasie und Fähigkeiten anzuregen. Sie lassen vermeintliche Irrwege zu. Sie motivieren Mitarbeiter, Ideen zu verfolgen, die ihrer eigenen Position widersprechen. Und sie wertschätzen den Einsatz selbst dann, wenn nichts unmittelbar Verwertbares herauskam. So läuten sie allmählich ein Umdenken ein. Erfahrung und Vertrauen in den Prozess entstehen. Kreativität wird gewöhnlich: für Führende und Geführte.

Während des Empfangens geht es auch nicht darum, möglichst viele Zahlen, Daten und Fakten zu sammeln. Diese sind nur ein fader Ersatz für die Wirklichkeit. Selbst plausibel klingende Sätze wie „Was nicht gemessen werden kann, kann nicht gesteuert werden.“ machen das Management-Cockpit nicht zur Realität! Zum Leben gehören Menschen, Umgebungen, Stimmungen, Gefühle. In der unmittelbaren Erfahrung, in der Kommunikation, in der Begegnung mit uns selbst und der Natur entsteht Kreativität. Kreative Führungskräfte pflegen deshalb Kontakte zu Kunden, Branchenfremden, zu Menschen aus anderen Gesellschaftsbereichen und Kulturen, zu Unterstützern und Gegnern.

Und kreative Führungskräfte schenken Gefühlen große Beachtung. Welches Potenzial in den weichen Faktoren schlummert, zeigt die Gallup-Studie zum Mitarbeiterengagement 2006. Für Deutschland weist sie nur 13 Prozent der Mitarbeiter als emotional hoch gebunden aus. 69 Prozent leisten Dienst nach Vorschrift, 18 Prozent gelten als unengagiert. Interessanterweise gaben 84 Prozent der Engagierten an, dass sie Spaß an ihrer Arbeit haben. Bei den aktiv Unengagierten waren es gerade einmal 14 Prozent. Wer wohl mehr Ideen ins Unternehmen trägt? Gefühle sollten demnach nicht durch die Hintertür, sondern durch den Haupteingang ins Unternehmen zurückkehren.

Erkennen

Wenn der Strom der Ideen eine Zeit lang fließt, kristallisieren sich nach und nach einige als besonders interessant heraus. Aus den kräuselnden Wellen bilden sich Muster, die an Deutlichkeit zunehmen. Man erkennt, wo es hingehen könnte. Fast zugleich tritt der Verstand mit Zweifel und Kritik als harter Richter auf den Plan. Viel innovatives Potenzial fällt hier der Guillotine der Rationalität zum Opfer – und das, bevor die Idee ganz zugelassen wurde!

Doch was ist diese viel beschworene Rationalität? Ein Zeitreisender, der die Erde besucht, würde Wunderliches berichten. Wann und wo immer er auch landet: Einige Menschen fordern die Mehrheit mit ihren Ideen heraus. Die etablierten Autoritäten bekämpfen das Neue mit aller Macht und vielfältigen Mitteln. Ein paar Jahre später, wenn vieles zum Allgemeinplatz geworden ist, belächelt die Mehrheit, wie Menschen zuvor so ignorant sein konnten.

Rationalität ist im Zeitablauf oft erschreckend wenig rational. Sie ist das, was der Mainstream gerade glaubt – oder was er aus Sicht der Einflussreichen glauben sollte. Das Schema kennt man auch in Organisationen. Die Gurus der weltbekannten Business Schools schreiben vor, wie Führungskräfte zu denken haben. Tonangebende Beratungsgesellschaften verpacken die Konzepte bereitwillig in handliche Werkzeuge. Mithilfe der Medien werden daraus Neuheiten, die jedes Unternehmen einsetzen muss. Milliardenmärkte entstehen.

Das Leben der Manager wird dadurch sowohl einfacher als auch schwieriger. Einfacher wird es, weil der Mainstream vorgibt, was richtig und was falsch ist. Wer auf die bekannten Werkzeuge setzt, ist erstmal auf der sicheren Seite. Entspannt kann er auf die Kollegen verweisen, die genauso vorgehen. Was viele tun, spricht doch für sich. Dass trotz – oder wegen? – dieser Konzepte und Programme so vieles schief geht, liegt wohl nur an der ungenügenden Ausführung und am Dilettantismus der anwendenden Führungskräfte.

Doch vielleicht gibt es auch einen anderen Grund. Wenn flächendeckend eigene Intuition und eigenes Denken durch die vorgegaukelten, neuesten Welt-Wahrheiten abgelöst werden, kann das vermutlich sichere Reiseziel ganz schnell zum Zug der Lemminge werden. Die Geschehnisse am neuen Markt führten dies treffend vor. Journalisten und Analysten schrieben eine neue Managergeneration nach oben. Doch als die Aktienkurse einbrachen, wurde aus den viel gepriesenen Talenten im Handumdrehen ein überschätzter Nachwuchs mit fehlender Führungskompetenz. Kreative Führungskräfte gehen deshalb davon aus, dass die meisten Wahrheiten im Laufe der Zeit erweitert, erneuert und transformiert werden.

Erschaffen

Aus der Idee soll etwas Materielles entstehen. Leistungen, Verhalten, Prozesse oder Organisationen sind zu verändern. Ob, wann und wie man hierbei agiert, ist durch das eigene Feld bestimmt. Auch das Repertoire der Führung ist erweiterbar, wie François Jullien mit der Gegenüberstellung von strategischen Denkhaltungen des Westens und des Ostens zeigt.

Die europäische Tradition setzt eine Idealform als Ziel. Dann wird gehandelt, um die Idealform in die Realität umzusetzen. Ein durch Abstraktion gewonnenes Modell der Realität wird auf die Welt projiziert. Man entwirft einen Plan, der die Mittel benennt, die zum Ziel führen sollen. Den Willen schließlich nutzt man, um in die Welt einzugreifen und sie entsprechend der Vorgabe zu gestalten. Damit einher geht ein Mythos der Aktion. Der Held und seine Tat werden inszeniert und glorifiziert. Der westliche Manager würde also am liebsten durchstarten, „sein" Feld analysieren, Probleme ausräumen und den Inhalt des Felds kontrollieren.

Der chinesischen Tradition folgend ist ein solches Verhalten ineffizient. Wirkung kann man nicht direkt anstreben. Sie ergibt sich als Konsequenz. Man muss dazu die Situation richtig einschätzen und sich von dem Potenzial, das ihr innewohnt, tragen lassen. Planung auf ein Ideal hin ist weltfremd, weil sich Situation und Potenzial unaufhörlich ändern. Das Leitbild ist der Weise. Er transformiert durch punktuelle Impulse, die möglichst eingeschränkt und wenig sichtbar sind. Ergebnisse entstehen durch fortschreitende Akzentuierung. Ein Zuviel an Anstrengung ist Vergeudung und Heldentum gefährlich.

Kreative Führungskräfte betrachten Herausforderungen bewusst sowohl aus der Perspektive des Helden als auch des Weisen und erschließen sich so interessante Handlungsoptionen. Denn Ideen haben ihre eigene Zeit und Art, in die materielle Welt zu dringen. Nicht nur, wer zu spät kommt, wird vom Leben bestraft. Dies trifft auch auf den zu, der zu früh dran war.

Mut zu Kostbarkeiten

Viele Manager glauben, dass die Profit-Maxime von ihren Mitarbeitern verinnerlicht werden muss. Doch klassische Unternehmensziele wie EBIT, Cash-Flow und Eigenkapitalrendite führen in aller Regel nicht zu Begeisterung und Kreativitätsstürmen. Es ist die Sinnhaftigkeit der eigenen Arbeit, welche dauerhaft exzellente Leistungen ermöglicht. Kreative Führungskräfte bringen deshalb – selbst wenn dies nicht selten als schöngeistig und unprofessionell kritisiert wird – entsprechende Kriterien in die tägliche Arbeit ein.

Die kreative Qualität jeder Innovation kann sich in vier Aspekten entfalten (Wilber 2004). Die Neuheit zeigt, wie weit das materiell Geschaffene über das Bisherige hinausgeht. Die Passung fragt danach, wie sich das Neue in Dinge einfügt, die bereits existieren. Die Schönheit öffnet den Blick auf die individuelle Bewertung des Neuen. Der Wert kennzeichnet schließlich, wie bedeutend etwas für die kollektive Kultur ist (Abbildung 3).

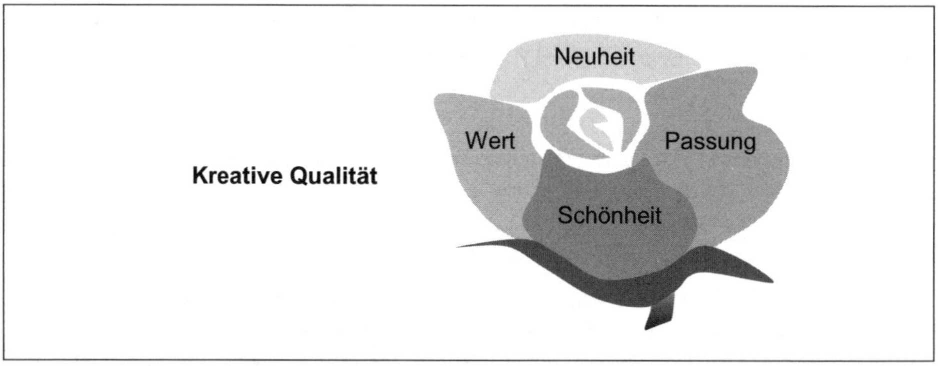

Abbildung 3: *Kreative Qualität*

Die kreative Führungskraft hat damit einen Schlüssel, um die Kreativität ihrer Organisation zu qualifizieren. Die Aspekte neu, passend, schön, wertvoll definieren die Perspektiven. Die objektive und die subjektive Bestätigung sowie die Größe des Kollektivs, das die eigene Bewertung teilt, bestimmen die Güte der Kreation. Je mehr die Neuerung Menschen und Umstände in diesem Sinne sinnvoll transformiert, desto kostbarer ist sie.

Mancher wird Neues schaffen wollen, das ein wirtschaftlicher Erfolg für eine ausgewählte Gruppe ist. Andere werden die individuelle und kollektive Wirkung in ihr Handeln einbeziehen. Jeder entscheidet, wo und wie er seine Schöpfungskraft einsetzt. So bleibt es in der Verantwortung des Einzelnen, welche Antworten auf die folgenden Fragen er gibt und wie er sie in sein Handeln einfließen lässt: Wie sehe ich die Welt und die Menschen? In welcher Welt möchte ich leben? Welche Absicht prägt mein Handeln? Wofür setze ich meine Energie ein? Was können und wollen ich, mein Team und mein Unternehmen beitragen, damit die Menschheit in einer lebenswerten Welt überlebt?

Literatur

Anwander, Armin, *Strategien erfolgreich verwirklichen,* 2. Auflage, Berlin 2002.

Blech, Jörg, *Wundermittel im Kopf,* in: Der Spiegel, 26/2007, S. 134 – 144.

Bohm, David, *Die implizite Ordnung. Grundlagen eines dynamischen Holismus,* München 1987.

Brodbeck, Karl-Heinz, *Neue Trends in der Kreativitätsforschung,* in: Psychologie in Österreich 4&5, 2006, S. 246 – 253.

DOPPLER, KLAUS/LAUTERBURG, CHRISTOPH, *Change Management. Den Unternehmenswandel gestalten,* 11. Auflage, Frankfurt/Main 2005.

DUNNE, BRENDA J./JAHN, ROBERT G., *Consciousness, Information and Living Systems,* in: Cellular and Molecular Biology, 2005, 51, p. 703 – 714. Mehr als 50 weitere Publikationen der Autoren finden sich unter: http://www.princeton.edu/~pear/publications.html.

EMOTO, MASARU, *Die Botschaft des Wassers,* Band 1, 2. Auflage, Burgrain 2002.

GALLUP, *Engagement Index 2006,* Deutschland, The Gallup Organization 2006.

GUNTERN, GOTTLIEB, *Mit den Schwingen des Adlers. Wege zur kreativen Leadership,* Zürich 2003.

JULLIEN, FRANÇOIS, *Über die Wirksamkeit,* Berlin 1999.

LASZLO, ERVIN, *Zu Hause im Universum. Die neue Vision der Wirklichkeit,* Berlin 2005.

OSCHMAN, JAMES L., *Energiemedizin. Konzepte und ihre wissenschaftliche Basis,* München 2006.

PAPMEHL, ANDRÉ, *Absolute Customer Care. Wie Topunternehmen Kunden als Partner gewinnen,* 2. Auflage, Wien 2000.

RIZZOLATTI, GIACOMO/FOGASSI, LEONARDO/GALLESE, VITTORIO, *Mirrors in the Mind,* Scientific American 295, 5, p. 30 – 37, November 2006.

SHELDRAKE, RUPERT, *Der siebte Sinn des Menschen,* Bern 2003.

WALACH, HARALD/SADAGHIANI, CHRISTINA, *Plazebo und Plazeboeffekte – Eine Bestandsaufnahme,* in: PPmP – Psychotherapie Psychosomatik Medizinische Psychologie 2002, 8, S. 332 – 342.

WILBER, KEN, *Eine kurze Geschichte des Kosmos,* 7. Auflage, Frankfurt am Main 2004.

ZEILINGER, ANTON, *Einsteins Spuk. Teleportation und weitere Mysterien der Quantenphysik,* München 2005.

Ergebnisorientierte Kreativität – Managemententscheidungen messbar verbessern

Wolfgang Schröder

Dr. Wolfgang Schröder,
Dipl.-Kaufmann, Jahrgang 1950, arbeitet seit über 25 Jahren in den Bereichen Personalmanagement, Führung und Personalentwicklung, bis 1988 als Mitarbeiter und Führungskraft in mehreren Unternehmen, seit 1989 als selbstständiger Unternehmensberater und Trainer in Industrie-, Handels-, Dienstleistungsunternehmen, bei öffentlichen Auftraggebern und in Institutionen des Non-Profit-Bereiches.

Seine Arbeitsschwerpunkte in der Beratung und im Bereich Training sind die Entwicklung und Einführung von ganzheitlichen Systemen und Instrumenten (z. B. Zielvereinbarungssysteme, Personalentwicklungssysteme) und die Entwicklung und Durchführung von Seminaren und Workshops (z. B. Führung und Management, Teamentwicklung, Förderprogramme). Er ist Autor des Buches *Performance: Von der Arbeitswelt zur Ergebniswelt* (2003).

Kreativität gehört scheinbar nicht zu den wichtigsten Kompetenzen, über die eine Führungskraft verfügen muss. In eine Studie der Boston Consulting Group (BCG 2002) wurden zukünftige Anforderungen an Manager und Experten prognostiziert. Völlig überraschungsfrei ist insofern das Ergebnis, dass ein Erfinder Kreativität besitzen muss, um beruflich erfolgreich zu sein.

Für Führungskräfte und Manager nehmen allerdings die Kompetenzen „strategisches vernetztes Denken", „Ergebnisorientierung" und „unternehmerisches Denken" die ersten drei Plätze ein, während Kreativität erst auf Platz 7 folgt. Kreativität wird zwar als Basis für Flexibilität angesehen, auf die es in Zukunft ankommen soll, wird aber wenig mit Führungshandeln verbunden. Vielleicht hängt das mit den Bildern zusammen, die in unserem Kopf entstehen, wenn es um Kreativität im Unternehmen geht:

Der gute Marketing- bzw. Werbespezialist ist per se kreativ. Das drückt sich oft durch Kleidung und Accessoires aus, die für einen Manager tabu sind. Hier herrschen gedeckte Farben und Konformität. Auch der Ingenieur ist von Haus aus kreativ. Das Markenzeichen „Made in Germany" ist hierzu ein überprüfbarer Beleg. Wird ein Buchhalter kreativ, dann ist Vorsicht geboten und der Tod einer funktionierenden Organisation sind Veränderungen gerade dieser Organisation. Eine unkreative Führungskraft ist allerdings noch nicht einmal ein geeigneter Verwalter. Das hat schon Schumpeter festgestellt.

Sind heute Führungskräfte schöpferische Zerstörer?

„Unternehmer sind Personen, die Innovationen durchsetzen oder anders ausgedrückt, die Prozesse der schöpferischen Zerstörung gestalten."

Josef Schumpeter

Nach Schumpeter zeichnet sich der gute Unternehmer dadurch aus, dass er Markterfolge durch immer neue Kombinationen von Bedarf, Ideen und Produkten schafft. Er setzt *Inventionen* (Erfindungen) in neue Produkt- und Dienstleistungs-*Innovationen* um. Er treibt Entwicklungen und Veränderungsprozesse voran. Dadurch zerstört er Bestehendes. Solche unternehmerischen Erfolge sind gerade heute überall sichtbar: Die Geschwindigkeit der Computerisierung ist atemberaubend. Neue Materialien eröffnen ungeahnte Anwendungsfelder. Das Handy löst das Festnetztelefon ab. Das Internet verändert das Informations- und Kaufverhalten grundlegend. Traditionsreiche Unternehmen, in denen Führungskräfte die Zeichen der Zeit nicht erkennen konnten oder wollten, verschwinden von der Bildfläche.

Diese unternehmensexternen Veränderungsprozesse müssen zwangsläufig mit unternehmensinternen Veränderungsprozessen verbunden sein. Die Globalisierung schafft neue Märkte, nicht nur für Verkäufer, sondern auch für Einkäufer von Waren und Arbeitsleistungen. Die „Time-to-market-Zeiten" für neue Produkte müssen kürzer werden. Kostendruck und die Erwartungen hinsichtlich Produktivitätsverbesserungen steigen. Natürlich wachsen ebenfalls die Forderungen hinsichtlich Qualität und Kundenorientierung.

Prozesse der schöpferischen Zerstörung müssen also auch unternehmensintern ablaufen. So ist der Wusch verständlich, dass nicht nur jede Führungskraft sondern auch jeder Mitarbeiter Unternehmer sein soll. Jeder soll sich als *Intrapreneur* im Unternehmen wie ein Unternehmer außerhalb des Unternehmens (*Entrepreneur*) verhalten. Das forderten die Intrapreneurkonzepte, die Ende der 80er-Jahre des vorigen Jahrhunderts als Beratungswelle über die Unternehmen hereinbrachen.

Hat sich seitdem etwas verändert?

Wenn in der zitierten BCG-Studie von 2002 immer noch zwei Drittel der befragten Unternehmen vom Mitarbeiter und von Führungskräften mehr Unternehmertum fordern, dann scheint weiterhin Handlungsbedarf zu bestehen. Der Handlungsbedarf entsteht auf drei Ebenen, folgt man den Erkenntnissen des Performance Management (vgl. Schröder 2003, S. 106 ff.). Performance Management umfasst Strategien, Prozesse und Methoden/Instrumente, mit denen Ergebnispotenziale ausgebaut und Ergebnishindernisse abgebaut werden auf den Ebenen:

- Rahmenbedingungen des Unternehmens
- Team
- Personen

Was behindert kreative Veränderungen auf der Ebene der Rahmenbedingungen im Unternehmen?

Die damals von Pinchot (1988) formulierten 10 Gebote für den Intrapreneur zeigen provokativ einige wesentliche Einflüsse der Rahmenbedingungen (siehe Abbildung 1).

10 Gebote für den Intrapreneur:

1. Komme jeden Tag mit der Bereitschaft zur Arbeit, gefeuert zu werden.
2. Umgehe alle Anordnungen, die deinen Traum stoppen können.
3. Mache alles, was zur Realisierung deines Ziels erforderlich ist – unabhängig davon, wie deine eigentliche Aufgabenbeschreibung aussieht.
4. Finde Leute, die dir helfen.
5. Folge bei der Auswahl von Mitarbeitern deiner Intuition, und arbeite nur mit den besten zusammen.
6. Arbeite solange es geht im Untergrund – eine zu frühe Publizität könnte das Immunsystem des Unternehmens mobilisieren.
7. Wette nie in einem Rennen, wenn du nicht selbst darin mitläufst.
8. Denke daran – es ist leichter, um Verzeihung zu bitten als um Erlaubnis.
9. Bleibe deinen Zielen treu, aber sei realistisch in Bezug auf die Möglichkeiten, diese Ziele zu erreichen.
10. Halte deine Sponsoren in Ehren.

Abbildung 1: *Die 10 Gebote für den Intrapreneur (nach Gifford Pinchot 1988)*

Wesentliche Veränderungswiderstände, die dem unternehmensinternen schöpferischen Zerstörer das Leben schwer machen, liegen in der Kultur des Unternehmens (vgl. Schröder 2007/2). Diese Faktoren können nur auf der Basis Erfolg versprechender Führungssysteme verändert werden (vgl. Schröder 2003, S. 161 ff.).

Lässt sich Kreativität nur im Team steigern?

Würde man über die letzten 25 Jahre Begriffe sammeln, die im Bereich Führung an Bedeutung gewonnen haben, dann würde die Aufsteigerliste sicherlich vom Begriff *Team* angeführt. Was früher als Gruppe oder Arbeitsgruppe bezeichnet wurde, nennt sich heute ein Team. Wenn wir den Begriff Team für Gruppen übernehmen, dann sollten wir „Teams auf Dauer" von „Teams auf Zeit" unterscheiden. Teams auf Dauer sind die Abteilungen und Gruppen in der klassischen Hierarchie, Teams auf Zeit sind Projektgruppen, Taskforces, „Tigerteams", wie immer sie auch genannt werden. Oft handelt es sich dabei um crossfunktional zusammengesetzte Teams, deren Mitglieder aus mehreren organisatorischen Einheiten stammen.

Gerade Teams auf Zeit sind ein hervorragend geeignetes Konzept, komplexe Einzelthemen schneller, qualitativ besser und kostengünstiger zu lösen, als es durch Einzelpersonen möglich wäre. Crossfunktional zusammengesetzte Teams haben folgende Stärken:

- Mitglieder aus unterschiedlichen Kulturen des Unternehmens bringen unterschiedliche Sichtweisen ein, was sich kreativitätssteigernd auswirkt.
- Wenn alle Mitglieder an Entscheidungen beteiligt sind, werden Entscheidungen auch von allen Mitgliedern getragen.
- Im Team zu blockieren ist schwieriger, der Zwang zur Vorbereitung steigt.
- Organisations-Lernen findet statt.
- Gute Teamarbeit ist vertrauensbildend, es entstehen Gemeinsamkeiten und ein „Wir-Gefühl".

So wird Zeit gespart, weil simultan und nicht sequentiell gearbeitet wird. Die Kundenorientierung rückt in den Vordergrund, denn auftretende Konflikte sind meistens nur über die Antwort auf folgende Frage zu lösen: *„Was will der Kunde, der Markt?"*. Die größte Stärke liegt aber darin, dass sich in funktionierenden Teams Kreativität entwickeln und systematisch gesteigert werden kann.

Allein die Tatsache, dass jedes Teammitglied ein Thema oder ein Problem von einem unterschiedlichen Standpunkt aus betrachtet, erhöht den Informationsreichtum und beugt eingefahrenen Sichtweisen vor. Außerdem steht eine unüberschaubare Zahl von Kreativitätstechniken zur Verfügung, um das kreative Potenzial eines Teams zu heben. Drei generelle Strategien können unterschieden werden:

1. Neue Ideen entstehen, wenn man möglichst viele, auch unsinnige Ideen sammelt. Eine oder mehrere gute Ideen werden schon darunter sein. Brainstorming oder Brainwriting (6-3-5-Methode) sind die wohl am meisten verbreiteten Kreativitätstechniken.

2. Neue Ideen entstehen, wenn man sich vom eigentlichen Problem löst und auf anderen Feldern oder durch Analogien neue Lösungen findet. Sehr oft muss man sich erst vom Problem lösen, wenn man ein Problem lösen will. Vorurteile, eingefahrene Denkweisen und Betriebsblindheit verhindern neue Lösungsansätze. Synektik oder Bionik sind methodische Hilfen.

3. Neue Ideen entstehen, wenn man vorhandene Informationen übersichtlich darstellt und aus der Gesamtsicht neue Beziehungen zwischen alten und neuen Informationen ableitet. Ein morphologischer Kasten, die AIDA-Methode, Assoziationen oder Mindmaps werden dazu als Techniken eingesetzt.

Kreativitätstechniken strukturieren die Teamarbeit und öffnen Türen zu neuen Sichtweisen. Aber nicht alle Probleme und Herausforderungen lassen sich im Team lösen. Insbesondere können Führungskräfte ihre Führungsverantwortung nicht auf das Mitarbeiterteam delegieren. Um wirklich gute Führungsergebnisse zu erreichen, ist Kreativität in der Führung und im Management unbedingte Voraussetzung.

Ergebnisorientiertes Denken: Voraussetzung für kreativere Managemententscheidungen

Führungskräfte haben eine klar definierte Verantwortung in ihrem Verantwortungsbereich (Schröder 2007/1, S. 33) – dies gilt selbstverständlich auch für Unternehmer (s. a. Beitrag Schuler in diesem Buch): Effektive Führungskräfte leiten aus Zielen (= erwünschte zukünftige Ergebnisse) und aus Zwischenzielen Aufgaben ab, die zusammen mit dem Mitarbeiter/dem Team realisiert werden. Die Kombination von Aufgaben und Personen/Team – auch mit mittelfristiger Perspektive – ist der Beginn von Personalentwicklung und Teamentwicklung.

Damit Mitarbeiter die Sinnhaftigkeit und Bedeutung von Aufgaben verstehen und ihr Wissen und ihre Erfahrungen in die Aufgabenauswahl und -umsetzung einbringen können, müssen sie in den Ziel- und Aufgabendefinitionsprozess einbezogen werden.

Betroffene müssen zu Beteiligten werden. Die Führungskraft ist verantwortlich für die Ergebnisse des eigenen Verantwortungsbereichs. Deshalb sollte ergebnisorientiertes Denken die Grundlage für effektives Führungshandeln sein.

Was versteht man unter ergebnisorientiertem Denken?

Ergebnisorientiertes Denken ist letztendlich zielorientiertes Denken. Ausgangspunkt ist immer eine Analyse der Ist-Situation. Wer zu einem Hafen navigieren will, braucht nicht nur ein Ziel, sondern auch Informationen über den eigenen Standort, sonst ist Navigation unmöglich. In der Situationsanalyse wird die Ausgangsbasis erfasst. Der nächste Schritt besteht nun *nicht* in einer Maßnahmenplanung und Aufgabendefinition, sondern in der Erarbeitung von Zielen. Unter zeitlicher Perspektive können Ziele in entfernte Visionen, daraus ableitbaren strategische (längerfristige) Ziele und daraus abzuleitende operative (kurzfristige) Ziele unterteilt werden.

Erst aus den Zielen werden Aufgaben und Projekte abgeleitet. Der Erfolg wird nach der Umsetzung der Aufgaben an der Erreichung der *messbar* formulierten Ziele beurteilt.

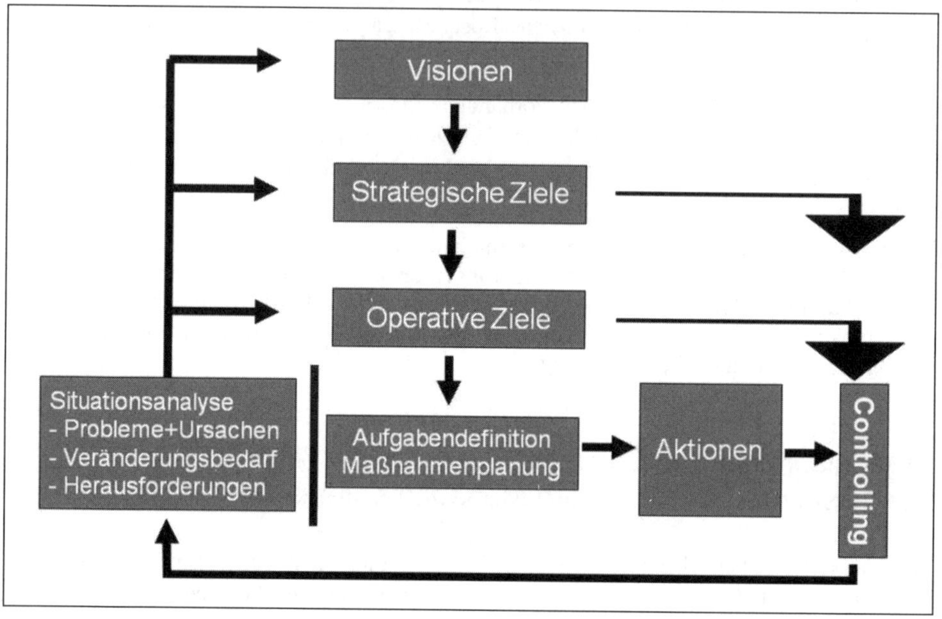

Abbildung 2: *Modell zielorientiertes Denken*

Die meisten Führungskräfte sind fest davon überzeugt, nicht nur ergebnisorientiert sondern auch strategisch zu denken und zu handeln; die Realität sieht nicht selten anders aus.

80 Prozent der (deutschen) Führungskräfte denken nicht ergebnisorientiert

Über 250 von mir geleitete Zielklausuren haben ein konstantes Ergebnis gebracht: 80 Prozent der Führungskräfte denken in Aufgaben und nicht in Ergebnissen. Wenn Sie Ziele definieren sollen, kommen regelmäßig Aufgaben heraus. Ausnahmen sind oberste Führungskräfte und Unternehmensleiter, die es gewohnt sind in Ergebnissen wie Liquidität, Umsatz, Aufwand, Ertrag, Ertragspotenzialen zu denken. Wenn diese hochaggregierten Kennziffern dann „herunter gebrochen" werden, wird sofort in Aufgaben gedacht. Nicht die zukünftigen Ergebnisse sind Ausgangspunkt für Führungsentscheidungen. Im Mittelpunkt stehen Probleme – meistens die aus der Situationsanalyse – und deren Lösung.

Interessant ist, dass US-Amerikaner aus ihrer Sicht genau an diesem Punkt wesentliche Unterschiede zwischen amerikanischen und deutschen Angestellten beschreiben. Abbildung 3 (Schmidt 2001, S. 54) zeigt einen Ausschnitt aus einem interkulturellen Vergleich.

Deutsche Angestellte tendieren dazu (aus amerikanischer Sicht):	**US-amerikanische Angestellte tendieren dazu (aus amerikanischer Sicht):**
* Aufgabenorientiert zu sein	* Ergebnisorientiert zu sein
* Auf Probleme zu reagieren	* Initiative zu ergreifen
* *Grundsätzlich zu denken*	* Kurzfristige Ziele anzusteuern
* Risikoscheuend	* Risikobereit
* Detailorientiert	* Unkonventionell -orientiert
* Angestrengt in ihrer Arbeit	* Besessen vom Streben nach Erfolg

Abbildung 3: *Deutsche Angestellte aus amerikanischer Sicht*

Aufgabenorientierung statt Zielorientierung scheint ein deutsches Thema zu sein.

Was hat ergebnisorientiertes Denken mit Kreativität zu tun?

Ergebnis- oder zielorientiertes Denken ist eine eindrucksvoll wirkende Kreativitätstechnik. Wenn man ein bestehendes Problem lösen will, dann sollte man sich vom Problem lösen (vergl. Synektik als Kreativitätsmethode). Indem über Ziele nachgedacht wird, entfernt man sich vom Problem der Ist-Situation. Aus dem Ziel werden dann Maßnahmen abgeleitet, die auch das Problem lösen sollen. Grundlage ist eine eher ganzheitliche Perspektive, die mehr Alternativen schafft und das ist der Zweck von Kreativität. Ergebnisorientiertes Denken verknüpft vertikales und laterales Denken.

Ein Beispiel soll den Unterschied zwischen aufgaben- und ergebnisorientiertem Denken verdeutlichen: Für eine Abteilung entstehen gravierende Probleme, weil bei der Anwendung des DV-Instruments XY immer wieder Fehler auftreten. Die Führungskraft formuliert das Ziel: „Bis zum 1. Februar sind alle Mitarbeiter so trainiert, dass keine Fehler mehr bei der Anwendung des DV-Instruments XY auftreten." Hier wird klassisch eine Aufgabe beschrieben, die aber nicht unbedingt die Erfolg versprechendste sein muss, denn die Maßnahme zur Problemlösung (= Training) ist Teil der vermeintlichen Zieldefinition. Ein Ziel müsste wie folgt beschrieben werden: *„Ab 1. Februar entstehen bei der Anwendung des DV-Instrument XY keine Fehler mehr."*. Aus diesem Ergebnis können mehrere Handlungsalternativen abgeleitet werden: Training der Mitarbeiter, Veränderung am DV-Instrument, Veränderung in der Arbeit mit dem Instrument, verändertes Führungsverhalten in Richtung Unterstützung, Kontrolle oder veränderte Stellenbesetzung.

- Aufgabenorientiertes Denken verführt dazu, sehr schnell in Lösungen zu denken.
- Zielorientiertes Denken – ohne sofort eine Maßnahmenalternative einzubinden – provoziert geradezu die Suche nach Alternativen und damit Kreativität. Dieses Denken nutzt den produktiven Umweg.

Was ist das Produktive an einem Umweg? Es wird ein Bild geschaffen von einer erstrebenswerten zukünftigen Situation unter Berücksichtigung von Prognosen über zukünftige Entwicklungen. Diese „Wunschsituation" wird in Form von konkreten, zukünftigen Ergebnissen, also Zielen beschrieben. Aus diesen Zielen werden dann im Vergleich zur Ist-Situation Maßnahmen zur Überwindung der Unterschiede und Differenzen abgeleitet. Der gesamte Prozess ist deshalb kreativitätsfördernd. Kreatives Denken besteht grundsätzlich in der Distanzierung vom Gewohnten. Über Ziele ist die Distanzierung nicht nur möglich sondern zwangsläufig notwendig.

Ein weiterer Vorteil liegt auf der Hand: Bei *wichtigen* Problemen sollten wir uns frühzeitig und im Vorfeld viel Zeit nehmen, damit diese Probleme nicht *dringend* werden. Je frühzeitiger wir uns mit diesen Problemen befassen, desto mehr Handlungsoptionen bleiben uns. Wenn also komplexe Problemstellungen mit größerem Erfolg und in kürzerer Zeit gelöst werden sollen, dann sind produktive Umwege sinnvoll, um sich an der richtigen Stelle, nämlich am Anfang, viel Zeit zu lassen. Kreative Entscheidungen benötigen Zeit. Fehler, die am Anfang von Prozessen gemacht werden, haben die gravierendsten Auswirkungen. Sie begleiten den ganzen Prozess oder steuern ihn in eine falsche Richtung.

Viele Führungskräfte denken nicht in Ergebnissen, weil sie durch ein ursachenorientiertes Denken geprägt sind

Abbildung 4 zeigt drei Strategien zur Problemlösung (vgl. Schröder 2003, S. 99 ff.).

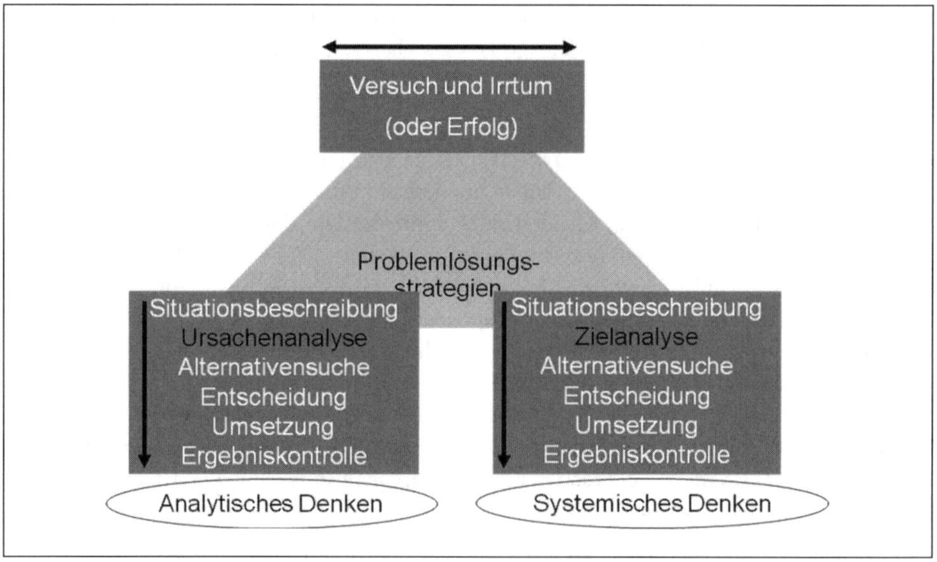

Abbildung 4: *Problemlösungsstrategien*

Grundsätzlich werden eher unsystematische Ansätze im Sinne von „Trial and error" (Versuch und Irrtum) oder des „muddling through" (Durchwursteln) von analytischen Ansätzen unterschieden. Ein seit langer Zeit bekanntes Modell zur analytischen Problemlösung stammt von Kepner/Tregoe. Danach soll jedes Problem auf der Basis einer intensiven Situationsanalyse durch einen von vier Denkprozessen gelöst werden können:

- Ursachenanalyse (= Analysen kausaler Zusammenhänge)
- Alternativensuche (= Kreativitätstechniken)
- Entscheidungsfindung (= z. B. Entscheidungsmatrix, Entscheidungstabelle etc.)
- Ablaufplanung (= Projektmanagement)

Erfahrungen aus Workshops mit Führungskräften zeigen, dass Führungskräfte zur Problemlösung in der Regel diese analytische Denkstrategie einsetzen. Zuerst wird das Problem beschrieben. Dann werden die Ursachen analysiert, die das Problem ausgelöst haben, um daraus Maßnahmen zur Problemlösung abzuleiten.

Ein anderer, wenig beschrittener Weg soll „systemische Problemlösung" genannt werden. Diese Strategie hat folgende Struktur: Zuerst wird die Ausgangssituation und das Problem einschließlich einer kurzen Ursachenbetrachtung beschrieben. Dann wird eine anzustrebende Situation über Ziele beschrieben, in der das Problem nicht (mehr) auftritt. Danach werden aus dieser anzustrebenden Situation, also aus der Lücke zwischen Soll- und Ist-Situation die weiteren Ziele oder Maßnahmen abgeleitet.

Die unterschiedlichen Ergebnisse dieser beiden Denkstrategien sollen an einem empirisch gefundenen Beispiel verdeutlicht werden (vgl. ausführlich Schröder 2003, S. 99 ff.):

In einem Führungsseminar sollten die Teilnehmer Ideen und Vorschläge entwickeln, mit denen die Effektivität der Arbeit im eigenen Unternehmen gesteigert werden kann. Dazu wurde eine Gruppenarbeit in zwei Kleingruppen durchgeführt.

- *Arbeitsanweisung Gruppe A:* Berücksichtigen Sie Erfahrungen, die Sie in der Vergangenheit gesammelt haben. Was hinderte Sie in Ihrem Unternehmen daran, effektiv zu arbeiten?
- *Arbeitsanweisung Gruppe B:* Stellen Sie sich vor, dass Sie zukünftig in Ihrem Unternehmen sehr effektiv arbeiten. Was trägt dazu bei und was fördert Sie, dass dieses geschieht?

Die Gruppenzusammensetzung war zufällig und beide Gruppen erhielten die gleichen Arbeitsregeln. Die Ergebnisse sind in den Abbildungen 5 und 6 dargestellt.

Problemlösungsstrategie Ursachenorientierung

Methode
- Für neue Produkte zu lange Entwicklungsphasen
- Vermarktung hinkte hinterher
- Neue Techniken werden zu langsam genutzt
- langsame Entscheidungen
- effektiveres Arbeiten an Problemlösungen z.B. xy
- zu wenig Zusammenarbeit
- Arbeitsvorbereitung verbessern z.B. alle Produkte im Auftrag
- unklare Anweisungen
- Zum Teil, die weiten Wege zum Werkzeug abstellen und Material besorgen
- keine optimale Qualität

Mensch
- Nicht- oder ungenügend motivierte MA
- eingespielte Verhaltensweisen
- unzufriedene MA
- Personalentwicklung
- Personalmangel
- zu geringe Weiterbildung
- zu wenig Flexibilität
- Information verbessern

Material und Maschine
- Maschinepark ist teilweise veraltert
- alte Maschinen
- Veraltete Maschinen
- schlechtes Arbeitsmaterial

Abbildung 5: *Wirkung des analytischen, ursacheorientierten Denkens*

Problemlösungsstrategie Systemisches Denken

Geschäftspolitik
- Innovative Ziele setzen (nicht stehen bleiben)
- Klare Unternehmensstrategie
- gute Zusammenarbeit der einzelnen Abteilungen
- Kundennähe = partnerschaftliche Zusammenarbeit für Paketlösungen
- klare Aufgabenstellung für jeden Mitarbeiter
- Gute Vertreter
- umfassender, zuverlässiger Service = Zusatzleistungen
- individuelle, intensive Marktbearbeitung = Präsenz
- Nutzung modernster Medien: e-Commerce, Verknüpfung Logistik

Entwicklung
- Entwicklung fördern
- ein ausgefeiltes Produkt wurde gut verkauft
- kreative und technische Qualität der Produkte
- gute Qualität

Entlohnung
- Mitarbeiter am Gewinn beteiligen
- Bonus
- Leistungsgerechte Entlohnung
- Neue Leistungsentlohnung

Technik
- KVP-Teams
- großer und moderner Maschinenpark
- neue Maschinen
- Modernere Maschine/weniger Personal
- Technisch auf dem neuesten Stand
- Kombination von Verfahren
- Sauberkeit im gesamten Betrieb

Arbeitsmethode
- Gruppenarbeit maximieren
- Teamarbeit
- gutes Betriebsklima
- sehr gutes Betriebsklima
- Betriebsklima
- hohe Einsatzbereitschaft aller MA
- Mitarbeitsschulung
- Team, motiviertes, qualif., koordiniertes Zusammenwirken

Abbildung 6: *Wirkung des systemischen, ergebnisorientierten Denkens*

Die Ergebnisunterschiede sind eklatant. Während in der Gruppe mit dem Weg „Ursachenorientierung“ die negativen Aussagen im Mittelpunkt stehen – eben die Ursachen für Probleme – stehen in der Gruppe „Zielorientierung“ positive Aussagen und Vorschläge im Vordergrund. Diese Unterschiede sind, unabhängig vom vorgegebenen Thema, immer wieder aufgetreten. Aus den Erfahrungen können folgende Schlussfolgerungen gezogen werden:

1. Bei technischen Problemstellungen wird zu Recht der Weg über intensive Ursachenanalysen gewählt und führt zu guten Ergebnissen. Über Ursachenanalysen kann geklärt werden, ob eine Abweichung zum geplanten Ergebnis schon immer vorgelegen hat oder ob, wann, wo und wie eine Abweichung eingetreten ist. Daraus ergeben sich die Ansatzpunkte, um Abweichungen in den Griff zu bekommen.

2. Handelt es sich jedoch um komplexe Problemsituationen, in denen z. B. auch der Mensch eine Rolle spielt, viele Einflussfaktoren nicht selbst beeinflusst werden können oder handelt es sich um Situationen, in denen Ursache-Wirkungsverhältnisse nicht eindeutig sind oder sich durch Rückkopplungsprozesse verändern, dann führt der Weg über ausgeprägte Zieldiskussionen zu besseren Ergebnissen. Die Maßnahmenvorschläge sind differenzierter. Sie betreffen mehr und unterschiedlichere Problemaspekte. Sie sind kreativer, d. h. sie gehen über ein enges Problemverständnis hinaus und berücksichtigen indirekte Einflussgrößen. Außerdem beinhalten sie sehr oft Vorbeugemaßnahmen, damit Probleme erst gar nicht auftreten.

3. Meistens sind die Teilnehmer dieser unternehmensinternen „Problemlösungsworkshops“ selbst durch das Problem betroffen und damit auch Teile des Problems. Die Arbeitsprozesse in den ursachenorientierten Arbeitsgruppen zeichnen sich in der Regel dadurch aus, dass

   - nach recht kurzer Zeit die Suche nach den Schuldigen beginnt,
   - sehr oft Verteidigungen und Rechtfertigungen viel wichtiger werden als die Ermittlung der Ursachen,
   - sehr schnell in beeinflussbare und nicht beeinflussbare Faktoren unterschieden wird, wobei die Arbeitsgruppe – aus Selbstschutzgründen – die wesentlichen Faktoren meistens als nicht durch die Gruppe beeinflussbar definiert. Probleme werden also auf andere Gruppen oder gruppenexterne Einflussfaktoren verschoben.
     Trotzdem bleiben bei den Beteiligten „Leichen im Keller“ zurück. Wer in der Arbeitsgruppe „vorgeführt“ wurde, auch wenn es behutsam passierte, wird sich daran in einer anderen Situation sicher wieder erinnern. Von einer Situation, die Kreativität fördert, kann hier nicht die Rede sein. Deshalb ist ursachenorientiertes Denken für das weiter oben beschriebene Beispiel des DV-Instruments XY sicherlich der falsche Ansatz.

4. Ein wesentlicher Unterschied liegt in der Grundstimmung, die sich in den Arbeitsgruppen entwickelt:

   - Arbeitsgruppen mit dem Fokus Ursachenanalyse beschäftigen sich mit der Vergangenheit. Im Vordergrund stehen Probleme, Defizite, negative Auswirkungen, Versäumnisse, Fehler, Gefahren und Unzulänglichkeiten. Sehr oft hört man den Satz: *„Hätten wir doch damals ...!“*

- Arbeitsgruppen mit dem Fokus Ziele beschäftigen sich mit der Zukunft. Im Vordergrund stehen Herausforderungen, erstrebenswerte Ergebnisse, Chancen *und* Risiken, potenzielle Möglichkeiten. Sehr oft hört man den Satz: *„Was wäre, wenn wir ...?"* Das ist der Einstieg in kreatives Denken.

5. Der Unterschied zwischen den beiden Denkstrategien ist so groß wie der Unterschied im Verhalten von zwei Fußballmannschaften, von denen eine nicht wieder verlieren will, während die andere gewinnen will.

   Nicht wieder verlieren zu wollen, also in die Vergangenheit zu schauen,

   - begrenzt den zukünftigen Handlungsraum auf die Bearbeitung vergangener Themen,
   - lässt das Finden innovativer Wege und Handlungsfelder kaum zu,
   - stellt psychologisch gesehen in erster Linie die Bearbeitung von Schwächen dar, was wenig Spaß, aber ängstlich macht.

   Gewinnen zu wollen bedeutet

   - sich ein präzises Bild zu machen von dem Zustand, der erreicht werden „will",
   - möglicherweise alte Ideen und Wege loszulassen und neue zu denken,
   - aus diesem Zielzustand Schritte abzuleiten, mit denen dieser Zustand erreicht werden soll. In Gruppen wächst dadurch das Selbstvertrauen.

Das ursachenorientierte Denken – eine große deutsche Stärke – hat uns auf der Ebene der technischen Produkte zum Weltmeister gemacht. Wenn es aber darum geht, komplexe Probleme zu lösen, in denen Menschen eine wichtige Rolle spielen, führt dieser Ansatz zu nicht befriedigenden Ergebnissen. Das ist auch ein Grund, weshalb wir uns so schwer tun mit dem Thema Kundenorientierung, während uns „Kulturen" mit einer ausgeprägten Zielorientierung, wie z. B. die USA, vormachen, wie es geht. Ergebnisorientierung ist die Grundlage zur Lösung komplexer Probleme. Führungskräfte, die innerbetriebliche „schöpferische Zerstörer" sein wollen, haben es in der Regel mit diesen Problemen zu tun.

Führungskräfte nutzen die Chancen nicht, die sich durch die messbare Formulierung von Zielen ergeben

Ergebnisorientierte Führung baut auf S.M.A.R.T.-formulierten Zielen auf: *Specific* (genau beschrieben), *Measurable* (messbar), *Attainable* (erreichbar), *Relevant* (wichtig) *Targeted (zielgenau)*. Im angelsächsischen Sprachraum gilt die Regel: Nur was gemessen wird, kann gemanagt werden. Natürlich können auch qualitative Ziele messbar formuliert werden.

Völlig unverstanden und missachtet wird, dass die Messbarkeit nicht nur für die Kontrolle sondern gerade für die *Zielfindung* wichtig ist. Die Effektivität von Management und Führung wird durch folgende Konsequenzen der Quantifizierung von Zielen gesteigert:

- Nur wer ein Problem komplett begriffen hat und über genügend Informationen verfügt, ist überhaupt in der Lage, Ziele quantitativ zu formulieren. Das Produktive an der quantitativen Formulierung ist der Formulierungsprozess.

- Klare Ziele haben eine höhere „Zugkraft“ als nebulöse, allgemein formulierte Vorstellungen.
- Klare Ziele lenken und provozieren kreatives Suchverhalten. In einem schwammigen Ziel wie „Unser Urlaub soll toll werden“ verliert man sich, denn nahezu die ganze Welt bietet sich als Urlaubsziel an. „Im Juni des Jahres XY werden wir einen Urlaub machen, der folgende Ergebnisse bringt: 4 Golfplätze bespielen, Greenfee unter 50 Euro, mit einem phantastischen Blick über das Meer, bei höchstens 30 Grad Außentemperatur“ – ein solches Ziel ist der Start eines qualifizierten Mindmaps.
- Die Quantifizierung hilft beim Übergang von der *Effizienz* (etwas richtig tun) zur *Effektivität* (das Richtige richtig tun). Nur über Ziele, über die Ergebnisse, die angestrebt werden sollen, kann beurteilt werden, ob es die richtigen Aufgaben sind, an denen gearbeitet werden soll.
- Deshalb werden erst durch messbare Ziele Projektmanagementverfahren erfolgreich eingesetzt.
- Erst durch die messbare Formulierung von Ergebnissen kann eine Führungskraft feststellen, was der Mitarbeiter verstanden hat und wirklich zu tun gedenkt. Das ist auch die Grundlage für erfolgreiche Delegation. Wer Ergebnisverantwortung delegiert und über Meilensteine führt, bekommt Ergebnisse. Wer Aufgaben delegiert, bekommt auch Ergebnisse, aber nicht unbedingt die erwünschten.

Ergebnisorientiertes Denken ist die Voraussetzung von strategischem Denken

Schon das Modell zielorientiertes Denken (Abbildung 2) zeigt den Zusammenhang zwischen Aufgaben, operativen Zielen und strategischen Zielen. Ergebnisorientiertes Denken zwingt zur intensiveren Beschäftigung mit den letztendlichen, also den eher langfristigen Ergebnissen (siehe auch Zoltan Budai in diesem Buch), die erreicht werden sollen.

Im Mittelpunkt der Zielformulierung steht immer eine Frage: Warum wollen wir das Ziel eigentlich erreichen? Ein Beispiel hierzu:

Oft werden Ziele formuliert, in denen es um Stellenbesetzungen geht, z. B.:

> „Ab 1. März des Jahres XY ist die Vertriebsposition besetzt.“

Das ist höchstens ein Zwischenziel. Das operative Ziel müsste lauten:

> „Im Jahr XY macht der neue Vertriebsmitarbeiter X Euro Umsatz bei einem Deckungsbeitrag von Y Prozent.“ Es ist nur ein kurzer Schritt zum möglichen längerfristigen Ziel: „Im Jahr XY + 3 Jahre soll dieser Vertriebsmitarbeiter die Region A übernehmen.“

Erst diese Zielkette führt zu einem durchdachten Anforderungsprofil für den zu suchenden Mitarbeiter und forciert strategisches Denken. Auch strategisches Denken fördert die Kreativität, denn aus längerfristigen Zielen können in der Regel mehrere operative Handlungsalternativen abgeleitet werden.

Ergebnisorientiertes Denken ist deshalb nachweisbar und messbar die Voraussetzung für bessere Managementergebnisse, weil dieses Denken Kreativität freisetzt, positive Energien auslöst, aber auch die Überprüfung der Nachhaltigkeit und des Erfolgs fordert und ermöglicht. Insofern sind Ergebnisorientierung und Kreativität keinesfalls ein Widerspruch, sondern eher siamesische Zwillinge, die sich wechselseitig ergänzen und bestärken.

Wenn Führungskräfte nicht ergebnisorientiert denken und handeln, wie kann ein solches Verhalten dann von Mitarbeitern glaubhaft eingefordert werden?

Literatur

BOSTON CONSULTING GROUP, *Die Zukunft bilden*, 2002.

PAPMEHL, ANDRÉ, *Absolute Customer Care*, Wien 2002.

PINCHOT, GIFFORD, *Intrapreneuring, Mitarbeiter als Unternehmer*, Wiesbaden 1988.

SCHMIDT, P. L., *Die amerikanische und die deutsche Wirtschaftskultur im Vergleich. Ein Praxishandbuch für Manager*, 3. Auflage, Göttingen 2001.

SCHRÖDER, WOLFGANG, *Performance: Von der Arbeitswelt zur Ergebniswelt*, München 2003.

SCHRÖDER, WOLFGANG, *Ergebnisse verbessern? Führungsqualität erhöhen!*, in: Computer + Personal, 4/2007 – Juni, S. 32 – 36.

SCHRÖDER, WOLFGANG, *Erfolgreiche Unternehmen gestalten Veränderungsprozesse, weniger erfolgreiche reiben sich in ihnen auf*, in: Perspektiven systemischer Entwicklung und Beratung von Organisationen, hrsg. von Nino Tomaschek, Heidelberg, 2007, S. 287 – 300.

Nachhaltigkeitsorientierte Unternehmensführung – die Früchte des kreativen Chaos ernten

Ursula Fischler / Hans H. Hinterhuber

Dr. Ursula Fischler,
Jahrgang 1982, promovierte im Oktober 2007 am Institut für Strategische Unternehmensführung an der Universität Innsbruck, wo sie zugleich als wissenschaftliche Mitarbeiterin beschäftigt war.

Vor ihrem Doktoratsstudium studierte Ursula Fischler Internationale Wirtschaft und Management mit dem Schwerpunkt Finanzierung an der Fachhochschule Kufstein. Seit Januar 2008 ist sie bei einer internationalen Projektentwicklungsfirma für den Bereich Wirtschaft und Finanzen verantwortlich.

Prof. DI Dr. Hans H. Hinterhuber,
Jahrgang 1938, war bis zu seiner Emeritierung 2006 Gründer und Vorstand des Instituts für Unternehmensführung der Universität Innsbruck. 2006 gründete Hinterhuber die Beratungsfirma Hinterhuber & Partners, Strategy/Pricing/Leadership Consultants GmbH, Innsbruck und Beijing. Sein Anliegen ist, den Wissenstransfer an Unternehmer und oberste Führungskräfte zu intensivieren.

Er ist Verfasser oder Herausgeber von über 40 Büchern und über 400 wissenschaftlichen Arbeiten im Gesamtbereich der Strategischen Unternehmungsführung und des Leadership.

Einleitung

Ein Unternehmen kann in der heutigen Zeit des raschen und dynamischen Wandels nur überleben und sich entwickeln, wenn laufend Beiträge zur Lösung gesellschaftlicher Probleme geleistet werden. Zusätzlich müssen die Unternehmensstrategien einer innerbetrieblichen Vernetzung gerecht werden, die sich durch die zunehmende Komplexität von Projekten, Produkten, Dienstleistungen, Technologien, Innovationen und Wertvorstellungen abzeichnet. Ein *kreatives Chaos* ist bei der Formulierung der Strategien häufig sehr förderlich, ihre Umsetzung verlangt jedoch nach Disziplin, Planung, Fortschrittskontrolle und Strategieüberwachung. Genau diesen Anforderungen soll das hier vorgestellte Modell der Strategischen Unternehmensführung gerecht werden.

Abgerundet wird dieser Beitrag mit einem Studienauszug aus einer multimethodischen Erhebung unter allen Tiroler Großbetrieben im Jahr 2006/2007 zu Motivationsfaktoren, Operationalisierungsmaßnahmen sowie Integrationskriterien einer nachhaltigen Wirtschaftsweise.

Nachhaltigkeitsorientierte Unternehmensführung

„Planst du für ein Jahr, so säe Korn, planst du für ein Jahrzehnt, so pflanze Bäume, planst du für ein Leben, so bilde Menschen."

Kuan Tzu

Inhaltliches Konzept einer nachhaltigkeitsorientierten Unternehmensführung

„Ein nachhaltiges Unternehmen entwickelt und implementiert Strategien und Aktivitäten, welche die Bedürfnisse des Unternehmens und seiner Stakeholder im Einklang mit den Zielen der nachhaltigen Entwicklung erfüllen."[1]

Die unterschiedlichen Konkretisierungsvarianten einer nachhaltigkeitsorientierten Unternehmensführung weisen im Wesentlichen folgende Eigenschaften auf:[2]

- *Stakeholderorientierung*. Die drei Säulen (Ökonomie, Ökologie und Soziales) des Nachhaltigkeits-Konzeptes müssen zum Grundprinzip der Unternehmenskultur werden, um das Vertrauen der Stakeholdergruppen weiterzuentwickeln und langfristig zu sichern.
- *Abkehr von kurzfristig opportunistischen Verhaltensweisen*. Trotz der Marktdynamik ist für orientierungslose Belegschaften und opportunistische Führungsmannschaften in nachhaltigkeitsorientierten Managementstrategien kein Platz.
- *Abkehr von rein ökonomisch begründeten Sachzwängen*. Verlagerung der Orientierung in Richtung Wertschöpfung und Kundennutzen. Steigerung der Effizienz und Effektivität durch selektive Neuorientierung an Qualitäten unter Berücksichtigung des Ökologie- und Sozialaspekts.

- *Transparenz.* Transparente Gestaltung der Kommunikation über verankerte Prinzipien und Regelwerke.
- *Leistungswirtschaftliches Risikomanagement.* Implementierung eines Analysesystems zur zusätzlichen Bewältigung und Kontrolle der durch die Realisierung der Unternehmensziele entstandenen Risiken unter Berücksichtigung des Stakeholderraspekts.
- *Delegativpartizipatives Führungsverhalten.* Stärkung des Selbstvertrauens der Mitarbeiter und Wissensgenerierung sowie -weitergabe im Unternehmen durch Fokussierung auf Effektivität und vorhandene Potenziale.
- *Minimierungsprinzip.* Minimierung des Ressourceninputs von Rohstoffen und Energie durch Einsatz von innovativen Technologien zur Reduzierung von Stoff- und Energieflüssen.

Eine nachhaltige Wirtschaftsweise zur Sicherung der mittel- und langfristigen Unternehmensexistenz fordert nicht *weniger* Wirtschaft, jedoch eine *neue Form* des Wirtschaftens mit dem Ziel einer nachhaltigkeitsorientierten Unternehmensführung. Ein Erfolgsrezept hierfür existiert bislang nicht. Nachhaltigkeit muss unternehmensspezifisch definiert und interpretiert werden. Leitbegriffe in diesem Kontext sind *Gestaltung* und *Kreativität*; wissenschaftlich betrachtet entspricht ein derartiges Vorgehen der Denkschule des *Konstruktivismus*.

Zu Beginn müssen Unternehmen grundlegend und individuell ihre *Begrifflichkeit für Nachhaltigkeit festlegen* und ihre Position hierzu differenziert definieren. Ausgehend von dieser Analyse, müssen die Kriterien dann in eine *klare, transparente, einfache* und *eindeutige Form* gebracht werden. Dadurch soll nicht nur Vertrauen aufgebaut, sondern vor allem auch der Rahmen der nachhaltigkeitsorientierten Unternehmensführung deutlich fundiert werden. Eine zentrale Rolle der nachhaltigkeitsorientierten Unternehmensführung spielt die *Übernahme von Verantwortung durch Stakeholder-Interessensausgleich*:

Wie in der Forschungsliteratur häufig diskutiert, muss die Output-Optimierung des Unternehmens mit Hilfe eines holistischen Ansatzes erfolgen, der die drei Kapitalsäulen der Nachhaltigkeit gleichrangig integriert. *„Ein Kapitalismus, der ethische und soziale Werte nicht berücksichtigt, stellt kein solides Fundament für die Gesellschaft dar."*[3] Der Triplebottomline-Ansatz und die Stakeholdertheorie verschmelzen an dieser Stelle großteils, da sie in starkem Zusammenhang zueinander stehen. Die drei nachhaltigkeitsbezogenen Kapitaldimensionen des Unternehmens werden durch den Einfluss von internen und externen sowie direkten und indirekten Stakeholdergruppen kreiert und modifiziert. Dadurch entsteht ein *dynamisches Gesamtbild* des Unternehmens, dessen *Facetten* durch die *Pinsel* der Strategischen Unternehmensführung *Konturen* bekommen.

Eine weitere grundlegende Rolle spielt die Komponente des *Sustainable Leaderships*: „Der Prozess der Nachhaltigkeit muss von der Spitze des Unternehmens aus initiiert und gesteuert werden."[4] *„Everything starts with design."*[5]

Designen bedeutet, eine Idee mental und visuell zu konzipieren, ihre Ziele und ihren Zweck zu erkennen und eine kurz- sowie langfristige Planung durchzuführen. *„[. . .] Leadership beschränkt sich eben nicht nur auf die Führenden, sondern betrifft all jene, die im Rahmen ihres Tuns innerhalb und außerhalb des Unternehmens mit Menschen in Kontakt kommen und das Verhalten anderer beeinflussen.“*[6] Im Nachhaltigkeits-Konzept ist die Notwendigkeit und Wichtigkeit von konstruktivem Leadership unumstritten: *„Es sind letzten Endes Unternehmer und/oder oberste Führungskräfte, die durch ihr Leadership-Verhalten und ihr mentales Modell über Erfolg oder Misserfolg einer Unternehmung entscheiden.“*[7]

Das Modell der nachhaltigkeitsorientierten Unternehmensführung

Die hier präsentierte Modellkonzeption orientiert sich am Modell der Strategischen Unternehmensführung. Es umfasst bereits alle essentiellen Bestandteile einer nachhaltigkeitsorientierten Unternehmensführung, so dass lediglich der *kontinuierliche Verbesserungsprozess* in der Gesamtheit verstärkt betont wird und die Nachhaltigkeitsaspekte auf vereinzelten Stufen intensiviert werden. Die *sieben Komponenten* aus dem Modell der Strategischen Unternehmensführung werden übernommen und durch die *Revisions-Komponente* ergänzt:

- Vision
- Unternehmungspolitik
- Strategien
- Ziele/Rahmenbedingungen
- Organisation
- Umsetzung
- Revision
- Unternehmungskultur und -identität

Wechselseitige Beeinflussung der Unternehmensebenen

In einem *funktionierenden* Unternehmen beeinflussen sich die einzelnen Ebenen gegenseitig: Die Strategieebenen bestimmen beispielsweise die Organisation, werden aber im Gegenzug stark durch organisatorische Gegebenheiten beeinflusst usw. Das Unternehmenssystem muss laufend den Änderungen der Umwelt angepasst werden, und die Erfolge sowie Misserfolge der Unternehmung erfordern ebenso eine Strategierevision. Die Interaktion der diversen Phasen des strategischen Prozesses und die Notwendigkeit sukzessiver Revision unterstreichen die Zweckmäßigkeit eines analytischen Denkschemas und einer systematischen Vorgehensweise der Strategischen Unternehmensführung.

Diese kontinuierliche Evolution in Kombination mit dem argumentativen Diskurs zwischen Führungskräften und Mitarbeitern zur Feststellung, dass *„die strategische Unternehmensführung eher als ‚Kunst' denn als Wissenschaft zu bezeichnen“*[8] ist.

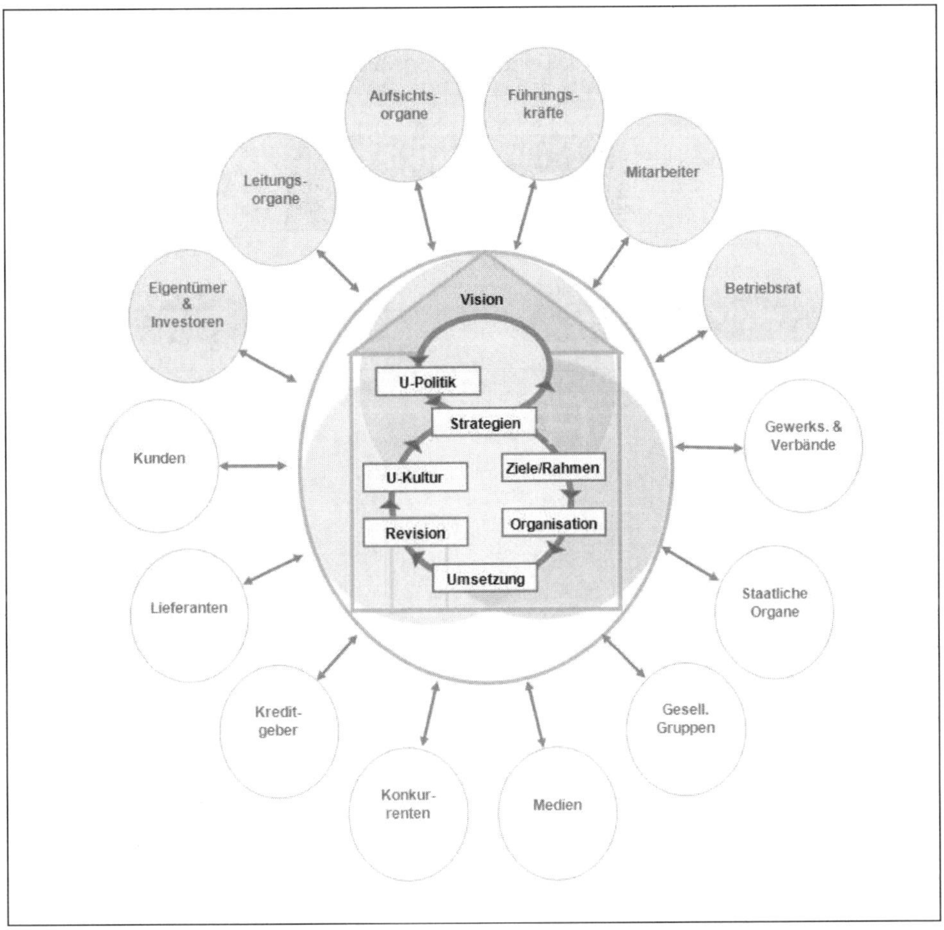

Abbildung 1: *Gesamtdarstellung der nachhaltigkeitsorientierten Unternehmensführung*

Unternehmerische Vision

Wie bei jeder schöpferischen Tätigkeit steht auch zu Beginn jeder unternehmerischen Tätigkeit bzw. Umstrukturierung von Unternehmen eine Vision. Nach Guntern (1994) ist es für Unternehmen nicht möglich, auf langfristige Sicht ohne Imagination und Vision eine gute strategische Position im globalen Wettbewerb einzunehmen. *„Das Wesen der unternehmerischen Vision liegt mehr in den Richtungen, die sie weist, und weniger in den Grenzen, die sie setzt; mehr in dem, was sie ins Leben ruft, und weniger in dem, was sie abschließt; mehr in den Fragen, die sie aufwirft, und weniger in den Antworten, die sie für diese findet.“*[9] Unternehmensspezifisch werden Visionen formuliert; die zentrale Frage, die zur Visionsformulierung führt, lautet dabei: *„Welche geistigen und materiellen Bedürfnisse wollen die Anteilseigner und/oder die obersten Führungskräfte mit der Unternehmung erfüllen?“*[10] (Abbildung 2).

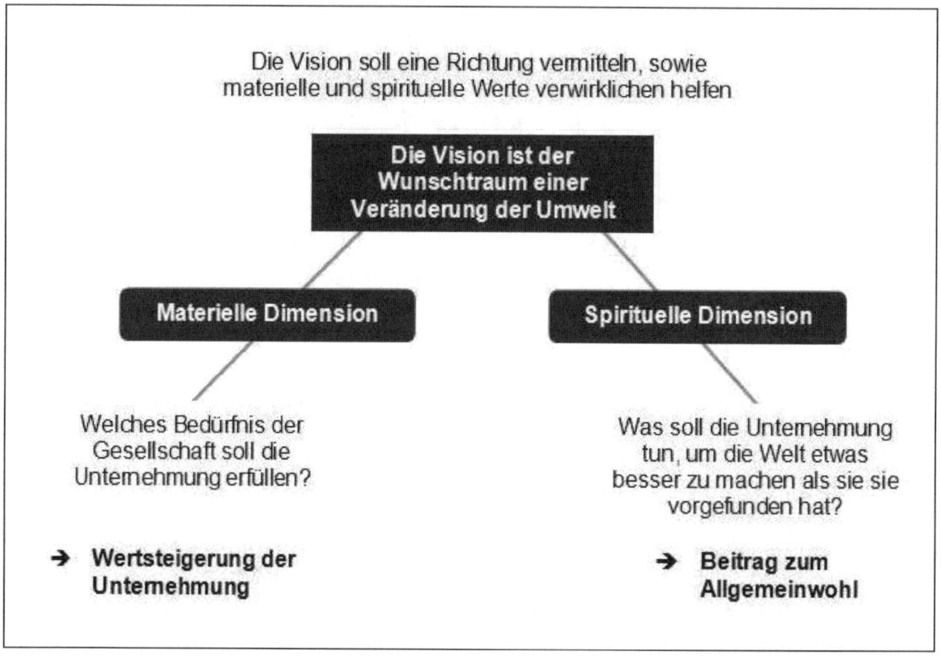

Abbildung 2: *Beide Dimensionen der unternehmerischen Vision*

Als integrierender Bestandteil des organisationalen Lernens nimmt die unternehmerische Vision einen *symbolischen* und einen *erzieherischen* Charakter ein. Sie spricht einerseits das Herz und die Gefühle der Mitarbeiter an und andererseits ist sie eine Art Brille, durch die die Mitarbeiter die Umwelt sehen und die Entwicklungen innerhalb und außerhalb der Unternehmung interpretieren. Zusätzlich trägt die Vision meist einen endlichen Charakter und ist deshalb stetig an die veränderten Verhältnisse anzupassen, da sie zusätzlich ein wichtiges Führungsinstrument bildet, um neue Werte in die Unternehmungspolitik und -kultur zu integrieren. Eine *„Vision gelingt nur durch die auf Realitätssinn beruhende Synthese von Offenheit und Spontaneität.“*[11]

Da es sich bei der nachhaltigkeitsorientierten Unternehmensentwicklung um einen holistischen Ansatz handelt, ist eine einheitliche und verbindende Vision für das gesamte Unternehmen unabdingbar. Sie umfasst die externen Beziehungen, Chancen, Herausforderungen und internen Leistungsfähigkeiten, um so eine neue nachhaltige Unternehmensrealität zu realisieren. Um die Schwierigkeiten bei der Formulierung einer nachhaltigkeitsorientierten Vision bewältigen zu können, wurden in den *Sustainability Reporting Guidelines* der *Global Reporting Initiative (GRI)* Mindestanforderungen für Visionen von Nachhaltigkeit formuliert. Folgende Fragen müssen durch die Vision beantwortet werden:[12]

- Mit welchen wesentlichen Herausforderungen zur Umsetzung der Nachhaltigkeit sehen sich Unternehmen konfrontiert?

- Wie und in welcher Form werden die Stakeholdergruppen dabei berücksichtigt?
- Welche Stakeholdergruppen werden durch einzelne Aktivitäten am meisten beeinflusst?
- Wie möchte das Unternehmen diesen Herausforderungen begegnen?

Unternehmungspolitik

Die unternehmerische Vision soll mittels der Unternehmenspolitik so kommuniziert werden, dass alle Mitarbeiter geschlossen für den Erfolgsweg des Unternehmens kämpfen. Die Wurzeln aus dem kreativen Chaos beginnen zu treiben. Die Unternehmungspolitik umfasst die Gesamtheit der Unternehmungsgrundsätze, die via Leitbild oder mündlich vermittelt werden. Einerseits nimmt sie einen *Ordnungscharakter*, der das Unternehmen in seiner Gesamtheit ordnend gestaltet sowie bindende Verhaltensregeln und -grundsätze festlegen soll und andererseits einen gestaltenden Charakter zur Formulierung von verbindlichen Verhaltensregeln ein.

Strategie

Die Gesamtstrategie soll Richtlinien für die Formulierung der Strategien der Strategischen Geschäftseinheiten (SGE) enthalten, das Leitbild in der Umsetzung anwenden und alle Stakeholder zufrieden stellen. Ziel der Strategie ist es, den seitens der Unternehmungspolitik vorgegebenen Rahmen unter bestmöglicher Verwendung der verfügbaren Ressourcen zu erfüllen und den Wert der Unternehmung dadurch nachhaltig und langfristig zu erhöhen. Für eine nachhaltigkeitsorientierte Strategieentwicklung nennt Baumgartner (2005) folgende Schritte:

Die Basis bildet das Konzept der *nachhaltigen Entwicklung als strategische Vision*: Im Mittelpunkt steht hier die langfristige Zukunftsfähigkeit durch Berücksichtigung und Integration der drei Nachhaltigkeitsdimensionen. Zu Beginn steht die *Analyse der Ausgangssituation*: Chancen, aber auch Probleme des Nachhaltigkeits-Konzepts sind branchen- und unternehmensspezifisch zu analysieren. In dieser Phase ist zu erheben, welche Aspekte der Nachhaltigkeit die größte Relevanz für das Unternehmen haben, wobei ein gemeinsames Verständnis zum Thema Sustainable Development innerhalb der Unternehmung eine Basis bildet.

Ausgehend davon werden *künftige Erwartungen sowie gesellschaftliche und marktbezogene Entwicklungen antizipiert,* wodurch anschließend der *unternehmerische Nutzen* bestimmt werden kann. Eine klare Nutzenanalyse in den Bereichen der Risikominderung, Effizienzsteigerung, Mitarbeitermotivation, Imageverbesserung, Differenzierung, Innovationen und Effektivität (dauerhafte Sicherung der Ressourcenbasis) ist dabei zu empfehlen. Erst dann können *Handlungsebenen und Ansatzpunkte bestimmt und Nachhaltigkeitsziele gesetzt werden.* Abgeleitet davon wird ein *Maßnahmenplan zur Zielerreichung* entwickelt und entsprechende Ressourcen und Verantwortlichkeiten müssen zugewiesen werden, damit Handlungsebenen und Ansatzpunkte abgestimmt werden können. Grundlegend muss dabei die *Koordination* und *Kommunikation* sichergestellt sein, denn die Nachhaltigkeitsthematik darf nicht auf einzelne Beauftragte und Abteilungen beschränkt bleiben. Aufgrund der *laufenden*

Evaluation der Zielerreichung und der *Lerneffekte* soll eine *Basis für die notwendige Weiterentwicklung der Managementfähigkeiten und nachhaltigkeitsorientierten Unternehmenskultur* geschaffen werden: Diese kontinuierliche, unternehmensspezifische Aufgabe legt besonderes Augenmerk auf die Schulung und den Aufbau der Kompetenzen. Die Weiterentwicklung der Unternehmenskultur wird dabei als kritischer Erfolgsfaktor gesehen, da ambitionierte Strategien zur nachhaltigen Entwicklung einer adäquaten Kultur bedürfen.

Abhängig vom Zweck, Ziel, Ansatzpunkt und von der Handlungsebene der Strategie kann eine *introvertierte* (*sichere*), eine *konservative* (*effiziente*), eine *extrovertierte* (*glaubwürdige*) oder *visionäre* (*innovative*) strategische Variante der Nachhaltigkeitsorientierung formuliert werden.

Ziele und Rahmenbedingungen

„Eine Unternehmung ist um so erfolgreicher, je besser und initiativer die Funktionsbereichsleiter die Handlungsfreiheit, über die sie verfügen, im Sinne der Strategien der Geschäftseinheiten und der Gesamtstrategie der Unternehmung nutzen."[13] Richtungweisend für selbständig zu treffende Entscheidungen im Interesse der Strategien können Ziele und Rahmenbedingungen seitens der Unternehmungsleitung definiert werden. Eine korrekte Interpretation der Strategien (die Kohärenz der Strategie), die sich in allen Entscheidungen widerspiegeln sollte, bildet dabei das essenzielle Rückgrat. Bereits bei der Visionsformulierung spielen Nachhaltigkeits-Aspekte eine tragende Rolle. Die Verwirklichung dieser ist jedoch nur möglich, wenn sie über die Führungskräfte (die sich zu einer prinzipgeleiteten Unternehmensführung bekennen) bis hin zu den einzelnen Mitarbeitern kommuniziert wird. Alle Hierarchieebenen müssen den Sinn und Zweck des Unternehmens verstehen und bei der Zielerreichung berücksichtigen.

Organisation

Eine Änderung der Unternehmensstrategien und der Schwerpunkte in den Funktionsbereichen sowie in den regionalen Einheiten verlangt nach einer adäquaten Anpassung der Organisation. Eine nachhaltig erfolgreiche Organisation ist transparent und stimmt sowohl mit den Strategien als auch mit den Bedürfnissen, Wünschen und Vorstellungen der Mitarbeiter überein.

In Anlehnung an die Vorstufe gilt es auf der *Organisationsebene*, die festgelegten *Ziele und Rahmenbedingungen* (1) auf die einzelnen Strategien abzustimmen (vertikale Abstimmung) und (2) untereinander, orientiert an der Gesamtstrategie, zu koordinieren (horizontale Abstimmung). Im Mittelpunkt der organisatorischen Tätigkeit steht der Mensch; denn alle organisatorischen Maßnahmen verlieren ihren Nutzen, wenn nicht die *Personen* verfügbar sind, die bereit und fähig sind, vorgesehene Rollen einzunehmen und prozessorientiertes Denken sowie Handeln (in Hinblick auf die interne und externe Kundenzufriedenheit) umzusetzen. Die starke Beeinflussung des Faktors *Mensch* auf der Organisationsebene verlangt eine enge Bindung zwischen Zielen und Werten: Ziele müssen erreicht und Werte zugleich gelebt werden. Ein sensibler Umgang mit Fragen zu Reorganisationsprozessen in Krisensituationen ist unabdingbar.

Umsetzung

Strategieformulierung und -umsetzung unterscheiden sich voneinander wesentlich: Die erste wird mehr als eine unternehmerische und die zweite mehr als administrative Tätigkeit kategorisiert. Vier Aufgabenbereiche sind für eine erfolgreiche Umsetzung der Strategien notwendig:

1. Mitarbeitermotivation auf allen Verantwortungsebenen zur Sicherstellung, dass ein engagierter Beitrag zur Umsetzung der Strategien geleistet wird.
2. Einrichtung eines einfachen, transparenten und trotzdem wirkungsvollen operativen Planungssystems.
3. Entwicklung eines aufbauenden Controllingsystems, das konstruktiv dazu beiträgt, integrierende und/oder Korrekturmaßnahmen rechtzeitig einzuleiten, sobald Zielabweichungen sichtbar werden.
4. Berücksichtigung unternehmensinterner mikropolitischer Erwägungen bei der Strategieumsetzung; zu den Aufgaben der Unternehmensleitung zählt das rechtzeitige Gewinnen der wichtigsten Entscheidungszentren in der Organisation.

Revision

Die *Revisions-Ebene* wurde mit in das Modell aufgenommen, um den Charakter des *kontinuierlichen Verbesserungsprozesses (KVP)* innerhalb der Unternehmensführung verstärkt zu betonen. Dabei wird dem KVP ein zweifacher Charakter zugeordnet: (1) Der KVP als Gesamtkonzept der nachhaltigkeitsorientierten Unternehmensführung und (2) der KVP in den einzelnen Stufen der Unternehmensführung zur Erfolgsforcierung. Die Zyklen der Verbesserungsprozesse folgen – je nach Ebene – unterschiedlichen Zeitabläufen. Zur Analyse der Realisierung, Umsetzung und Bewertung von strategischen Zielen – speziell im Rahmen einer nachhaltigkeitsorientierten Unternehmensführung – erweist sich sowohl die *Sustainability Balanced Scorecard (SBSC)* als auch ein Nachhaltigkeitsbericht als nützliches Instrument. Als Ergänzung des Kennzahlen- und Managementsystems der konventionellen *Balanced Scorecard (BSC)* nach Kaplan/Norton (1997) werden bei der SBSC Umwelt- und Sozialaspekte in die unternehmerischen Kernaktivitäten einbezogen. Der Nachhaltigkeitsbericht (*Sustainability Report*) dient im Rahmen der Unternehmenskommunikation zur schriftlichen Information und Dokumentation der Unternehmensleistung.

Unternehmenskultur und -identität

„Die Unternehmungskultur ist die Gesamtheit der in der Unternehmung vorherrschenden Wertvorstellungen, Traditionen, Überlieferungen, Mythen, Normen und Denkhaltungen, die den Mitarbeitern auf allen Verantwortungsebenen Sinn und Richtlinien für ihr Verhalten vermitteln."[14] Gut konzipierte Strategien und Aktionspläne scheitern oftmals in der Praxis, da sie nicht mit der vorherrschenden Unternehmenskultur übereinstimmen. Unternehmenskulturen orientieren sich stark an der Vision sowie an der Unternehmensleitung und sind mit der Zeit gewachsen. Sie entstehen im Sozialisierungsprozess der innerhalb einer Organisation tätigen Menschen. Ein langer Zeitraum ist notwendig, um sie aufzubauen – umso weniger

Zeit braucht es, sie zu zerstören. Im Modell der strategischen Unternehmensführung spiegelt die Unternehmenskultur bzw. -identität respektive die Unternehmungspolitik die Strategien, die Organisation und Prozesse sowie die Umsetzung wider und umgekehrt. Die Unternehmenskultur soll zusätzlich auch die moralische Verantwortung auf den unteren Hierarchieebenen garantieren, denn ein hoher moralischer Anspruch des Topmanagements alleine schützt nicht vor eventuellem Fehlverhalten der Mitarbeiter. Die Unternehmenskultur darf *„Handeln nicht einseitig auf ökonomische Werte wie Rationalität, Produktivität und Rentabilität ausrichten, sondern sie muss es auch auf sittliche Werte verpflichten.“*[15]

Leadership und mentale Führungsmodelle

In der klassischen Strategieforschung wird die Performance eines Unternehmens maßgeblich durch die Marktattraktivität in Verbindung mit der strategischen Positionierung definiert. Zweifelsohne ist die Marktattraktivität eine wichtige Einflussgröße für eine langfristige und nachhaltige Wertsteigerung, doch zeigt die empirische Evidenz, dass die langfristige und nachhaltige Wertsteigerung durch das Verhalten der Führenden stärker beeinflusst wird als durch die Marktatraktiviät. Die folgenden Aufgaben von Leadership im Rahmen der Strategischen Unternehmensführung spiegeln auch die Grundsätze der nachhaltigen Wirtschaftsweise im Allgemeinen wider:

1. Gleichzeitig kurzfristige Ergebnisse erzielen und die Unternehmung langfristig stärken;

2. Veränderungen antizipieren und herbeiführen. Unternehmen befinden sich in einem ständigen schöpferischen Prozess und Entwicklung sowie Innovation sind Prinzipien, die die Unternehmung bewegen. Dieser Prozess wird wie folgt durch die Führenden gestaltet und geleitet:

   - Förderung des Willens der Mitarbeiter zur Veränderung im positiven Sinn;
   - Bisherige Vorgehensweisen, Modelle, Einstellungen usw. laufend hinterfragen und dementsprechend neue, bessere Systeme durch Kommunikation und Überzeugung implementieren;
   - Steuerung der Fortschritte durch entsprechende Rückkoppelungen im Hinblick auf die angestrebten Ergebnisse;

3. Führungswerte leben und vorleben;

4. Potenzial der Mitarbeiter zur Entfaltung bringen.

„Unternehmerisch denken und handeln (d. i. Leadership) heißt, neue Möglichkeiten zu erschließen sowie auf andere Menschen einzuwirken, sie zu inspirieren und in die Lage zu versetzen, sich begeistert für Ziele und Veränderungen zu engagieren, die im gemeinsamen Interesse sind.“[16] Die mentalen Modelle der Führenden bestimmen die strategische Ausrichtung der Unternehmung und beeinflussen Strategien sowie Aktionspläne. Mentale Modelle sind Vorstellungen der Wirklichkeit, die benutzt werden, um Unternehmen erfolgreich in die Zukunft zu führen. In diesem Zusammenhang sind die drei Grundprinzipien der stoischen Weltanschauung, die für die Führenden unserer Zeit von großem Interesse sind und in klaren,

kurzen Worten ebenfalls das Wesentliche einer nachhaltigkeitsorientierten Unternehmensführung ausdrücken, zu nennen:

1. *Disziplin der Vorstellungen:* Gebrauche deine Vorstellungen vernunftgemäß und halte sie unter Kontrolle, denn nicht die Dinge berühren einen, sondern die Vorstellungen über die Dinge: *„Niemand kann mich ärgern, wenn ich es nicht zulasse."*[17]
2. *Disziplin des Strebens oder der Ziele: „Strebe nach den Dingen, die in deiner Macht stehen und akzeptiere mit Gelassenheit die Dinge, die nicht in deiner Hand sind."*[18]
3. *Disziplin des Handelns: „Handle gerecht, d. h. handle so, dass du das Nützliche für die anderen mit dem Angenehmen für dich selbst verbindest."*[19]

Ergebnisse einer multimethodischen Studie zur nachhaltigen Wirtschaftsweise im Raum Tirol

Im Rahmen einer multimethodischen Studie wurden im Mai 2006 sämtliche Tiroler Großbetriebe (72) mittels eines Online-Fragebogens über Motivationsfaktoren, Operationalisierungsmaßnahmen und Integrationskriterien einer nachhaltigen Wirtschaftsweise quantitativ befragt. Diese Ergebnisse wurden durch qualitative Interviews mit sechs Geschäftsführern von nachhaltig wirtschaftenden Unternehmen vertieft. Die Hauptergebnisse werden hier kurz zusammengefasst:

Bei der quantitativen Erhebung konnte eine Rücklaufquote von 62 Prozent erzielt werden (44 Unternehmen). 27 der 44 Befragten gaben an, dass sie dem Thema Nachhaltigkeit einen sehr hohen bzw. einen hohen Stellenwert beimessen. Sechs der befragten Unternehmen beurteilen diesen mit eher gering bzw. keinen und begründen dies durch die unzureichenden Mehrwertpotentiale und fehlende Zeitressourcen in der heutigen Wirtschaftswelt. Eine nachhaltige Wirtschaftsweise wird dabei als Kombination von Umweltschutz und sozialer Verantwortung mit den wirtschaftlichen Aktivitäten und Zielen eines Unternehmens interpretiert. Die am häufigsten assoziierten Begriffe sind *Kontinuität* und *Langfristigkeit*. Die Einstellung bzw. Überzeugung der/s Eigentümer/s bzw. der Unternehmensführung sind dabei für eine adäquate Umsetzung ausschlaggebend. Ein Großteil der Unternehmen denkt, dass durch Nachhaltigkeit wesentliche Wettbewerbsvorteile erzielt werden können und folglich der Gewinn positiv beeinflusst wird.

Für einen erfolgreichen Entscheidungsapparat muss Einigkeit über Ziele und Werte auf oberster Ebene herrschen. In Folge werden die Konsequenzen von Entscheidungen vorwiegend durch Umwegquantifizierungen (z. B. Mitarbeiterfluktuation, Energieeffizienz, Qualitätssteigerung) abgeschätzt. Keiner der Befragten erwähnte einen direkten Versuch, immaterielle Werte zu quantifizieren. Keiner nutzt bereits spezifische Instrumente, um den Mehrwert des immateriellen Nutzens zu quantifizieren.

In Bezug auf die zukünftigen Erwartungen und Anforderungen sind die Unternehmen sich einig: Sowohl die ökonomischen, ökologischen aber auch sozialen Anforderungen werden stetig steigen und eine nachhaltige Wirtschaftsweise wird zunehmend zu einer Voraussetzung für langfristiges und erfolgreiches Wirtschaften.

Fazit

Ansteigende Ressourcenknappheit und der gesellschaftliche Wandel üben zunehmend Druck auf Unternehmen aus, mehr Verantwortung für die Folgen ihres wirtschaftlichen Handelns zu übernehmen. Gepaart mit der ständig steigenden Dynamik in der heutigen Wirtschaftswelt entstehen immer mehr Herausforderungen, denen sich die Unternehmen stellen müssen. Um diesen Herausforderungen erfolgreich begegnen zu können, gehen einige Unternehmen auch bereits den Weg der nachhaltigen Wirtschaftsweise.

Die Berücksichtigung unterschiedlicher Anspruchsgruppen, langfristige Planungen und das Streben nach kontinuierlicher Verbesserung zählen dabei zu Schlüsselfaktoren. Ohne jedoch auf ein starkes Leadership bauen zu können, wird auch hier das Ernten der Früchte nicht von allzu langer Dauer sein.

Anmerkungen

1 LABUSCHAGNE, BRENT & VAN ERCK (2005), S. 373 zitiert in: Baumgartner (2005), S. 55.
2 Vgl. BIEDERMANN (2005), S. 19 f in: Baumgartner, Biedermann, Ebner & Posch (2005), S. 15-21.
3 MATZLER, PECHLANER & RENZL (2003a), S. 11 in: Matzler, Pechlaner & Renzl (2003b), S. 3-20.
4 HARDTKE (2001), S. 97.
5 W. MCDONOUGHY zitiert in: Stead & Stead (2004), S. 38.
6 HINTERHUBER & KRAUTHAMMER (2001), S. 131 zitiert in: Matzler et al. (2003a), S. 4 in: Matzler et al. (2003b), S. 3-20.
7 HINTERHUBER (2004a), S. 54.
8 HINTERHUBER (2004a), S. 62.
9 HINTERHUBER (2004a), S. 44.
10 HINTERHUBER (2004a), S. 74.
11 HINTERHUBER (2004a). In Ergänzung siehe auch die Aufzählung der positiven und negativen Leitsätze zur Visionsfindung nach Hinterhuber (2004a), S. 78 f.
12 RAINEY (2006), S. 116.
13 HINTERHUBER (2004a), S. 48.
14 HINTERHUBER (2004a), S. 51.
15 KORFF (1999), S. 267.

16 HINTERHUBER (2007), S. 49.
17 HINTERHUBER (2007), S. 49.
18 HINTERHUBER (2007), S. 49.
19 HINTERHUBER (2007), S. 49.

Literatur

BAUMGARTNER, R., *Sustainable Business Management,* in: Baumgartner, R./Biedermann, H./Ebner, D./Posch, W. (Hrsg.), Wertsteigerung durch Nachhaltigkeit, S. 51-69, München 2005.

BAUMGARTNER, R. J., BIEDERMANN, H., EBNER, D. & POSCH, W., (HRSG.) (2005), *Wertsteigerung durch Nachhaltigkeit,* München.

HARDTKE, M. P. A., *Perspektiven der Nachhaltigkeit – Vom Leitbild zur Erfolgsstrategie,* Gabler Verlag, Wiesbaden 2001.

FISCHLER, URSULA, *Corporate Sustainability – Eine multimethodische Studie zur Analyse der Beziehung zwischen Wettbewerbsfähigkeit und Nachhaltigkeit,* PhD thesis, Universität Innsbruck 2007.

GUNTERN, G., *Sieben goldene Regeln der Kreativitätsförderung,* Zürich 1994.

HINTERHUBER, HANS H., *Leadership,* 4. Auflage, Frankfurt a. M. 2007.

HINTERHUBER, HANS H., *Strategische Unternehmensführung, I. Strategisches Denken,* 7. Auflage, Berlin, New York 2004a.

HINTERHUBER, HANS H., *Strategische Unternehmensführung, II. Strategisches Handeln,* 7. Auflage, Berlin, New York 2004b.

HINTERHUBER, HANS. H./KRAUTHAMMER, E., *Leadership – mehr als Management,* 4. Auflage, Wiesbaden 2005.

KAPLAN, R. S./NORTON, D. P., *Translating Strategy into Action: The Balanced Scorecard,* Massachusetts 1997.

KORFF, W., *Handbuch der Wirtschaftsethik* - Band 3: Ehtik wirtschaftlichen Handelns, Gütersloher Verlagshaus, Gütersloh 1999.

MATZLER, K., PECHLANER, H. & RENZL, B., *Werte schaffen: Perspektiven einer stakeholderorientierten Unternehmensführung,* in: K. Matzler, H. Pechlaner & B. Renzl, (Hrsg.), „Werte schaffen: Perspektiven einer stakeholderorientierten Unternehmensführung. Sammelband zum 65. Geburtstag von H. H. Hinterhuber“, Gabler Verlag, Wiesbaden 2003a, S. 3-20.

MATZLER, K., PECHLANER, H. & RENZL, B., (HRSG.), *Werte schaffen: Perspektiven einer stakeholderorientierten Unternehmensführung,* Sammelband zum 65. Geburtstag von H.H. Hinterhuber, Gabler Verlag, Wiesbaden 2003b.

STEAD, W. E. & STEAD, J. G., *Sustainable Strategic Management,* M. E. Sharp Inc., New York 2004.

Erfolgsfaktor Unternehmenskultur – Kreativität als Unternehmenswert

Artur Wollert

Prof. Dr. Artur Wollert
war u. a. Leiter des Hauptpersonalbüros bei Siemens, Leiter des Zentralen Personal-, Bildungs- und Sozialbereichs bei BMW und Mitglied des Vorstandes von Hertie. Er hat Lehraufträge an der Uni Karlsruhe (TH), der Bundeswehrhochschule München und an der Fachhochschule Ludwigshafen. Er ist Vorstandsmitglied mehrerer Verbände, die sich insbesondere der Bildungsarbeit widmen.

Prof. Dr. Wollert ist Autor zahlreicher Veröffentlichungen zu den Themen Führung, Unternehmenskultur und -ethik, Werte, Vereinbarkeit von Beruf und Familie, Innovation und Zukunft der Arbeit. Er ist Herausgeber der digitalen Fachbibliothek Human Resource Management.

Die Lage

Die Aufgabe von Unternehmen ist es, Knappheiten mit möglichst geringem Mitteleinsatz zu beseitigen. Heute haben wir einen Käufermarkt. Daher müssen die Unternehmen zumeist durch kreative Entdeckungen und die Schaffung neuer Wünsche erst wieder Knappheiten schaffen. Nur auf diese Weise kommen wir zu neuen Arbeitsplätzen; die Entwicklung des Handymarktes bietet ein gutes Beispiel. Der Wettbewerb zwingt die Unternehmen zudem, ständig neue Wege zu beschreiten, um im Vergleich zur Konkurrenz mit einer besseren Nutzenstiftung zu überzeugen.

Der Druck zur Veränderung steigt. Die Globalisierung nimmt weiter zu:

- qualitative Spitzenprodukte können in allen Kontinenten hergestellt werden,
- wir haben einen weltweit fast ungehemmten, unverzüglichen Kapitalverkehr,
- wir verfügen über globale Informations- und Kommunikationstechniken,
- die internationale Mobilität von Arbeitskräften sowie der globale Austausch von Dienstleistungen hat spürbar zugenommen.[1]

Waren noch vor kurzem besonders Kosten-Kontrolle und Produkt-Qualität die kritischen Erfolgsfaktoren in den meisten Unternehmen, die im Wettbewerb der „global player“ bestehen wollen, so sind es heute Innovationen und eine sie sichernde Personalpolitik. Was sind Innovationen? Ganz allgemein versteht man darunter Neuerungen. Vor einer Innovation steht vielfach die Kritik an bestehenden Verhältnissen. An diesem Punkt scheitern viele Veränderungen, weil wir Menschen Gewohnheiten lieben und Änderungen hassen. Kritiker werden als Störenfriede betrachtet. Selbst großartige Ideen sind anfangs oft das Ziel von Gespött. Veränderungen lassen sich nur ausnahmsweise von vorneherein im Konsens durchsetzen. Folglich ist es notwendig, zunächst ein allgemeines Problembewusstsein zu erzeugen, damit sich die betroffene Betriebsöffentlichkeit offen und in aller Breite mit den mangelhaften Gegebenheiten auseinandersetzen kann.

Allerdings bin ich kein Anhänger der „Holzhammer-Methode“, welche die kulturellen Wandlungsprozesse per Kulturschock durchsetzen will. Kulturbewusstes Management bereitet die Organisation vorsichtig, proaktiv, untermauert mit realistischen Visionen, auf das, was kommt, vor. Die Realisierung der Problemlösung stellt dann die Neuerung dar. Neuerungen finden sich in der Produktpolitik, im Fertigungsprozess, im Marketing, praktisch im gesamten Unternehmensprozess. „Am Anfang steht natürlich die ‚Invention’, die Idee, die Erfindung. Doch damit eine ‚Invention’ zur ‚Innovation’ wird, muss sie umgesetzt und vom Markt akzeptiert werden. Innovation ist deshalb ebenso sehr Inspiration wie Transpiration, ebenso sehr visionäre Kraft wie das Ergebnis nüchterner Arbeit.“[2] Entscheidende Bedeutung für Qualität und Anzahl der Veränderungen gewinnt dabei ihr Träger – das Human Capital (HC). „HC-Werte gibt es auf mindestens drei Ebenen: der einzelne Mitarbeiter hat einen HC-Wert, eine Gruppe von Mitarbeitern hat ebenfalls einen HC-Wert, und schließlich gibt es auch für das gesamte Unternehmen einen HC-Wert.“[3] Auf der obersten Ebene ist folglich das gesamte aggregierte Fähigkeitsportfolio zu betrachten, wenn man das Veränderungspotential eines Unternehmens unter die Lupe nimmt.

Veränderungen benötigen individuelle Kreativität und die strategische Fähigkeit, dem Veränderungswunsch eine optimale Richtung zu geben. Voraussetzung ist ferner ein Umfeld, das sich seine Offenheit erhalten hat und vorhandene Widersprüchlichkeiten an die Oberfläche bringt. „Diese Widersprüchlichkeiten lassen sich als „Motor" der Organisation nutzen."[4] In einer solchen Organisation finden sich die unverzichtbaren Machtpromotoren, die Risikobereitschaft schätzen und die gewünschten Veränderungsaktivitäten absichern. Letztlich sollten auch die rechtlichen und ordnungspolitischen Rahmenbedingungen der Bundesrepublik Deutschland und der Europäischen Union „veränderungsfreundlich" sein; worauf in diesem Beitrag nicht näher eingegangen werden kann.

Was heißt Unternehmenskultur?

Sonja Sackmann definiert Unternehmenskultur als „die von einer Gruppe gemeinsam gehaltenen Überzeugungen, die für die Gruppe insgesamt typisch sind. Sie beeinflussen Wahrnehmung, Denken, Handeln und Fühlen der Gruppenmitglieder und können sich auch in deren Handlungen und Artefakten manifestieren. Die Überzeugungen werden nicht mehr bewusst gehalten, sie sind aus der Erfahrung der Gruppe entstanden und haben sich durch die Erfahrung der Gruppe weiterentwickelt, d. h. sie sind gelernt und werden an neue Gruppenmitglieder weitergegeben."[5]

Die Ausgestaltung einer Unternehmenskultur hängt von unterschiedlichen Faktoren ab.

Zu deren Erläuterung wird gerne das Bild von einem Eisberg herangezogen. Man spricht von drei Dimensionen: materielle Phänomene, immaterielle Phänomene und Basisannahmen. „Die kulturprägende Wirkung der einzelnen Ebenen nimmt nach oben hin ab. ... Doch mehr als zwei Drittel des „Ungetüms" liegen verborgen unter der Wasser- bzw. Unternehmensoberfläche: die immateriellen Phänomene und die Basisannahmen. Letztere machen den Kernbereich der Kultur aus. Sie steuern über die immateriellen Phänomene die materiellen, die wiederum über die immateriellen auf die Basisannahmen rückwirken ..."[6] Hofstede bezeichnet aus diesem Grund Kultur generell als „mentale Software". Die kulturelle Programmierung beginnt im Elternhaus und geht über die Schule bis zum Arbeitsplatz. Die hauptsächlichen Unterschiede zwischen Völkern wie zwischen den Unternehmen liegen in ihren Werten. Eine Sensibilität für kulturelle Verschiedenartigkeit ist im 21. Jahrhundert nicht nur zur Führung eines Unternehmens wichtig, sondern ist „die grundsätzliche Fähigkeit für ein Überleben in einer multikulturellen Welt".[7]

Eine starke Unternehmenskultur definiert eindeutige Werte und Ziele, mit denen die Leistungs- und Potenzialträger an das Unternehmen gebunden werden. Ein darauf abgestimmtes System aus Führung und Zusammenarbeit sichert den Unternehmenserfolg. Während es bei der Unternehmens-Strategie darum geht, WAS gemacht werden soll (Ausrichtungsfunktion), und die festgelegte Unternehmens-Struktur klärt, WIE die Ziele erfolgreich erreicht werden (Koordinationsfunktion), gibt die Unternehmenskultur Antworten auf die Fragen WARUM und WOZU. Sie bietet den gemeinsamen Sinnhorizont, damit „die Mitglieder einer Unternehmung über die strategischen und strukturellen Festlegungen hinaus im Einzelfall im Sinne des Ganzen agieren und reagieren können".[8]

Drei Faktoren[9] beeinflussen die Stärke der Unternehmenskultur. Das ist zum einen der Verankerungsgrad, das heißt das Ausmaß, in dem spezifische auf das Unternehmen bezogene Werte in das Wert- und Normgefüge der einzelnen Mitarbeiter Eingang gefunden haben. Zweitens geht es um das Ausmaß, in dem die Mitarbeiter vergleichbare unternehmensbezogene Werte entwickelt bzw. übernommen haben. In größeren Unternehmen nimmt die Wahrscheinlichkeit von Bildung von Subkulturen zu. Auch wird z. B. die Forschungsabteilung etliche andere Kulturmerkmale aufweisen als das Controlling. Die Existenz solcher Subkulturen schadet nicht, wenn sie sich funktional sinnvoll ergänzen, wenn sie sich also nicht außerhalb der Organisation stellen oder gar gegen sie agieren. Trotzdem ist davon auszugehen, dass das Übereinstimmungsmaß umso höher ist, desto homogener die subkulturspezifischen Werte untereinander ausfallen. Der dritte Faktor ist die Systemvereinbarkeit. Hier wird die Beziehung zwischen den unternehmensbezogenen Werten und der Strategie und Struktur des Unternehmens gemessen. Die Systemvereinbarkeit ist die Basis für die strategische Stoßkraft der Unternehmenskultur.

Wir stellen oft genug fest, dass sich überzeugende, intelligente Strategien nicht realisieren lassen, weil ihr Inhalt nicht mit der Kultur des Unternehmens harmoniert. Die Stoßkraft von Unternehmenskultur erweist sich insbesondere darin, dass sie sich nicht so ohne weiteres imitieren lässt, wesentlich schwerer jedenfalls als Produkte, Werbekampagnen, Arbeitssysteme usw. Die Profilierung dient dem Erfolg des Unternehmens. „Die grundlegende Definition von Erfolg ist Überleben." Es gibt mehrere Studien, die glaubhaft untermauern „dass sich die Kultur eines Unternehmens auf dessen Erfolg auswirkt".[10]

Die Rolle von Werten

Die Grundlage jeder Unternehmenskultur liegt in dem Bekenntnis zu bestimmten Werten. Als wir bei BMW zu Beginn der 80er Jahre die „werteorientierte Personalpolitik" einführten, geschah dies aus der Erkenntnis, dass die Wertvorstellungen unserer Mitarbeiter die fundamentale Grundlage ihres Handelns sind. Daher war uns die Festlegung von verbindlichen Werten, sozusagen als den roten Faden der Personalarbeit, immens wichtig.[11] Wir selbst hatten damit klare Ziele und die Mitarbeiter wussten, woran sie waren. In der öffentlichen Diskussion ist gegen Ende des letzten Jahrhunderts die Werteorientierung abgelöst worden durch die Wertorientierung. Im Vordergrund stand die wirtschaftliche Wertsteigerung zu Gunsten der Shareholder. Mittlerweile wird allgemein erkannt, dass man sich sowohl auf Gesellschafts- wie auf Unternehmensebene zunächst in einem ersten Schritt für bestimmte Werte entscheiden sollte. Sie stellen den normativen Orientierungsrahmen für das Handeln dar. Heute ergänzen sich in Theorie und Praxis wert- und werteorientierte Politik weitgehend.[12]

> „Das menschlich Notwendige erweist sich als das ökonomisch Richtige"[13]

Werte sind unsere Vorstellungen über das Wünschenswerte, das Richtige, das Gute. Werte bestimmen und legitimieren unser Handeln bei der Wahl von Zielen und Mitteln. Sie sind maßgebende Richtschnur für unsere Daseinsgestaltung und für die Beurteilung des Handelns Anderer. Porsche lehnt die Veröffentlichung von Quartalsberichten ab, weil ihm die Listung im M-Dax den Aufwand und die Versuchung zu einer Kurzzeit-Strategie nicht wert ist. Für ein Unternehmen, das Schwarzarbeiter beschäftigt, wirkt der Vorwurf des Abgabebetrugs weniger gewichtig als der Wert der Kostenreduzierung. Ein anderes Unternehmen verzichtet auf Wachstumschancen, weil es seine Unabhängigkeit behalten und nicht Fremdkapital aufnehmen will.

An Unternehmen werden Ansprüche von den unterschiedlichsten Seiten gestellt. In erster Linie kommen die der Kunden, der Eigentümer/Investoren, der Kapitalgeber, der Mitarbeiter und die der Partner/Zulieferanten in Frage. Darüber hinaus besteht Einigkeit, dass heute gesellschaftliches Engagement im Sinne des modernen Begriffs Corporate Social Responsibility eine auch betriebswirtschaftlich sinnvolle Investition ist.[14] Die Erkenntnis hat sich durchgesetzt: „Zwischen verantwortlichem unternehmerischem Verhalten und profitablem Wirtschaften geht es nicht um „entweder – oder". Für nachhaltigen Erfolg braucht es beides."[15] Mit allen Stakeholdern sollten die im Unternehmen geltenden Werte abgestimmt werden. Deren Wertevorstellungen können dabei recht verschieden, zum Teil sogar entgegengesetzt sein. Es ist die herausragende Aufgabe der Unternehmensführung, hier eine Wertesynthese herbeizuführen. Letztlich kann jeder Akteur nur dann seine Werte erfüllt finden, wenn andere Beteiligte ebenfalls ihre eigenen verwirklichen können.

Bei der Entwicklung einer gemeinsamen Wertebasis ist der Entstehungsprozess von erheblicher Bedeutung. Der Erfolg eines Unternehmens wird in erster Linie von den Führungskräften geprägt. Daher müssen sie unbedingt von Anfang an eingebunden sein. Der Entstehungsprozess sollte also begleitet sein mit einer ausführlichen Auseinandersetzung der Führungskräfte mit ihrem eigenen Handeln und der Reflexion der diesem zugrunde liegenden Einstellungen und Werthaltungen. Natürlich gilt, dass die Legitimation für den endgültigen Vorschlag höher und die Chance für eine breite Zustimmung größer ist, wenn über die Führungskräfte hinaus weitere Mitarbeiter bei der Entstehung mitwirken. Vor allem sollte mit den offiziellen Vertretern der Belegschaft über Ziel, Vorgehensweise und den jeweils erreichten Stand des Projekts diskutiert werden. Die Güte und Qualität der gefundenen Werte hängen dabei neben den Vorgaben von Seiten der Unternehmensleitung sehr eng vom charakterlichen und intellektuellen Entwicklungsstand der daran Beteiligten ab.

Bei dem Prozess der Werteanalyse und -findung selbst geht es beispielsweise darum, Antworten auf folgende Fragen zu finden:

- Welche Werte sind unsere Werte?
- Welchen Auftrag hat unser Unternehmen?
- Welche Kompetenz benötigen wir?
- Wer sind unsere Partner? Wer unsere Kunden?

- Was sind die Ziele in den nächsten Jahren?
- Wie wollen wir miteinander umgehen?
- Wie stabil sind unsere Werte?

Die Antworten auf diese Fragen führen zu den gesuchten Grundwerten.

In der Regel sollte man sich persönlich nicht zu mehr als fünf bis sieben Grundwerten verpflichten.

Die Werte sind zumeist allgemein gehalten, oft gelten für viele Unternehmen die gleichen Grundwerte. Unterschiedliche Unternehmenskulturen unterscheiden sich dann in dem Ausmaß, in dem sie ihre Werte tatsächlich leben und in der unterschiedlichen Akzentuierung und Bevorzugung der einzelnen Werte. Ein Unternehmen setzt stärker auf Freiheit und Toleranz, das andere bevorzugt Sicherheit und Vertrauen, ein anderes entscheidet sich für Hilfsbereitschaft und ausgeprägte Teamarbeit. Diskutiert wird in den meisten Firmen über eine Vielzahl von Werten, z. B. über die Werte Qualität, Kundenorientierung, Internationalität, Innovation/Kreativität, Umweltschutz, Mitarbeiterführung, Kosten-, Preis- oder Technologieführerschaft.

Letztlich muss die Unternehmensspitze am Ende der Diskussion entscheiden, welche Werte als Grundwerte in die Charta des Unternehmens eingefügt werden. Dabei sollte darauf geachtet werden, dass die Werte genügend konkretisiert sind, das heißt, nicht Worthülsen verabschiedet werden.

Warum brauchen wir Leitbilder?

Die von einem Unternehmen erarbeiteten und verabschiedeten Werte schlagen sich konkret in dessen Leitbild, dessen Credo, nieder. Ein Leitbild ist nicht allein eine Zusammenstellung des Vorhandenen, des historisch Gewachsenen. Ein Leitbild veranschaulicht ebenso die Vorstellung eines als erstrebenswert erkannten zukünftigen Zustandes. Dabei ist man sich bewusst, dass dieser Idealzustand voraussichtlich nur selten voll erreicht wird. Wenn alles, was wir uns wünschen, schon geschehen wäre, hätten wir ja nichts mehr zu tun.

Ein Leitbild garantiert nicht in jedem Einzelfall eine bestimmte Handlungsweise, aber sie beeinflusst sie; wir sprechen von indirekter Führung. Es stellt klare Anforderungen und bedeutet die langfristige Verpflichtung jedes einzelnen Unternehmensangehörigen.

Ein Leitbild:

- erhöht die Entscheidungssicherheit in komplexen Organisationen,
- lenkt die verfügbaren Ressourcen auf das verfolgte Ziel,
- definiert eigenverantwortliche Handlungsspielräume,
- rationalisiert Planungsprozesse,

- fördert Engagement und Identifikation,
- gibt der Organisationsentwicklung eine koordinierte Richtung.

Auch vor der Verabschiedung eines Leitbildes sollte man – ähnlich dem Vorgehen bei der Entscheidungsfindung über den Wertekanon – zunächst eine Tatbestandsaufnahme vornehmen. Also sich mit Fragen wie nachstehenden auseinandersetzen:

- Was sind die größten Stärken unseres Unternehmens?
- Was sind die größten Schwächen?
- Wie beurteilen wir unsere interne Zusammenarbeit?
- Auf welche Weise erfahren wir wichtige Entscheidungen?
- Wie skizzieren wir den typischen Mitarbeiter unseres Unternehmens?
- Werden bei uns die richtigen Mitarbeiter befördert?
- Weiß bei uns jeder, was er zu tun hat?
- Sind wir sehr innovativ?
- Wird bei uns gehandelt oder nur geredet?
- Wie sollte unser Unternehmen in fünf Jahren aussehen?
- Was ist unser Maßstab für Erfolg?

Hinsichtlich der Vorgehensweise ist ebenfalls ein sowohl „von oben nach unten“ als auch „von unten nach oben“ zu empfehlen. Es muss sichergestellt sein, dass die Vorstellungen des Teams, das im Auftrag des Top-Managements die Leitsätze erarbeitet, mit denen der Mitarbeiter abgeglichen werden. Die abzuarbeitenden Antworten auf obige Fragen müssen auf dem Inhalt des Grundwertekatalogs basieren. Am Ende muss nach vielen Diskussionen und Kompromissen ein Leitbild erstellt sein, das alle Betroffenen akzeptieren.

Im Kern beschreibt ein solches Unternehmensleitbild, welche Ziele gemeinschaftlich verfolgt werden sollen, wie das Miteinander organisiert werden soll, was das Selbstverständnis und der Gegenstand des Unternehmens ist. Damit ist das Unternehmensleitbild ein zentraler Bestandteil der Kultur eines Unternehmens. Die erstmalige offizielle Bekanntgabe sollte ein herausragender Event im Leben eines Unternehmens sein, der jeden Mitarbeiter erreicht.

Umsetzung

Die geschilderten Prozeduren, die Diskussionen über Werte und Leitbilder, werden – wie eingangs geschildert – bei schon länger existierenden Unternehmen oft dann geführt, wenn die Unternehmensleitung oder der bzw. die Eigentümer einen Veränderungsbedarf feststellten. Treiber der Veränderung können z. B. sein: Vertrauensschwund bei den Kunden oder den Banken, Liquiditätskrisen, das Verschlafen eines wichtigen Trends, Bestechungsskandale, größere Produktprobleme, Auftragsmangel, fehlende Identifikation zwischen Mitarbeiter und Unternehmen, unklare Verantwortlichkeiten, Insidergeschäfte, Marktanteilsverluste, fehlendes Kostenbewusstsein.

In solchen Fällen kann man die Ergebnisse der Tatbestandsaufnahme dem Zustand gegenüberstellen, den wir haben müssten, wenn wir unsere vereinbarten und angestrebten Werte realisiert hätten, also unser Leitbild schon leben würden. Wie z. B. entwickeln sich Kunden-Beanstandungen in Relation zu unseren eigenen Qualitätsansprüchen und -versprechen? Die Lücke zwischen SOLL und IST zeigt den Handlungszwang auf. In der Praxis werden Teams zusammengestellt, die dann Vorschläge zur Durchsetzung der notwendigen Gestaltungsschwerpunkte machen. Sinnvoll ist es, vor einer tatsächlichen Veränderung der IST-Kultur zur SOLL-Kultur das Risiko bzw. die Erfolgswahrscheinlichkeit für die geplante Veränderung zu bestimmen. Welches Risiko man eingehen sollte, hängt eng von der wahrgenommenen Dringlichkeit der vorgesehenen Veränderung ab.

Für die Durchsetzung der verbindlichen Werte bietet sich die Erstellung von Firmen-Kodizes an, d. h. Normen, die die geltenden Werte spezifizieren und zu ihrer Durchsetzung klare und detaillierte Regelungen sowie eine bestimmte Verhaltensweise vorschreiben. Ein Beispiel sind die Führungsleitsätze oder Verhaltens-Kodizes für alle bzw. ausgewählte Mitarbeitergruppen.[16] So wird das Leitbild Ausgangspunkt für eine aktive Kulturgestaltung. Allerdings darf die Erstellung von derartigen Leitsätzen nicht den Eindruck erwecken, dass sich Veränderungen befehlen lassen, so wie man den Lichtschalter ein- oder ausschaltet. Solche Beherrschungsvorstellungen en detail sind erfreulicherweise überholt. Unternehmen sind komplexe Systeme. Das bedingt, dass ihr Verhalten „nur in sehr eingeschränkter Form“ vorausgesagt werden kann und dass „die Einflussmöglichkeiten von Führungskräften, was das Management, d. h. die Gestaltung, Lenkung und Entwicklung einer Unternehmung betrifft, deutliche Grenzen“ hat.[17]

Veränderungen brauchen Zeit, Geduld und Hartnäckigkeit. Insbesondere z. B. wenn sich die Firma in einer guten wirtschaftlichen Situation befindet und niemand einen Grund sieht, warum sich überhaupt etwas ändern sollte. Andere Hindernisse sind: Zwischen den Mitarbeitern und der Führung bestehen Missverständnisse in Bezug auf das Ziel, die Vorgehensweise und die Konsequenzen der geplanten Veränderung. Angst spielt eine große Rolle: Angst vor Arbeitsplatzverlust, vor dem Neuen, vor dem Verlust informeller Privilegien, vor Statusverlust usw. Bestehende Gruppennormen können ebenfalls einen Veränderungsprozess behindern. Riester nennt vier Auswahlblockaden, die Ideen überwinden müssen, „ehe sie als Produkt oder Verfahren realisiert werden:

1. die der wissenschaftlichen Paradigmen,
2. die der kulturellen und institutionellen Leitbilder,
3. die der Kompatibilität mit Bestehendem und
4. die der betriebswirtschaftlichen und unternehmerischen Kalkulation.“[18]

Wir sollten Hindernisse und Blockaden jedoch nicht rundweg negativ bewerten. „Widerstände können wichtige Hinweise auf nicht berücksichtigte Bedürfnisse der Beteiligten geben." Sie können „durch ihre bremsende Wirkung Individuen vor zu schnell vollzogenen oder schlecht überlegten Veränderungen, von denen sie sich überrollt fühlen" schützen. „Widerstand weist auf eine Auseinandersetzung mit der Veränderung hin. … Es zeigt, dass die Betroffenen sich intensiv mit dem Veränderungsinhalt und der Art und Weise der Umsetzung beschäftigen und somit Engagement und Auseinandersetzung bekunden. Wesentlich schlimmer wäre es, wenn die Beteiligten mit Apathie und Resignation reagieren würden ..."[19]

Der Erfolg von Veränderungen hängt also von der Überwindung unterschiedlicher Hindernissen ab.[20] In erster Linie ist wohl Leadership gefragt; es ist der wichtigste Change-Treiber. Jede Führungskraft ist Wertesetzer. Führungskräfte müssen die Richtung vorgeben, für das Projekt werben, motivieren, durch die mit den Veränderungen verbundenen Unruhen, Frustrationen, Unsicherheiten und Ängste wirklich „führen", Changemanager sein. Führungskräfte müssen begeistern, als Vorbild akzeptiert werden. Dazu müssen sie eine persönliche Beziehung zu den Beteiligten aufbauen. Gerade in dieser Situation muss man mit dem Phänomen Kultur umgehen können, verstehen, welche Werte angesprochen sind und wie sie „handbar" gemacht werden können. Anstelle von Belehrung bedarf es intensiver Information und Kommunikation. Es müssen glaubhafte Schlüsselbotschaften formuliert und quer durch alle hierarchischen Ebenen kommuniziert werden. Die reine top down Information genügt nicht.

Watzlawik lehrte: „You can't overcommunicate." Die Erfahrung zeigt, dass es besonders Erfolg versprechend ist, wenn die Mitarbeiter mobilisiert werden können, also von Betroffenen zu Beteiligten gemacht werden.

Oft bedingt eine grundlegende Veränderung das Auswechseln von Führungskräften. Bei der Auswahl und bei den Ernennungen sind dabei die verabschiedeten Werte des Leitbildes strikt zu befolgen. Auch bei der kulturellen Eingliederung neuer Mitarbeiter muss das überarbeitete Anforderungsprofil zugrunde gelegt werden. Für die Neuen sind Ziele, Selbstverständnis der Firma und ihre Geschichte fremd. Ihre Integration darf nicht dem Zufall überlassen werden. Das Entgelt- und Anreizsystem muss ebenfalls in den Dienst der kulturellen Weiterentwicklung gestellt werden.

Eine Kultur, die den Wert Flexibilität hoch hält, kann sich nicht mit einem starren Entgeltsystem zufrieden geben. Ferner kommt der Unternehmens-Symbolik „in allen gewöhnlichen und außergewöhnlichen Veranstaltungen mit Hinblick auf die Identitätsgestaltung eine besondere Bedeutung zu. Ein kulturbewusstes Management nutzt das Mittel ‚Event' und wirkt damit auf indirektem Wege auf das Unternehmen."[21]

Jeder Veränderungsprozess muss evaluiert werden. Schon während des Prozesses wird laufend geprüft, ob sich bereits erste Erfolge eingestellt haben, ob vielleicht der Eifer der Projektgruppe nachgelassen hat, ob sich unerwarteter Widerstand eingestellt hat, inwieweit das Verständnis der Mitarbeiter für die Maßnahmen gewachsen ist. Im Nachhinein bedarf es einer umfassenden Evaluation. Bei bedeutungsvolleren Veränderungen können die von Malik genannten Messfelder für ein gesundes Unternehmen verwendet werden, also die Marktstellung (z. B. Marktanteil, Bekanntheitsgrad, Kundenzufriedenheit), Auslastung, Innovationsleistung, Produktivität der Arbeit, des Geldes, der Zeit, Attraktivität für gute Mitarbeiter, Liquidität, Cashflow, Profitabilität.[22]

Wir können zusammenfassend feststellen, dass Neuerungen möglich sind, aber insbesondere wegen des HC oft schwieriger, komplexer und weniger systematisch planbar sind, als man es sich vorgestellt hat. „Dabei bedeutet Kulturänderung nicht nur, etwas Neues zu tun, sondern gleichzeitig auch, Abschied zu nehmen von eingefleischten, lieb gewordenen Routinen. Diese Phase der Verunsicherung ist schwierig zu ertragen, und die Gefahr daher groß, in die komfortable Zone der Verneinung, der Praxis bekannter Routinen zurückzupendeln ... Mit den ersten sich einstellenden Erfolgen wird dann i. d. R. ein Motivationsschub frei, der die restlichen Hürden, Zweifel und Selbstzweifel überwinden hilft."[23]

Innovationen und Unternehmenskultur[24]

Schon Schumpeter hat dargelegt, dass nur der Unternehmer auf Dauer erfolgreich ist, der risikobereit genug ist, ein neues Produkt auf den Markt zu bringen, eine neue Fertigungsmethode zu wagen oder sich eine neuartige Organisation zu verschaffen. In unserer wissensvernetzten Wirtschaft ist der Zwang zu Innovation, Kreativität, schneller Vermarktungsgeschwindigkeit und zu neuen Geschäftsmodellen noch ausgeprägter. Die Bedeutung der Innovationsfähigkeit ersieht man z. B. aus dem Tatbestand, dass Siemens 70 Prozent seines Umsatzes mit Produkten, die jünger als fünf Jahre sind, erzielt. In der Regel muss man leider davon ausgehen, dass es von tausend Ideen vielleicht fünf Prozent in die Entwicklungsphase schaffen. Zu einem marktfähigen Produkt bringt es letztlich vielleicht eine einzige davon.

Wegen der aktuellen Bedeutung von Kreativität und Innovation ist die Initiative „Deutschland – Land der Ideen" (unter der Schirmherrschaft unseres Bundespräsidenten Horst Köhler) in unserer Gesellschaft gut angekommen. Überzeugende Beispiele deutscher Innovationskraft, getragen von Menschen voller Ideenreichtum in Unternehmen mit einzigartigen Erfolgsgeschichten, finden sich außerdem in der bundesweiten Innovations-Initiative „Technologieorientiertes Besuchs- und Informationsprogramm – TOP" (www.top-online.de). TOP ermöglicht den Einblick in innovative Prozesse und erfolgreiche Strategien. Im Grußwort schreibt Michael Glos: „Gerade kleine und mittelständische Unternehmen erwerben durch den branchenübergreifenden und offenen Dialog mit Technologie- und Innovationsführern Wissen und Kenntnisse, um eigene Prozesse zu optimieren und Innovationen schneller umzusetzen."

„Innovation ist Kultur. Eine innovationsfreundliche Unternehmenskultur erkennt den Mitarbeiter als zentralen Träger von Innovation und Ideenpotential im Unternehmen."[25] Mitarbeiter und Kultur des Unternehmens müssen also beide stimmen. Kreativität ist ein Persönlichkeitsmerkmal, d. h. bereits bei der Einstellung ist darauf zu achten, den Richtigen bzw. die Richtige auszuwählen. Selbst die beste Personalentwicklung kann keine überdurchschnittliche Kreativität „heranschulen". Materielle Anreize sind ebenfalls nicht in erster Linie geeignet, kreative Prozesse zu beschleunigen. Kreativität fußt weitgehend auf der intrinsischen

Motivation eines betreffenden Mitarbeiters, sie benötigt seine innere Bereitschaft. „Kreativität bleibt also spontan und unberechenbar. ... Ohne Zufall entsteht also nichts Neues. ... Der Zufall lässt sich zwar nicht berechnen und kontrollieren. Wir können aber seine Systemgesetze analysieren und verstehen. Mit geeigneten Nebenbedingungen lassen sich dann Voraussetzungen schaffen, unter denen zufällige Ereignisse synergetische Effekte von selber auslösen.“[26]

Das Kreativitätspotenzial eines Mitarbeiters zum Tragen kommen zu lassen, setzt in jedem Fall das richtige Umfeld, setzt also eine geeignete Unternehmenskultur, eine „Vielfalt im Unternehmen und in den externen Wertketten voraus: Vielfalt der Gedanken, Ideen, Menschen, Altersgruppen, Rassen, Fähigkeiten und so weiter“.[27] Kreative Menschen freuen sich über komplexe Aufgaben ebenso wie über anregende Kollegen. Kreativität zu fördern ist Sache der menschlichen Begegnung. Neben dem Gespräch muss diese Begegnung selbst mit neuen Formen von Kommunikation und Information gestaltet werden. Am meisten lernt man von denen, mit denen man regelmäßig Umgang hat und mit denen man Ziel und Engagement teilt. Das Miteinander muss von wechselseitiger Akzeptanz und Respekt von Personen und Aussagen getragen werden. Bei kreativen, gut ausgebildeten Menschen kommen autoritäre Führungskonzepte besonders schlecht an.

Demotivation wiederum führt zu innovationsfeindlicher Resignation, Gleichgültigkeit und Passivität. Kreativität lässt sich nicht anordnen.

Nicht nur deswegen, aber gerade auch zur Förderung der Innovationsfähigkeit benötigen wir Führungskräfte, die ihre Mitarbeiter unterstützen, die sich informieren, was ihre Mitarbeiter fühlen und denken, die sie eigene Entscheidungen treffen lassen, sie ermuntern, an wichtigen Entscheidungen mitzuwirken, und zu widersprechen, wenn sie anderer Meinung sind, die Mitarbeitern helfen, die mit ihrer Arbeit verbundenen Probleme zu lösen, die die nötigen Budgets beschaffen und die ihre gute Arbeit zeitnah loben. Die Führungskräfte sind auch dafür verantwortlich, die Kreativität ihrer Mitarbeiter in die von der Unternehmensstrategie vorgegebene Richtung zu lenken. Vor einer Ideenentwicklung müssen die Innovationsfelder für morgen bekannt sein.

Fazit

Zum Generierung von Innovation bedarf es Freiräume, Pausen und genügend Muße. Geniale Gedanken müssen reifen. Dem widerspricht der Termindruck, der in den meisten unserer Betriebe herrscht. Unternehmen trennen daher häufig scharf zwischen dem Innovations- und dem Routinehandeln. Man geht davon aus, dass ein Management, das das reibungslose Funktionieren des Unternehmens absichert und verbessert, Innovationen nicht fördern kann und will. Unter Funktionalitäts- und Effektivitätsgesichtspunkten, wird jede Innovation zunächst als Störung angesehen. Deswegen wird die Innovationsfunktion einer spezialisierten Innovationseinheit, z. B. an die FuE-Abteilung übertragen oder an eine Stabsfunktion delegiert. Ein Lenkungsausschuss sollte sich aber regelmäßig unternehmensweit mit dem aktuellen Innovationsklima und den Rahmenbedingungen, die dieses beeinflussen, beschäftigen; was ist z. B.

kurzfristig zur Beseitigung des Mangels an eigenen Fachkräften, was langfristig zu tun, um mehr Jugendliche für technische Berufe zu begeistern? Die Förderung von Innovationen sollte jedenfalls als funktionsübergreifende Querschnittsaufgabe aufgefasst werden, die dem gesamten Unternehmen nützt. Einer solchen Förderung dient auch das betriebliche Vorschlagswesen, das alle Anregungen, Neuerungen, Veränderungen bis hin zu konkreten Lösungsvorschlägen sämtlicher Mitarbeiter erfasst und in eine organisierte Form der Überprüfung und Bewertung einbringt.

Sowohl ein internes wie ein externes „Benchmarking" (also das Lernen von den Besten) fördern ebenfalls die Innovationsfähigkeit. Benchmarking hat das Ziel „von den Besten zu lernen". Zwar kann man Könnerschaft nicht kopieren. Man macht etwas Neues, macht Fehler, spricht darüber, versucht es erneut und nähert sich so schrittweise seinem Ziel. Aber es wäre mühsam, wenn man für seinen Fortschritt nur immer auf die Wirkungen des eigenen Tuns angewiesen wäre und nicht auf die Erfahrungen Anderer zurückgreifen könnte.

Im Rahmen der Personalentwicklung sollten die Führungskräfte versuchen, die persönlichen Entwicklungsschritte ihrer Mitarbeiter mit einem Innovationsprojekt zu verknüpfen. Das dient der Motivation der Mitarbeiter und sichert langfristig ihre Qualifikation und die Sensibilisierung für die Bedeutung lebenslangen Lernens. Maßnahmen unter der Überschrift „Lernort ist der Arbeitsplatz" (wie z. B. job-rotation, -enrichment und -enlargement), gehören in der betrieblichen Praxis zum Alltag einer veränderungswilligen Organisation. Die Konstanz der Arbeitsanforderungen bzw. das lange Verharren auf ein und derselben Position führen zu einem Stillstand in der qualifikatorischen Entwicklung des Einzelnen und der gesamten Organisation. Außerdem erhöhen sie die Angst vor Veränderungen. Es darf weiter nicht übersehen werden, dass kreative Prozesse im Prinzip eine Menge Erfahrung voraussetzen. Je mehr man weiß und gemacht hat und je besser man Assoziationen entwickeln kann, desto bessere Voraussetzungen bestehen für Kreativität und Innovationen.

Unternehmen werden also nicht mehr als technisch rationale Maschinen verstanden, die im Sinne eines technokratischen Führungsverständnisses direkt lenkbar sind. Begriffe wie Ganzheitlichkeit, Vernetztheit und Offenheit passen heute besser. Unternehmen sind soziale Organismen, in denen durch evolutionäre Führung, d. h. durch Probieren, durch Versuch und Irrtum, „kreative Ungleichgewichte" und „spontane Ordnungen" erzeugt werden, um die Eigenkräfte und die innere Dynamik für die Bewältigung der Unternehmensaufgaben zu stärken. Diese Ansicht von Unternehmensführung setzt einen bestimmten Führungskräfte- und Mitarbeitertypus voraus. Er findet sich schwerer als früher. Das liegt nicht zuletzt an der Personalpolitik mancher Unternehmen in den vergangenen Jahren.

Die rigiden Sparmaßnahmen, Fusionen und einschneidender Personalabbau konnten den meisten Mitarbeitern nicht ausreichend verständlich gemacht werden. Der in den deutschen Unternehmen einst so hoch gehaltene Wert Loyalität muss auf Arbeitgeber- wie auf Arbeitnehmerseite gänzlich neu definiert werden. Jede Seite denkt nur an ihre Rechte und nicht an ihre Pflichten. Zum Teil betrifft dies selbst die Führungsmannschaft, insbesondere das Top-Management. Die Verweildauer der Vorstandsmitglieder in einem Unternehmen sinkt ständig. Eine Verwurzelung mit dem jeweiligen Unternehmen findet nicht mehr statt. Unsere Manager sind bestimmt fleißig, aber Enthusiasmus für ihr Unternehmen, Leidenschaft, die auf ihre Mitarbeiter ausstrahlt, geht von ihnen nicht mehr aus. Es scheint, als sei ihre wichtigste Losung – neben der bereits beim Einstieg vereinbarten Abfindung – „flexibel sein".

Wer aber ständig auf dem Sprung ist, der ist hauptsächlich daran interessiert, nicht anzuecken, keine großen Risiken einzugehen, der folgt dem Trend und hofft, dass er in erster Linie die vorgegebenen ökonomischen Renditeziele einhalten kann. Das schafft kein Klima für mehr Innovationen. Zum Trend gehört auch, sich mit einer Menge Beratern zu umgeben. Das bietet eine gewisse Sicherheit gegenüber besorgten Kontrollfragen von Seiten der Aufsichtsgremien und anderer Stakeholder. Die Berater aber leben davon, dass sie Änderungen kreieren. Leider oft zu zahlreiche und zu widersprüchliche. Wir wissen, dass zu viele Veränderungen ein Unternehmen ebenso ruinieren können wie lang anhaltender Stillstand. Die meisten Merger haben die versprochenen Synergieeffekte nicht erfüllt. Ein Unternehmen lebt davon, dass ein Gleichgewicht gefunden wird zwischen neuen und bewährten Wegen. Dazu bedarf es einer Balance zwischen Flexibilität und Stabilität. Zusammengehörigkeitsgefühl, Hilfsbereitschaft und Solidarität geben die Sicherheit und Geborgenheit, aus denen der Mut zur Veränderung kommt. „Die Mitarbeiter müssen Vertrauen in ihr Unternehmen, ihre Führung und in sich selbst haben, dann können sich Unternehmensführung und jede einzelne Führungskraft als Wertsetzer betätigen und versuchen, das unerlässliche Veränderungsbewusstsein bei allen Mitarbeitern zu schaffen."[28]

Jedes Unternehmen bestimmt selbst über den Charakter seiner Führungskräfte und seiner Mitarbeiter. Sie zu beschaffen, zu fördern, zu halten und weiterzuentwickeln – darin sehe ich die herausragende Aufgabe des Personalmanagements. In diesem Kontext ist es Aufgabe – insbesondere der Unternehmensleitung und Führungskräfte – unternehmerische und kreative „Mitunternehmer"[29] zu entwickeln, also Menschen, welche einen kreativen Beitrag zu den beschriebenen Herausforderungen leisten können, wollen und dürfen!

Insofern ist es folglich unabdingbar, dass sich kreative Unternehmen u. a. durch Offenheit, Respekt, Unvoreingenommenheit, Ambiguitätstoleranz, Neugier und Entdeckergeist auszeichnen.

Anmerkungen

1 RÜTHERS, B., *Die Arbeitsgesellschaft im Umbruch – Krise auf Zeit oder Zerfall eines Leitbildes?*, Walter-Raymond-Stiftung: Kleine Reihe, Heft 66/2000, S. 12.

2 WEYRICH, C., *Was ist eine Innovation?* in Pierer, H. v./Oettinger, B. v. (Hg.), Wie kommt das Neue in die Welt?, München 1997, S. 41.

3 SCHOLZ, CH./STEIN, V./BECHTEL, R., *Human Capital Management*, München 2004, S. 43.

4 KÜHL, ST., *Das Regenmacher-Phänomen*, Frankfurt 2000, S. 195.

5 SACKMANN, S., *Unternehmenskultur*, München 2004, S. 25.

6 BICKMANN, R. U., *Corporate Identity*, Stuttgart 2002, S. 46.

7 HOFSTEDE, G., *Lokales Denken, globales Handeln*, München 2006, S. 506.

8 RÜEGG-STÜRM, J., *Das neue St. Galler Management-Modell*, Bern 2003, S. 37.

9 HEINEN, E., *Unternehmenskultur*, München 1987, S. 27 f.

10 STADLER, CH., *Unternehmenskultur bei Royal Dutch/Shell, Siemens und Daimler-Chrysler*, Stuttgart 2004, S. 124 und 126.

11 WOLLERT, A., *Werteorientierte Personalpolitik als Bestandteil einer gesamthaften Unternehmenspolitik*, in: Bayer, H. (Hg.), Unternehmensführung und Führungsethik, Heidelberg 1985, S. 95 ff.

12 Siehe DGFP E. V. (HG.), *Wertorientiertes Personalmanagement – ein Beitrag zum Unternehmenserfolg*, Bielefeld 2004, und Wollert, A., Führen – Verantworten – Werte schaffen, Frankfurt 2001.

13 PISCHETSRIEDER, B., *Menschenführung im Unternehmen – Führen und führen lassen*, in: Bertsch, J./Zürn, P. (Hg.), Führen und Gestalten – 100 Unternehmergespräche in Baden-Baden, Berlin 1997, S. 44.

14 LANGENSCHEIDT, F. (HG.), *Deutsche Standards – Unternehmerische Verantwortung*, Köln 2005.

15 KRAUER, A., *Die Wirtschaft im Dienst der Gesellschaft*, in: Biner, A. u. a. (Hg.), Internationale Public Affairs: Im Spannungsfeld von Freiheit und Verantwortung, Bern 2006, S. 242.

16 WOLLERT, A., *Verhaltensregeln für Personalmanager im Rahmen der Corporate Governance-Diskussion*, in: Wollert, A./Knauth, P., Human Resource Management, 48. Erg. Lfg., Beitrag 4.18.

17 RÜEGG-STÜRM, J., a. a. O. , S. 19.

18 RIESTER, W., *Innovationen – Standort Deutschland auf der Standspur?*, in: Kappler, E./Knoblauch, T. (Hg.), Innovationen – Wie kommt das Neue in die Unternehmung?, Gütersloh 1996, S. 24.

19 MARTIN, R./SCHUSTER, O., *Survivalstrategien für Beruf und Alltag*, Weinheim 2005, S. 83.

20 Siehe auch ALTHAUSER, U., *Change-Management als Führungsaufgabe*, in: Wollert, A./Knauth, P., Human Resource Management, 44. Erg. Lfg., Beitrag 5.39, S. 16.

21 BICKMANN, R. U., a. a. O., S. 67.

22 MALIK, F., *Wirksame Unternehmensaufsicht*, Frankfurt 1997, S. 119 ff.

23 SACKMANN, S., a. a. O., S. 189.

24 Siehe WOLLERT, A., *Unternehmenskultur und Innovation,* in: Papmehl, A./Siewers, R. (Hg.), Wissen im Wandel, Wien 1999, S. 90 ff.

25 HAUSER, F./ZIESS, B., *Eigenständigkeit fordern und fördern*, in: Personalwirtschaft Heft 12/2006, S. 29.

26 MAINZER, K., *Der kreative Zufall*, München 2007, S. 229 f.

27 VOELPEL, S./LEIBOLD, M., *Mehr ist nicht gleich besser*, in: Personalwirtschaft Heft 12/2006, S. 16.

28 WOLLERT, A., *Flexibilität als ganzheitliches Unternehmenskonzept*, in: Gutmann, J. (Hg.), Flexibilisierung der Arbeit, Stuttgart 1997, S. 353.

29 PAPMEHL, A., *Kreative Mitunternehmer entfesseln – Anspruch und Wirklichkeit*, in diesem Buch.

Teil II

Kreativität in der Praxis

Kompetenz und Konsequenz – Notwendigkeit und Motivationsfaktor

Dieter Lautz

Dieter Lautz,
Jahrgang 1967, arbeitet als Leiter des Vertriebsmarketings eines internationalen Unternehmens des weltweit agierenden ABB-Konzerns.

Nach einer Ausbildung in der Pharmaindustrie und diversen Tätigkeiten im Marketing studierte er in Köln Betriebswirtschaft. Im Außendienst lernte er das Vertriebsgeschäft im Bereich B2B „von der Pieke" auf und war schließlich verantwortlich für die Objektsteuerung und das Vertriebscontrolling.

Heute entwickelt Dieter Lautz Vertriebskonzepte für Handelspartner und Elektroinstallateure. Im Rahmen seiner Verantwortlichkeit für die Ausbildung von Kunden und Vertriebsmitarbeitern legt er den Schwerpunkt auf die Mobilisierung und Motivation von Kunden, Mitarbeitern und Führungskräften im Vertrieb.

Wie motiviere ich meine Mitarbeiter? Diese Frage stellt sich für jede Führungskraft vom ersten Tag der Übernahme von funktionaler oder disziplinarischer Verantwortung. Dabei ist es nicht von Bedeutung, wie viele Mitarbeiter es sind. Vielmehr ist entscheidend, ob es sich bei den Mitarbeitern um Mitarbeiter mit Führungsverantwortung oder um Mitarbeiter ohne Führungsverantwortung handelt.

Die Frage nach der Motivation ist wohl die entscheidende überhaupt. Moderne Industrieunternehmen haben es in den letzen Jahrzehnten geschafft, Abläufe und Prozesse so zu optimieren, dass die ISO-Zertifizierung heute bereits eine Grundvoraussetzung ist. Die jährlichen Überprüfungen dieses Standards gehören inzwischen zum normalen Aufgabengebiet und stellen keine Organisation vor wirklich ernst zu nehmende Probleme. Zumindest nicht die Busch-Jaeger Elektro GmbH, für welche ich seit nunmehr zehn Jahren tätig bin.

Der wohl größte Unsicherheitsfaktor, den sich eine Unternehmensform dieser Größe und mit diesem Qualitätsanspruch leistet, sind die Mitarbeiter. Zugleich stellen diese Mitarbeiter auch die größte Chance für den Unternehmenserfolg dar. Sie geben dem Unternehmen ein Gesicht und eine Seele. Sie sind es, welche den vielzitierten Unterschied ausmachen, wenn es darum geht, ob ein Kunde sich eben für oder gegen dieses Unternehmen entscheidet.

Ein im Volksmund oft zitiertes Sprichwort besagt, man solle Menschen so behandeln, wie man selbst behandelt werden will. Meines Erachtens liegt hierin ein großes Problem, welches zwischen Führungskraft und Mitarbeiter schnell zu Missverständnissen führen kann. So gibt es Menschen, die es gewohnt sind, sich morgens zur Begrüßung die Hand zu reichen. Andere wiederum legen auf solche Rituale keinen Wert oder sind eher erschrocken, wenn morgens der Chef ins Büro kommt und allen die Hand reicht. Was will der Chef wohl? Will er mich kontrollieren, ob ich rechtzeitig am Arbeitsplatz bin? Will er überprüfen, ob ich bereits mit der Arbeit angefangen habe oder wie aufgeräumt mein Schreibtisch ist?

In Wirklichkeit möchte die Führungskraft vielleicht nur freundlich sein. Es soll eine Geste des sich Kümmerns sein, die, wie geschildert, schnell nach hinten losgehen kann und in Misstrauen statt in Vertrauen mündet.

Dieses kleine Beispiel zeigt, wie schnell gut gemeinte Motivation von den Mitarbeitern nicht erkannt wird. Beileibe nicht alle Mitarbeiter sind so gestrickt und erachten die morgendliche Begrüßung als Misstrauen. Nein, es gibt Mitarbeiter, die sich in ihrer Person wertgeschätzt fühlen, wenn die Führungskraft sie morgens per Handschlag begrüßt. „Hier kümmert sich endlich mal jemand um mich.“, „Der kommt extra zu mir“, sind häufig vernommene Äußerungen.

Somit befindet sich die Führungskraft in einem Dilemma, aus welchem es kaum einen Ausweg zu geben scheint. Der Chef kann ja nicht vorher fragen und dann die einen mit Handschlag begrüßen und die anderen eben nicht. Es gibt wohl für dieses spezielle Problem keinen Königsweg, dennoch sollte man sehr aufmerksam und feinfühlig die Tage im Büro beginnen, und zwar immer in dem Bewusstsein, dass die Mitarbeiter eher eine Chance als ein Risiko darstellen.

Die Literatur zum Thema Führung ist vielfältig. Zig Bücher geben gut gemeinte Ratschläge und bieten Hilfen und Techniken. Lernen kann man meines Erachtens Führung nicht aus solchen Unterlagen, s.a. André Papmehl in diesem Buch. Führung lernt man im Leben. Ähnlich wie beim Verkaufen auch wird dazu allerdings eine Grundaffinität zur Führung vorausgesetzt. Wenn man sich mit der Vita verschiedener Führungspersönlichkeiten befasst, dann erkennt man, dass Führungsrollen bereits sehr früh ausgelebt wurden, und sei es nur in der Rolle des Klassensprechers. Es scheint also in den Genen zu liegen, ob jemand das Zeug hat zu führen oder nicht. Hat man das Gen, dann sind alle Voraussetzungen erfüllt, wobei der Weg zur Führungskraft nun erst beginnt.

Ich selbst habe mir in meinen Seminaren und Ausbildungseinheiten zum Thema Führung immer darüber Gedanken gemacht, wie man die dort gezeigten Inhalte so vereinfachen kann, dass ein roter Faden entsteht, an welchem man dann seine Führungsqualitäten immer weiter verbessern kann.

Nach anfänglichem Probieren bin ich schnell zu dem Schluss gekommen, dass es nur drei Schlagworte sind, mit welchen man – wenn man sich daran hält – Mitarbeiter motivieren kann. Daraus habe ich die Methode 3K abgeleitet, die ich im Folgenden darstellen möchte.

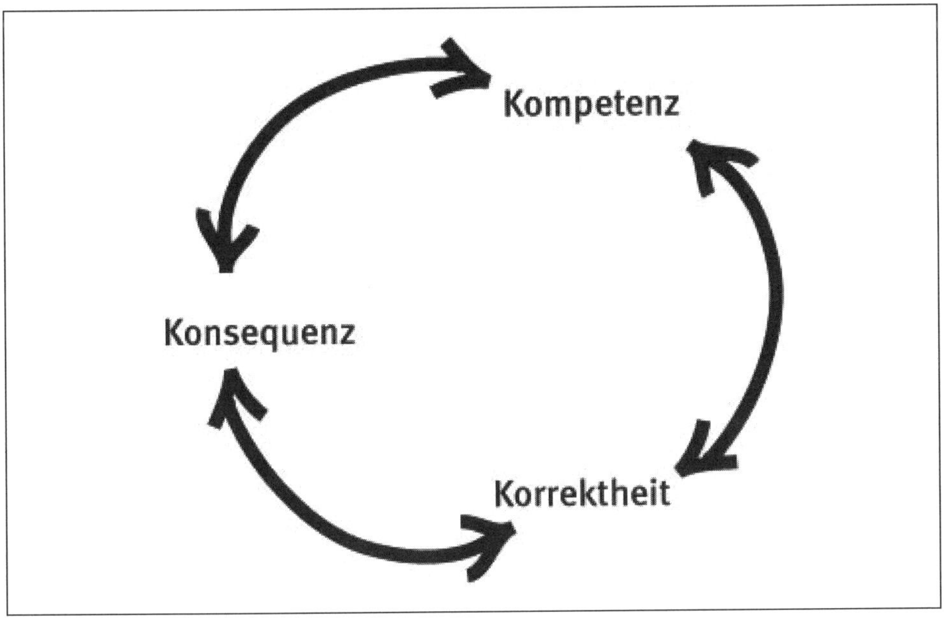

Abbildung 1: Die Methode 3K

Übertrage nicht Verantwortung, sondern Kompetenz

Ich motiviere einen Mitarbeiter nicht, indem ich ihm Verantwortung übertrage. Viele Chefs sind jedoch davon überzeugt, dass dieser Weg genau der richtige sei.

Verantwortung zu haben ist aber für einige Menschen nicht nur Herausforderung, sondern in erster Linie Risiko. Was passiert, wenn das Projekt, welches zu betreuen ist, schief geht? Vielleicht kann der Verantwortliche gar nichts dafür und muss sich trotzdem rechtfertigen. Schnell werden Ängste freigesetzt, die verhindern, dass Entscheidungen zügig getroffen werden. Es gibt auch Fälle, in denen nur die Verantwortung delegiert wird, aber nicht die notwendige Kompetenz. In solchen Fällen wird aus dem Motivationsversuch schneller Demotivation, als man denkt. Der Eindruck entsteht, man suche einen Sündenbock.

In hierarchisch strukturierten Unternehmen trägt der Sprecher der Geschäftsführung die Gesamtverantwortung. Diese Gesamtverantwortung beinhaltet auch einen großen Handlungsspielraum, welcher dann in die jeweiligen Bereiche delegiert wird, wobei ich selbst als Abteilungsleiter die Verantwortung für meine Mitarbeiter und für deren Leistung trage. Diese Verantwortung kann ich prinzipiell nicht delegieren. Mit der Verantwortung kann ich auch in angemessenem Verhältnis Entscheidungen treffen. Das heißt, ich habe einen Handlungsspielraum, um ein optimales Ergebnis zu erreichen.

Diesen Handlungsspielraum kann ich delegieren. Ich muss meinen Mitarbeitern beibringen, selbst Entscheidungen zu treffen und diese auch zu wollen. Also delegieren Sie nicht die Verantwortung, sondern die Kompetenz. Der Mitarbeiter hat die Chance, seine Idee nicht nur einzubringen, sondern auch umzusetzen. Als Vorgesetzter achte ich die Entscheidungen. Wenn ich selbst der Meinung bin, dass das Ergebnis mit den getroffenen Entscheidungen nicht zu erreichen ist, dann überstimme ich nicht einfach die getroffene Entscheidung, sondern motiviere meinen Mitarbeiter, nochmals intensiv über seine Entscheidung nachzudenken.

Das größte Problem haben Führungskräfte mit dem Loslassen. Wenn ich Sorge habe, dass mein Mitarbeiter die Handlungsspielräume nicht wirklich nutzt oder auch vielleicht zu stark ausnutzt, dann sollte ich generell darüber nachdenken, ob ich die Kompetenz an den Richtigen delegiert habe. Vertrauen ist die Grundlage für eine Zusammenarbeit. Es ist in erster Linie nicht wichtig, wie der Mitarbeiter das gewünschte Ziel erreicht, sondern dass er es erreicht.

Wenn ich als Vorgesetzter nicht nur das Ziel vorgebe, sondern auch immer ganz genau den Weg dorthin, entstehen zwei große Probleme. Erstens werde ich die Mitarbeiter nicht herausfordern, sondern benutze diese zum Abarbeiten. Denken ist also an dieser Stelle nicht gewünscht und auch nicht nötig. Auf diese Weise würde ich nach und nach die guten Mitarbeiter verlieren. Aus dieser Lage ergibt sich zwangsläufig dann das zweite Problem.

Die Organisation, die ich leite, ist immer nur so gut, wie ich es bin. Wenn ich alles vorgebe, dann gibt es außerhalb meines Denkrahmens keine Weiterentwicklung. Anfänglich erscheint dieses Problem nicht wirklich groß, aber mit zunehmender „Betriebsblindheit“ entsteht ein

Veränderungsstau. Aussagen wie „das machen wir hier immer so“ oder „da könnte ja jeder kommen ...“ werden häufiger und hemmen die Mitarbeiter mehr und mehr. Als Führungskraft muss es mir gelingen, meine Mitarbeiter zu fordern. Sie sollen quasi über sich hinauswachsen.

Jeder Mensch baut für sich selbst eine so genannte Wohlfühlzone aus. Innerhalb dieses Bereiches kennt er sich aus. Hier agiert er sicher, er weiß nicht nur, was er tut, sondern er kann auch die Konsequenzen absehen. Er richtet sich bequem ein. Die Grenzen der Wohlfühlzone werden in aller Regel nicht durchbrochen. Aufkommende Langeweile ist nicht aufzuhalten, wird mit Herausforderungen, zumeist außerhalb der Arbeitswelt, kompensiert. So gibt es zum Beispiel Mitarbeiter, die spektakuläre Hobbys wie Kite-Surfing oder Fallschirmspringen betreiben. Aus eigener Erfahrung weiß ich, dass einige dieser Menschen in ihrem beruflichen Alltag völlig demotiviert sind. Wenn sie dort nicht gefordert werden, dann suchen sie sich eben anderswo Abwechslung.

Ich kenne wenige Topmanager, die im Privaten solchen Herausforderungen nachgehen. Oft betreiben jene solche Hobbys, die Ruhe, Konzentration und Besinnlichkeit erfordern. Das liegt zwangsläufig auf der Hand, denn Aktion haben sie im Berufsleben genug. Lesen, Wandern oder Joggen gehören dann zu den am meisten genannten Aktivitäten. Als Führungskraft sollte es mir gelingen, dass meine Mitarbeiter diesen Kick, den wir alle mehr oder weniger intensiv brauchen, in der Firma ausleben und nicht das Büro als Wartezone betrachten.

Diese Ausschüttung von Adrenalin erzeuge ich nicht, indem ich Verantwortung weitergebe. Den Fallschirmspringer reizt nicht der Gedanke, dass er verantwortungsbewusst springen muss, damit nichts passiert, schließlich hat er Frau und Kinder und trägt somit eine gewichtige Verantwortung. Ihn reizt der Gedanke an das Gefühl des freien Falles. Selbst entscheiden zu können, wann er wie agiert; Luft, Wind, Geschwindigkeit – das sind die Dinge, auf die er sich freut.

Zurück ins Büro. Wie verschaffe ich dem Mitarbeiter diesen Kick? Ich fordere ihn heraus. Er muss seine Wohlfühlzone verlassen. Anfänglich muss ich ihn förmlich dazu zwingen, doch wenn er erst einmal sieht, wie viel Spaß es machen kann, werde ich zukünftig eher damit zu kämpfen haben, dass er nicht zu weit geht und sich selbst überschätzt. Aus diesem Grunde tragen Fallschirmspringer eine Automatik bei sich, welche den Schirm bei einer bestimmten Höhe selbstständig öffnet. Der Rausch würde sonst zu viele in ernste Gefahr bringen.

Ich lasse meinen Mitarbeiter selbst eine Lösung entwickeln. Ich versuche, ihn so wenig wie möglich zu beeinflussen. Je stärker Mitarbeiter solche Führungsmechanismen gewohnt sind, desto besser gehen sie auch damit um. Natürlich gilt es für mich immer wieder, einen Überblick zu bekommen, damit ich weiß, wo die Projekte stehen und ob ich eventuell steuernd eingreifen muss.

Die Mitarbeiter werden einen solchen Führungsstil sehr begrüßen. Sie fühlen sich geachtet und wertgeschätzt. Sie müssen es allerdings auch wollen. Ich kann nur dazu raten, einen solchen Wechsel des Führungsstils aktiv anzusprechen. Es wird einige Jahre dauern. Es reicht nicht, ihn einmal anzusprechen und dann die Erwartungshaltung aufzubauen, dass er sofort zu beiderseitiger Zufriedenheit funktioniert. Man muss ständig darüber sprechen. Von Zeit zu Zeit gleicht es der Kindererziehung. Auch hier lautet die Aufgabe: „Steter Tropfen höhlt den Stein“. Dieses Vorgehen zwingt dazu, korrekt zu sein.

Sei korrekt, offen und ehrlich zu dir selbst und zu deinen Mitarbeitern

Führungsarbeit hat in erster Linie etwas mit Vertrauen zu tun. Wenn ich meinen Angestellten nicht vertraue, dann muss ich mir keine Gedanken über Führung machen.

Wenn ein Mitarbeiter nicht so arbeitet, wie ich mir das vorstelle, warum frage ich ihn nicht einfach? Warum versuche ich nicht zu erklären, was ich will und warum ich sein Verhalten als nicht angemessen empfinde?

Mitarbeiter sind erwachsene Menschen. Man kann mit ihnen alles das besprechen, was man auch mit mir besprechen kann. Der Grundsatz in dieser Aussage lautet: „Was du nicht willst, das man dir tut, das füg auch keinem Anderen zu.“ Im Grunde ist es ganz einfach. Wenn man mir, denn schließlich habe ja auch ich einen Chef, offen und ehrlich sagt, worum es geht, dann habe ich in den meisten Fällen Verständnis dafür. Selbst wenn dieses Verständnis fehlt, schließlich muss ich ja nicht alles verstehen, bin ich doch bereit, den Sachverhalt zu tolerieren und mich damit zu arrangieren. Genauso werden auch meine Mitarbeiter reagieren, denn im Grunde sind sie wie ich.

Aber warum fällt es so schwer, diese Ehrlichkeit nicht nur vorzugeben, sondern tatsächlich auch zu leben? Ich persönlich glaube, dass viele Manager Angst haben, Fehler einzugestehen. Diese Angst wird keiner zugeben, das haben wir alle in jahrelangem Training gelernt. Nicht zuletzt ist es uns ja auch so vorgelebt worden. Wenn also keiner Fehler macht, woran liegt es dann, dass Dinge nicht so passieren, wie es eigentlich sein müsste? Warum treten dann Probleme auf?

Es muss also irgendjemanden geben, der Fehler macht. Wenn man eher Unbeteiligte danach fragt, wird der vermeintlich Schuldige schnell benannt. Nur ihm selbst gegenüber sagt das keiner. Da er selbst auch seinen Fehler nicht zugibt, dreht man sich im Kreis. Falsch verstandene Loyalität und die Sorge, als „Verräter“ dazustehen, verhindern nicht nur die Aufklärung, sondern, und dieser Punkt ist viel schlimmer, verhindern auch, dass die Organisation sich verbessert, denn: Aus Fehlern lernt man bekanntlich.

Vielleicht liegt die Sorge auch nicht in der Furcht vor dem Verlust des Arbeitsplatzes, sondern eher in der Sorge um Verlust von Ansehen, Einfluss und Autorität. Ich bin der Chef, und ich mache keine Fehler. Als Chef habe ich ja auch die Möglichkeit, immer auf einen meiner Mitarbeiter zu verweisen. „Der junge Mann ist halt noch nicht so weit. Das hätte er wissen müssen. Ich habe ihm ausdrücklich gesagt, dieses oder jenes zu tun.“ Diese Aussagen, die so mancher Chef von sich gibt, sollen zeigen, dass nicht er der Schuldige ist, sondern ein Anderer. Nüchtern betrachtet sind diese Aussagen bereits ein Schuldeingeständnis. Da er die Führungskraft ist, hatte er alle Möglichkeiten, Fehler zu verhindern. Da er diesen Handlungsspielraum nicht genutzt hat, ist es sein Fehler. Der größte Fehler ist allerdings, nicht vor seinen Mitarbeitern zu stehen, sondern eher dahinter. Meine Mitarbeiter machen Fehler, genauso wie ich selbst auch. Wenn ich will, dass meine Mitarbeiter für ihre Fehler geradestehen, dann sollte ich dies auch tun, und zwar offen und ehrlich. Dies ist kein Zeichen von Schwäche, sondern ein Zeichen von absoluter Stärke.

Der Punkt Korrektheit bezieht sich nicht nur auf das Zugeben von Fehlern. Wenn ich von meinen Mitarbeitern Leistung und Ergebnisse erwarte, dann sollte ich ihnen auch sagen wofür. Ich sollte den Handlungsrahmen genau feststecken, damit keine falschen Hoffnungen geweckt werden.

Oft müssen Mitarbeiter Konzepte erarbeiten, welche dann von den Chefs vorgestellt werden. Viele Mitarbeiter empfinden das als ungerecht. Sie machen die Arbeit und der Chef erntet die Lorbeeren. Es gibt gute Gründe dafür, warum die Präsentation nicht durch den Mitarbeiter erfolgen kann. Wenn das so ist, dann sollte ich das meinem Mitarbeiter von Anfang an sagen. Es geht nicht darum, Lorbeeren zu ernten, sondern darum, Projekte erfolgreich umzusetzen, um Umsatz und Ertrag zu steigern, zum Wohle aller Mitarbeiter. Damit bin nicht nur ich als Chef, sondern auch mein Mitarbeiter gemeint. Was ich meinen Mitarbeitern immer wieder zu verdeutlichen versuche, ist die Tatsache, dass es sich nicht um eine Einzelsportart, sondern um eine Mannschaftssportart handelt. Hier ist Teamwork gefragt. Das heißt in erster Linie nicht die Befriedigung der persönlichen Eitelkeit, sondern der gemeinsame Sieg. Wobei alle mithelfen, diesen zu realisieren, also ihren Handlungsspielraum nutzen. Die Verantwortung jedoch ist nicht vom Team zu tragen, sondern nur von einem Einzelnen, nämlich von der Führungskraft.

Alle Fehler, die man sich selbst eingesteht, sollte man auch seinen Mitarbeitern zugestehen. Man sollte beachten, dass, wann immer man versucht, einen Fehler unter den Teppich zu kehren, dieser Versuch ebenso von den Mitarbeitern unternommen wird. Der Grad der Ehrlichkeit hängt also in überwiegendem Maße von einem selbst ab. Wenn ich meine Mitarbeiter korrekt behandle, dann ist die Chance, selbst korrekt behandelt zu werden, am größten. Es ist allerdings keine Garantie.

Der dritte Punkt lautet Konsequenz und ist quasi die Ableitung aus den beiden anderen Punkten.

Bei allem, was du tust, sei konsequent

Im Geschäftsleben geht es um Wachstum, Umsatz und Ertrag. Ein gesundes Unternehmen schafft Arbeitsplätze. In fast allen mir bekannten Unternehmen gehören diese drei Ziele zur Schaffung und Sicherung der Arbeitsplätze zu den Grundzielen. Unser Denken und Handeln muss darauf ausgerichtet sein.

Wir alle sind in erster Linie nicht den Menschen verpflichtet, sondern dem Unternehmen. Aus eigener Erfahrung weiß ich, dass der Begriff Loyalität häufiger mit Menschen in Verbindung gebracht wird als mit dem Unternehmen an sich.

Diesen Ansatz vor Augen wird klar, warum bestimmte Entscheidungen richtig sind. Es geht nicht um das Individuum. Sicherlich ist dieser Punkt für viele nur schwer zu verstehen, besonders für jene, die von Entlassungen betroffen sind.

Menschen, die solche Entscheidungen treffen, gelten als „harte Hunde", als Sanierer, die bereit sind „auch über Leichen" zu gehen. Schaut man genau hin, dann fällt auf, dass alle diese Menschen vor allem eines sind: Sie sind konsequent. Sie veranlassen alles Nötige, um die Unternehmung nach vorne zu bringen.

Nun kann man auch in unteren Führungsebenen durchaus konsequent sein.

Eine beliebte Situation zur Spiegelung der eigenen Konsequenz ist die Regelung der Firmenfahrzeuge. Das Thema ist wohl in keiner anderen Abteilung so sensibel wie im Vertrieb. Der Wunsch nach Individualisierung, nach dem Besonderen steht bei fast jedem Vertriebsmitarbeiter an erster Stelle.

In der Regel gibt es in größeren Unternehmen Richtlinien, die das Thema Firmenwagen regeln. Meist sind diese Richtlinien einfach und verständlich. Zumindest aus der Sicht derer, die sie niedergeschrieben haben. Dennoch versuchen Mitarbeiter, an dieser Regelung vorbei Autos zu bestellen.

Ein stärkerer Motor, ein bisschen mehr Sonderausstattung, die Liste ließe sich an dieser Stelle beliebig fortsetzen. Ein einziger Präzedenzfall und die Diskussionen beginnen. Warum darf „der" das, was ich nicht darf? Hat „der" bessere Beziehungen zum Chef als ich? Ich bin schon viel länger dabei als „der". Ein einziger Fall, der zeigt, wie schnell ich als Führungskraft letztendlich Vertrauen zerstöre. Wenn ich einem helfe, dann berufen sich alle anderen auch auf diese Hilfe, die ich nicht leisten kann.

Es gibt Spielregeln und an diese halten wir uns. Diesen Satz kennen wir alle aus der Welt des Sports. Grätsche ich einen Spieler der gegnerischen Mannschaft von hinten in die Beine, dann bekomme ich die rote Karte und „fliege" vom Platz. Selbst die Tatsache, dass ich als Spieler dann für das nächste Spiel gesperrt bin, ist den meisten, zumindest den Fußballinteressierten, durchaus bekannt.

Kennen wir auch die Spielregeln in unserer Firma? Viele beantworten diese Frage mit einem klaren „Ja". Kennen wir auch die Konsequenzen? Auf diese Frage ein eindeutiges „Ja" zu erhalten ist ziemlich selten.

Meines Erachtens liegt hier eine große Schwachstelle. Wissen meine Mitarbeiter, was auf sie in bestimmten Situationen zukommt? Sicherlich ist das Regelwerk in einer Unternehmung nicht so einfach aufzustellen wie beim Fußball. Die Komplexität ist eine völlig andere. Dennoch lassen sich Parallelen finden. Wenn die Regeln klar sind, dann sinkt die Unzufriedenheit aller Akteure. Wenn die Konsequenzen deutlich kommuniziert werden, sind Entscheidungen einfach nachzuvollziehen.

Warum funktioniert es nun so gut beim Fußball und nicht so gut in Unternehmen? Sicher spielt die gerade erwähnte Komplexität eine große Rolle. Ich persönlich glaube, dass es die falsch verstandene Loyalität ist, welche uns Inkonsequenz bescheinigt. Aussagen wie: *„Den kenn ich schon so lange ...“* oder *„ ... ich weiß ja, dass er das sonst nicht macht ...“* sind klare Anzeichen dafür. Der Bewertungsmaßstab sollte für alle Mitarbeiter der gleiche sein und muss klar und deutlich kommuniziert werden. Entscheidungen unabhängig von persönlichen Eitelkeiten zu treffen und auch umzusetzen, ist kein Zeichen persönlicher Härte, sondern von Konsequenz. Die Mitarbeiter können sich darauf einstellen, damit planen. Sie wissen, woran sie sind, und bauen Vertrauen auf. Dieses Vertrauen brauche ich als Führungskraft. Denn alle haben eins gemeinsam: den Wunsch nach Wachstum, Umsatz, Ertrag und nach einem sicheren Arbeitsplatz.

Beachte ich als Führungskraft diese Grundregeln der *3 K*, dann erreiche ich die mir gestellten Ziele nicht nur schneller, sondern auch noch mit dem Quäntchen Spaß. Und auch dies ist ein Punkt, der nicht nur meine Mitarbeiter motiviert, sondern auch mich als Führungskraft.

Personalentwicklung als ein Stützpfeiler der Kreativität im Unternehmen

Claudia Rohde

Dr. Claudia Rohde
ist Leiterin Personalentwicklung der Bahlsen Gruppe. In dieser Position verantwortet sie neben dem internationalen Personalentwicklungsprogramm der Gruppe auch die Themen Mitarbeitergespräche und variable Vergütung. Ferner rekrutiert sie leitende Angestellte. Sie trat 1998 in den Bereich HR Management Führungskräfte International bei Bahlsen ein.

Vor ihrer Tätigkeit in der Personalentwicklung hatte sie erste Berufserfahrungen in verschiedenen Beratungsprojekten bei McKinsey gesammelt. Sie studierte Physik an der Universität Bonn und promovierte an der RWTH Aachen mit einer Arbeit am Forschungszentrum Jülich.

Wie kann Personalentwicklung eine die Kreativität fördernde Unternehmenskultur unterstützen?

Kreativität wünscht sich heute jeder Unternehmer von seiner Belegschaft. Innovation ist einer der wichtigsten Wettbewerbsfaktoren und ohne Kreativität keine Innovation. So stehen viele Vorgesetzte und auch Verantwortliche im Personalmanagement, insbesondere Personalentwickler, vor der Frage: „Wie mache ich Mitarbeiter kreativ?"

Kreativität lässt sich nicht verordnen. Der verzweifelte Ausruf *„Nun seien Sie doch mal ein bisschen kreativ!"* ist nicht wirklich ernst zu nehmen und wird auch kaum Auswirkungen auf die Kreativität des Mitarbeiters haben. Eine der sinnvollen Möglichkeiten sind Workshops, in denen die Mitarbeiter Kreativitätstechniken kennen lernen. Doch nur die richtigen Instrumente zu kennen, macht noch nicht kreativ. Zur Kreativität gehört vor allem auch die richtige Einstellung, wie zum Beispiel der Wille, etwas zu verändern, keine Angst vor Fehlern zu haben, die Bereitschaft zu bereichsübergreifender Zusammenarbeit, die Motivation, sich voll einzubringen, die Fähigkeit und die Erlaubnis, quer zu denken und neue Wege zu gehen.

Die Einstellung der Mitarbeiter wird stark von der Unternehmenskultur beeinflusst. Das kreative Potenzial der Mitarbeiter entfaltet sich am besten in einer Unternehmenskultur, die geprägt ist von gegenseitiger Wertschätzung und Vertrauen. In einer Kultur, in der es erlaubt ist, Fehler zu machen, haben die Mitarbeiter den Mut, Neues zu erdenken und auszuprobieren. Wenn Mitarbeiter das Gefühl haben, dass sie und ihre Leistung wertgeschätzt werden, sind sie motiviert, sich selbst mit ihren Potenzialen für das Unternehmen voll einzubringen.

In einer Atmosphäre, in der die Mitarbeiter sich wohl fühlen und gute Beziehungen zu Kollegen und Vorgesetzten haben, sind sie schon aus physiologischen Gründen eher zu kreativen Leistungen bereit, denn die Stimmung beeinflusst die Leistungsfähigkeit des Gehirns. Botenstoffe wie Serotonin und Dopamin, die für die Lernfähigkeit des Gehirns wesentlich sind, werden bei guten Gefühlen verstärkt ausgeschüttet. Insbesondere das Dopamin regt die Hirnzellen zur Informationsverarbeitung an, weckt Neugier, lässt Zusammenhänge erkennen und sorgt für erhöhte Konzentration. Damit schafft es die Voraussetzungen für kreative Leistungen (Klein 2002). Das bedeutet auch, dass bei schlechter Stimmung, die durch Unzufriedenheit und Angst ausgelöst werden kann, die kreativen Potenziale der Mitarbeiter unterdrückt werden und nicht mehr für das Unternehmen genutzt werden können.

Wertschätzung und Vertrauen sind die Voraussetzungen für eine offene Kommunikation über Bereichsgrenzen hinweg, so dass im interdisziplinären Austausch neue Ideen entstehen können. Wird in einem Unternehmen diese Form der Kommunikation gepflegt, ist dies effektiver als viele aufwändige Maßnahmen zum Wissensmanagement. Wenn die Mitarbeiter miteinander reden, ihr Wissen bereitwillig austauschen und wissen, wen sie zu welchem Thema fragen können, ist das interne Wissensmanagement schon auf einem guten Weg.

Die Personalentwicklung (PE) kann eine solche Kultur nicht schaffen, wohl aber diese unterstützen. Für die Mitarbeiter zeigt sich im Rahmen der PE, ob Wertschätzung und Vertrauen als Grundwerte in der Unternehmensführung verankert sind. Daher sollten alle Bausteine von PE-Programmen immer wieder unter diesen beiden Gesichtspunkten überprüft, angepasst und optimiert werden.

Im Folgenden wird dargestellt, in welchen Aspekten der PE ein Unternehmen die Wertschätzung der eigenen Mitarbeiter ausdrücken kann und welche Punkte das Vertrauen der Mitarbeiter unterstützen können. Dies wird ganz konkret am Beispiel des Bahlsen Development Programms (BDP) dargestellt, das bei Bahlsen schon seit einem Jahrzehnt erfolgreich durchgeführt wird.

Wertschätzung

Ein PE-Programm für alle Mitarbeiter

Schon mit der Definition der Zielgruppe macht das Unternehmen eine Aussage. Daher sollte es für alle Mitarbeiter, deren Funktionen über rein operative Tätigkeiten hinausgehen, zumindest ein Basis-Entwicklungsprogramm geben, als ein klares Zeichen der Wertschätzung dieser Mitarbeiter und ihrer Leistung.

Auch wenn für einen Mitarbeiter keine Veränderung im Sinne einer neuen Position vorgesehen ist, muss man doch davon ausgehen, dass sich auch die Anforderungen in seiner jetzigen Position ständig ändern werden, teils durch äußere Einflüsse, wie zum Beispiel Veränderungen in der Handelsstruktur, teils durch innere Prozesse, wie etwa kontinuierliche Verbesserungsprozesse.

Schon allein, um die Mitarbeiter darin zu unterstützen, sich immer wieder den sich ändernden Anforderungen ihrer Position anzupassen und sich dementsprechend weiterzuentwickeln, ist es sinnvoll, ein PE-Programm nicht nur für einen kleinen „Goldfischteich“ von High-Potentials, sondern für alle Mitarbeiter zu konzipieren.

Bei Bahlsen sind alle außertariflichen Mitarbeiter im Bahlsen Development Programm (BDP), dessen Kernstück ein jährliches Entwicklungsgespräch zwischen dem Mitarbeiter und seinem Vorgesetzten ist. Das Gespräch beinhaltet nicht nur eine Beurteilung des Mitarbeiters nach den 7 Bahlsen Erfolgsfaktoren, sondern auch eine Potenzialeinschätzung, mittelfristige Entwicklungsperspektiven und einen Plan mit Entwicklungszielen und -maßnahmen für das nächste Jahr.

Zusätzlich zu den außertariflichen (AT) Mitarbeitern sind bei Bahlsen auch die Nachwuchskräfte für AT-Positionen im BDP. Dies sind im Wesentlichen akademische Nachwuchskräfte, wie zum Beispiel Trainees, aber auch tarifliche Mitarbeiter ohne akademischen Abschluss, für die aufgrund ihrer Leistung und ihres Potenzials ein Aufstieg in eine AT-Position geplant ist. Damit ist das Programm, obwohl es in erster Linie auf den AT-Bereich beschränkt ist, durchlässig für Mitarbeiter aus dem tariflichen Bereich.

Für die Mitarbeiter im Tarif-Bereich, für die kein Übergang in den AT-Bereich vorgesehen ist, gibt es kein Programm, dessen Fokus auf ihrer Entwicklung liegt. Bei diesen Mitarbeitern würde ein solches Programm falsche Erwartungen wecken. Mit dem Bahlsen Mitarbeitergespräch (BMG), das die Vorgesetzten jährlich mit diesen Mitarbeitern führen, gibt es hier aber einen kontinuierlichen Anschluss an das BDP. Auch dieses Gespräch enthält eine Beurteilung nach den 7 Bahlsen Erfolgsfaktoren, die an die eher operativen Tätigkeiten der Zielgruppe angepasst wurde. Insgesamt liegt der Schwerpunkt dieses Gespräches mehr auf der Beurteilung und nicht auf der Entwicklung des Mitarbeiters. Es gibt aber die Möglichkeit, Vereinbarungen für das nächste Jahr zu treffen. Dies können auch Entwicklungsmaßnahmen sein. Somit wird durch dieses Gespräch gewährleistet, dass auch diese Mitarbeiter die Qualifizierung erhalten, die sie benötigen.

Zusätzlich gibt es bei Bahlsen spezielle Qualifizierungsprogramme für die tariflichen Mitarbeiter bestimmter Bereiche. In diesen Programmen wird zunächst zusammen mit den Vorgesetzten der Qualifizierungsbedarf ermittelt, um dann bedarfsgerechte Trainings zu entwickeln. In diesen werden die Vorgesetzten als Trainer eingesetzt. Zurzeit laufen solche Programme für die Mitarbeiter im Außendienst und auch für die Mitarbeiter in den Bäckereien der Werke. Auch diese Programme dienen nicht nur dazu, die notwendigen Qualifizierungen zu vermitteln, sondern sind gleichzeitig auch ein Zeichen der Wertschätzung dieser Mitarbeiter und ihrer Arbeit. Dies wird durch die Art der Durchführung noch unterstrichen.

Immer öfter stellt sich die Frage, wie im Rahmen von PE-Programmen mit älteren Mitarbeitern umzugehen ist. Mitarbeiter, die in wenigen Jahren das Rentenalter erreichen, finden es oft selber wenig sinnvoll, mit ihrem Vorgesetzten noch ein Gespräch über ihre berufliche Entwicklung zu führen. Unter Berücksichtigung der sich ständig ändernden Anforderungen macht es aus Sicht der Personalentwicklung durchaus Sinn, bis zu einem Jahr vor dem Altersruhestand noch Entwicklungsgespräche mit älteren Mitarbeitern zu führen. Sind also ältere Mitarbeiter dazu bereit, sollte man ihnen diese Möglichkeit in jedem Fall auch geben. Oft wird die Teilnahme an PE-Programmen gerade von diesen Mitarbeitern als eine besondere Wertschätzung empfunden.

Andererseits sind auch die Bedenken der älteren Mitarbeiter zu berücksichtigen, die solche Gespräche nicht mehr führen möchten. Bei Bahlsen wurde im Rahmen einer Diplomarbeit zum Thema „Nachfolgeplanung in klein- und mittelständischen Unternehmen im Zuge des demographischen Wandels – exemplarische Entwicklung eines Konzeptes für die Bahlsen GmbH und Co. KG“ von Carolin Beugel (2006) ein spezielles Gespräch für diese Mitarbeiter entwickelt, das „Zukunftsgespräch“. Dieses Gespräch enthält sowohl Themen, die für Mitarbeiter, die sich gedanklich schon mit dem Austritt aus dem Berufsleben beschäftigen, relevant sind, als auch Themen, die in diesem Zusammenhang für das Unternehmen wichtig sind, wie zum Beispiel Fragen nach möglichen internen Nachfolgern und Maßnahmen zum Wissens-Transfer.

Der Mitarbeiter ist für seine Entwicklung selbst verantwortlich

Ein weiteres Zeichen der Wertschätzung der Mitarbeiter im Rahmen eines PE-Programms besteht darin, die Verantwortung für die Weiterentwicklung des Mitarbeiters dort zu belassen, wo sie hingehört, nämlich beim Mitarbeiter selbst. Es ist ein Zeichen des Respekts, wenn das Unternehmen dem Mitarbeiter selbstverständlich zutraut, diese Verantwortung selber zu tragen und damit ganz bewusst Entscheidungen und Initiative vom Mitarbeiter erwartet. Darüber hinaus ist eine Weiterentwicklung, die auf Entscheidungen und Initiative des Mitarbeiters basiert, wesentlich effektiver als eine fremd bestimmte Entwicklung. Denn Entwicklung heißt auch Veränderung und diese wird nur stattfinden, wenn der Mitarbeiter den Willen, die Bereitschaft und den Mut dazu hat.

Hier spielt auch ein weiterer für die Kreativität wichtiger Aspekt eine Rolle. Wenn der Mitarbeiter das Gefühl hat, dass er keinen Einfluss auf seine eigene Weiterentwicklung hat, wenn er sich womöglich sogar machtlos und ausgeliefert fühlt, weckt das bei ihm negative Emotionen. Er fühlt sich deprimiert und wird eventuell auch wütend. Jeder, der schon einmal in einem Stau stand, eingekeilt zwischen anderen Autos, ohne die Chance aus eigener Anstrengung herauszukommen, wird nachvollziehen können, wie das Gefühl, machtlos zu sein, die Stimmung drückt. Die schlechte Stimmung wirkt dann wiederum hemmend auf die schon erwähnten Botenstoffe im Gehirn und schwächt damit auch die Möglichkeiten für kreative Leistungen des Gehirns.

Wichtig ist dabei, dass zwar die Verantwortung für seine Entwicklung beim Mitarbeiter belassen wird, er aber vom Unternehmen, insbesondere von der PE-Abteilung und seinem Vorgesetzten, unterstützt wird. Dazu gehört, dass mögliche Perspektiven aufgezeigt werden, Instrumente, Maßnahmen und Beratung angeboten werden und zeitliche und materielle Ressourcen zur Verfügung gestellt werden. Der Prozess der Personalentwicklung läuft am effektivsten, wenn eine klare Definition der Rollen aller daran Beteiligten, also des Mitarbeiters, des Vorgesetzten und der PE-Abteilung, kommuniziert wird.

Die Rolle des Mitarbeiters ist bei Bahlsen wie folgt definiert: Von ihm wird erwartet, dass er sich bewusst mit seinem eigenen Profil auseinandersetzt, das heißt, er sollte sowohl seine Stärken kennen, als auch wissen, in welchen Punkten er sich verbessern möchte. Er achtet darauf, dass er seine Stärken in seiner Arbeit zum Einsatz bringt und baut sie aktiv aus. Gleichzeitig ist er auch bereit, an den Punkten zu arbeiten, in denen er für sich noch Verbesserungspotenziale sieht. Er macht Vorschläge für Entwicklungsmaßnahmen, die dem Ausbau seiner Stärken dienen oder die sich auf seine Verbesserungspotenziale beziehen und fordert diese Maßnahmen in einem sinnvollen Maß auch ein. Ebenso unerlässlich für seine Entwicklung ist es, dass der Mitarbeiter weiß, in welche Richtung er sich entwickeln möchte und was ihm im beruflichen Umfeld wichtig ist.

Konkret zeigt sich die Übernahme der Verantwortung für die eigene Entwicklung auch darin, dass der Mitarbeiter aktiv wird und selbst die Initiative übernimmt, zum Beispiel bei der Terminvereinbarung für das Entwicklungsgespräch mit seinem Vorgesetzten und der Durchführung von Entwicklungsmaßnahmen. Bezogen auf das Entwicklungsgespräch bedeutet dies, dass der Mitarbeiter nicht in einer passiven, abwartenden Haltung bleiben sollte. Anstatt sich nur zu sagen: *„Mal sehen was mein Vorgesetzter von mir denkt. Mal sehen was das Unternehmen noch mit mir vorhat."*, sollte er sich gut auf das Gespräch vorbereiten und schon vorher wissen, was er selbst als seine Stärken sieht, worin er sich verbessern will und wohin er sich entwickeln will.

Der Vorgesetzte unterstützt den Mitarbeiter in seiner Entwicklung und die PE-Abteilung sorgt für den Rahmen dieses Prozesses. Die Rollen des Vorgesetzten und der PE-Abteilung werden weiter unten detailliert dargestellt.

Da ein Mitarbeiter die Verantwortung für seine Entwicklung nur übernehmen kann, wenn er weiß, was er will und was ihm im beruflichen Umfeld wichtig ist, wird er bei Bahlsen mit dem Instrument des „Karriereankers“ (Schein 2005) darin unterstützt, sich diese Fragen zu beantworten. Im Einführungs-Workshop wird dieses Instrument vorgestellt. Jeder Teilnehmer bekommt das Handbuch, in dem das Prinzip des Karriereankers erläutert wird, um sich damit vorzubereiten. Im Handbuch werden 8 verschiedene so genannte Karriereanker dargestellt. Jeder Karriereanker steht für bestimmte Werte und Ziele, die dem Mitarbeiter im beruflichen Umfeld wichtig sind und die er daher bei seinen Entscheidungen berücksichtigen sollte.

Als Beispiel sei hier der „Technisch/Funktionale“ Karriereanker genannt, der vor allem für eine starke fachliche Orientierung steht. Mitarbeiter mit diesem Karriereanker arbeiten bevorzugt in stark spezialisierten Bereichen, wie zum Beispiel dem Engineering, der Forschung oder auch der Steuerfachabteilung.

Das Handbuch enthält ein Interview, das dazu dient, sich über seinen Karriereanker klar zu werden. Die Teilnehmer am BDP können selbst entscheiden, welcher Mitarbeiter aus dem Personalbereich das Interview führen soll, denn dieses Interview kann nur konstruktiv geführt werden, wenn der BDP-Teilnehmer seinem Interviewpartner vertraut und entsprechend offen sprechen kann. Dabei ist es nicht die Aufgabe des Interviewpartners, herauszufinden, welcher der Karriereanker des Interviewten ist, sondern ihn dabei zu unterstützen, dies selbst herauszufinden. Der Interviewpartner dient also als eine Art Katalysator.

Mit einem systematischen Vorgehen am Ende des Interviews kann es gelingen, alle 8 Karriereanker in eine Reihenfolge nach ihrer Bedeutung für den Interviewten einzuordnen. Am wichtigsten ist dabei natürlich herauszufinden, welcher Karriereanker die größte Bedeutung für den Interviewten hat. Aber es kann für die Mitarbeiter auch sehr hilfreich sein, die Karriereanker, die am zweit- oder drittwichtigsten sind, zu kennen.

Der zweite erfolgskritische Punkt beim Einsatz dieses Instrumentes ist, neben der freien Auswahl des Interviewpartners, die Vertraulichkeit. Das Ergebnis des Karriereanker-Interviews, also das Wissen über den für den Interviewten wichtigsten Karriereanker und die Reihenfolge der übrigen Karriereanker, werden bei Bahlsen absolut vertraulich gehandhabt. Dieses Wissen geht nicht in irgendwelche Akten ein und wird vom Interviewpartner auch nicht an den Vorgesetzten weitergegeben. Es bleibt allein dem Interviewten überlassen, was er mit seinem Ergebnis macht. Wenn es ihm sinnvoll erscheint, kann er es seinem Vorgesetzten oder seinem Personalbetreuer mitteilen. Er kann es aber auch für sich behalten, sollte es dann aber selbst bei seinen zukünftigen Entscheidungen berücksichtigen. Hat zum Beispiel ein Mitarbeiter für sich den Technisch-Funktionalen Karriereanker als den Wichtigsten erkannt und sein Vorgesetzter schlägt ihm als nächsten Karriereschritt eine Position mit mehr Führungsverantwortung, aber weniger fachlichem Bezug vor, sollte der Mitarbeiter sich gut überlegen, ob er diese Position annimmt. Es könnte sein, dass ihm auf dieser neuen Position bald die fachlichen Aufgaben fehlen und er dann unzufrieden wird.

Das Instrument des Karriereankers wird bei Bahlsen seit fast zehn Jahren in der beschriebenen Form eingesetzt und bekommt von den Teilnehmern des BDP regelmäßig ein ausgesprochen positives Feedback. Die Interviewten wissen es sehr zu schätzen, dass sich ein Mitarbeiter aus dem Personalbereich die Zeit nimmt, um ein Interview mit ihnen zu führen, dessen Ergebnis nur für sie selbst bestimmt ist. Damit ist der Karriereanker ein weiterer Punkt im BDP, der von den Mitarbeitern als Zeichen der Wertschätzung empfunden wird.

Stärken stärken

Die PE-Programme vieler Unternehmen verfolgen einen nahezu mechanischen und nicht kreativen Ansatz. Man erstellt ein Soll-Profil für die Position, ermittelt dann das Ist-Profil des Stelleninhabers und erhält aus dem Abgleich dieser beiden Profile die Lücken, in denen der Mitarbeiter sich weiterentwickeln muss, um dem Stellenprofil zu entsprechen. Ein für die Komplexität des Themas erstaunlich einfacher Ansatz.

Die ersten Probleme entstehen hier schon bei der Erstellung des Soll-Profils. Dies wird meist vom Vorgesetzten, einem Mitarbeiter aus dem Personalmanagement oder von beiden zusammen erarbeitet. Damit können natürlich nur deren Vorstellungen, wie die Position ausgefüllt werden sollte, abgebildet werden. Insbesondere wird hier nicht berücksichtigt, dass man auf verschiedene Arten eine Position erfolgreich ausfüllen kann.

Gibt es viele Mitarbeiter in der gleichen Funktion, wie zum Beispiel im Außendienst, kann man hier die Ist-Profile der erfolgreichen Mitarbeiter erstellen und deren Gemeinsamkeiten ermitteln. Auf diese Weise kann man tatsächlich eine Aussage darüber machen, welche Eigenschaften einen Erfolg in dieser Funktion begünstigen. Doch nur in wenigen Funktionen gibt es innerhalb eines Unternehmens so viele Mitarbeiter, dass eine statistisch relevante Auswertung möglich ist.

Um die Problematik eines schlichten Soll-Ist-Abgleichs in der Personalentwicklung zu verdeutlichen, ein einfaches Beispiel: Zwei Außendienst-Mitarbeiter erreichen beide bei ihren Kunden sehr gute Ergebnisse. Der eine ist vor allem erfolgreich durch seine offene, freundliche Art, der andere ist wesentlich ruhiger und überzeugt seine Kunden mit sehr guten Analysen. Das Soll-Profil des idealen Außendienst-Mitarbeiters würde erfordern, dass der Mitarbeiter sowohl offen und freundlich auf seine Kunden zugehen kann, als auch überzeugende Analysen erstellen kann. Bei beiden Mitarbeitern würde sich also im Vergleich mit dem Soll-Profil eine Lücke ergeben. Wahrscheinlich wäre es kein Problem, dem offenen, freundlichen Mitarbeiter zu zeigen, welche Analysen er machen muss und wie er sie beim Kunden richtig einsetzt. Vorausgesetzt, er hat die intellektuellen Fähigkeiten dazu, könnte er dies zum Beispiel gut in einer Zusammenarbeit mit dem Mitarbeiter lernen, der schon jetzt in den Analysen stark ist.

Wesentlich schwieriger dagegen wird es, wenn man versucht, den eher ruhigen Mitarbeiter dazu zu bringen, offener und freundlicher mit seinen Kunden umzugehen. Auch ihm könnte eine Zusammenarbeit mit dem eher extrovertierten Kollegen helfen. Er könnte sich vielleicht einiges von diesem „abgucken“, aber eine grundlegende Veränderung einer so wesentlichen Persönlichkeitseigenschaft ist kaum möglich. Auch wenn diverse Persönlichkeitsseminare zu diesen Themen angeboten werden, ist es hier wichtig, auf der Basis von realistischen Erwartungen zu entscheiden, was sinnvoll ist. Für den Mitarbeiter kann es sehr demotivierend sein, immer wieder zu Seminaren und Workshops mit ähnlichem Entwicklungsziel geschickt zu werden, ohne dass sich wirklich etwas ändert.

Nach aktuellem Forschungsstand ist die Entwicklung der Persönlichkeit zwar keineswegs schon in der Kindheit oder in der Jugend abgeschlossen. Für die Big Five, dies sind fünf Persönlichkeitsdimensionen, mit denen im entsprechenden Modell die menschliche Persönlichkeit beschrieben wird, sind Veränderungen bis weit in das Erwachsenenalter nachgewiesen (Asendorpf 2007). Aber es ist nur bedingt möglich, diese Veränderungen gezielt zu beeinflussen und meist sind auch nur eher geringfügige Veränderungen zu erwarten. Trotzdem kennt wohl jeder Personalentwickler die Situation, dass ein Vorgesetzter anfragt, zu welchem Seminar er seinen zu introvertierten Mitarbeiter schicken kann, damit dieser endlich extrovertierter wird. An dieser Stelle ist es nun an dem Personalentwickler, die Erwartungen des Vorgesetzten auf ein realistisches Maß zu dämpfen und mit ihm gemeinsam sinnvolle Maßnahmen zu finden.

Zurück zu unserem Beispiel: Es kann für das Unternehmen viel effektiver sein, den analytisch starken, aber eher ruhigen Mitarbeiter entsprechend seiner Stärken einzusetzen. Er könnte zum Beispiel Kunden übernehmen, bei denen besonders anspruchsvolle Analysen notwendig sind oder die besonderen Wert auf die Analysen legen.

Wie umfangreiche Studien des Gallup-Institutes zeigen (Buckingham/Clifton 2007; Buckingham/Coffman 2005), sind Entwicklungsmaßnahmen, die an Schwächen der Mitarbeiter ansetzen, eher als eine Art Schadensbegrenzung zu betrachten. Sie sind oft unbedingt notwendig und auch sinnvoll, vor allem, wenn es sich um Punkte handelt, die relativ leicht zu ändern sind, wie zum Beispiel die Vermittlung von fehlenden Fachkenntnissen. Aber zu außerordentlichem Erfolg führen doch eher die Nutzung und der Ausbau vorhandener Stärken und Potenziale. Unternehmen, die danach handeln, zeigen somit nicht nur einen wertschätzenden Umgang mit ihren Mitarbeitern, sondern verfolgen damit eine erfolgsorientierte Personalentwicklungsstrategie.

Im Rahmen des Bahlsen Development Programms wird der Grundsatz „Stärken stärken" in das Unternehmen eingebracht. Im Leitfaden zum Entwicklungsgespräch wird ausdrücklich darauf hingewiesen, dass die im Entwicklungsplan vereinbarten Entwicklungsmaßnahmen auch auf vorhandene Stärken angesetzt werden sollten. Außerdem wird dieses Thema auch im Vorgesetzten-Training zum Führen der Entwicklungsgespräche bearbeitet. Hier zeigt sich immer wieder, dass es vielen Vorgesetzten schwer fällt, aus dem alten, Schwächen fokussierten Ansatz auszubrechen. Das Schema „Soll-Ist-Abgleich und dann die Lücken schließen" ist in ihren Köpfen fest verankert. Dagegen sehen sie bei den Stärken ihrer Mitarbeiter keinen Handlungsbedarf. Oft ist der Gedanke, dass sie auch mit dem Ausbau der bei ihren Mitarbeitern bereits vorhandenen Stärken zum Unternehmenserfolg beitragen können, neu und ungewohnt für sie. Hier ist von Seiten der PE-Abteilung noch Überzeugungsarbeit zu leisten.

Vertrauen

Transparenz

Eine grundlegende Voraussetzung für das Vertrauen der Mitarbeiter in ein PE-Programm ist die Transparenz des Programms. Nur wenn die Mitarbeiter wissen, wer wann was in diesem Programm macht, entstehen keine unnötigen Ängste. Nur wenn der Ablauf des Programms für die Mitarbeiter transparent ist, können sie in diesem Rahmen auch die Verantwortung für ihre eigene Entwicklung übernehmen. Wenn die Mitarbeiter wissen, wie welche Ergebnisse in diesem Programm entstehen und was mit diesen Ergebnissen geschieht, fühlen sie sich fair behandelt und es entstehen nicht so leicht Gefühle der eigenen Benachteiligung, beziehungsweise der Bevorzugung anderer.

Schon im Konzept des Bahlsen Development Programms wurde besonderer Wert auf die Transparenz des Programms für die Teilnehmer gelegt. So wurden von Anfang an in entsprechenden Einführungs-Workshops und Unterlagen die Ziele und der Ablauf des Programms für alle Teilnehmer dargelegt und erläutert. Im Laufe der Jahre hat sich das BDP weiter kontinuierlich zu immer mehr Transparenz gegenüber den Mitarbeitern hin entwickelt. Im Folgenden werden einige Beispiele dargestellt.

1. Beispiel: Entwicklungsperspektive

Zunächst wurden mögliche mittelfristige Entwicklungsperspektiven für den Mitarbeiter nur im Management Review zwischen Verantwortlichen aus dem Personalbereich und den Vorgesetzten besprochen und im dazugehörigen Protokoll festgehalten. Schon nach wenigen Durchläufen wurde im Formular für die Entwicklungsgespräche eine Seite mit den Entwicklungsperspektiven ergänzt.

2. Beispiel: Leistungs-Potenzial-Matrix

Nach den ersten Durchläufen wurde eine Leistungs-Potenzial-Matrix eingeführt, in welche die Mitarbeiter im Review eingeordnet wurden. Nachdem sich diese Matrix in der Praxis bewährt hatte, wurde sie in das Entwicklungsgespräch eingefügt. Damit ist sichergestellt, dass jeder Teilnehmer des BDP weiß, wie er bezüglich Leistung und Potenzial von seinem Vorgesetzten gesehen wird.

Die Leistungsbeurteilung ist hier die Zusammenfassung der detaillierten Beurteilung nach den 7 Bahlsen Erfolgsfaktoren. Zur Potenzialeinschätzung erhält der Mitarbeiter eine kurze Begründung von seinem Vorgesetzten. Auch dies geschieht im Sinne möglichst großer Transparenz.

3. Beispiel: Vom Review zum Preview

Im Zuge einer Überarbeitung des BDPs wurde eine Teilnehmer-Umfrage durchgeführt. Diese ergab, dass die Mitarbeiter mit dem Entwicklungsgespräch sehr zufrieden sind. Aber viele Teilnehmer erhielten kein Feedback aus dem Review und wussten auch nicht, wer an dem Review teilnahm. Diese Situation verunsicherte einige Teilnehmer.

Daraufhin wurde der Ablauf des BDP vom Review, das nach den Entwicklungsgesprächen stattfand, umgestellt auf ein Preview, das nun schon vor den Gesprächen stattfindet. So können die Teilnehmer ihren Vorgesetzten in diesem Gespräch nach dem Feedback aus dem Preview fragen.

Damit die BDP-Teilnehmer wissen, wer am Preview teilgenommen hat, verschickt die PE-Abteilung nach jedem Preview eine Mail an alle BDP-Teilnehmer. In dieser Mail werden die Führungskräfte und Mitarbeiter aus dem Personalbereich, die am Preview teilgenommen haben, aufgelistet. Darüber hinaus wird die Mail auch genutzt, um alle BDP-Teilnehmer über die Deadline für die darauf folgenden Entwicklungsgespräche zu informieren. Damit haben die Mitarbeiter die Möglichkeit, sich rechtzeitig auf ihr Gespräch vorzubereiten, und können auch aktiv die Terminvereinbarung für ihr eigenes Gespräch mit ihrem Vorgesetzten vorantreiben. Nur durch diese Transparenz im Prozess ist es den Mitarbeitern möglich, die gewünschte aktive Rolle und damit auch die Verantwortung für ihre eigene Entwicklung zu übernehmen.

Balance zwischen Kontinuität und Aktualität

Das Konzept eines PE-Programms sollte die Balance auf dem schmalen Grat zwischen Kontinuität und Aktualität halten. Zu tief greifende Änderungen des Konzeptes würden die Teilnehmer beunruhigen, da sie sich zwangsläufig fragen würden, ob das Konzept vorher gravierende Schwächen hatte, die eine solche Änderung notwendig machen. Gibt es öfter größere Änderungen am PE-Programm, erweckt dies bei den Teilnehmern schnell den Eindruck einer gewissen Orientierungslosigkeit der PE-Abteilung und eventuell auch der Unternehmensführung.

Andererseits sollte das PE-Programm auch auf einem aktuellen Stand gehalten werden. Dies bedeutet, dass es sowohl ständig an aktuelle Anforderungen des Unternehmens und seiner Umwelt angepasst wird, als auch fachlich dem State of the Art entspricht. Die Mitarbeiter werden nur Vertrauen in ein Programm haben, das zum Unternehmen passt und in seinem Konzept auch dem aktuellen Stand der Wissenschaft entspricht.

So wurden bei Bahlsen auch personelle Wechsel in der Geschäftsführung berücksichtigt, da die neuen Geschäftsführer aus anderen Unternehmen und damit aus anderen Kulturen stammten. In einem Workshop zur Überarbeitung der 7 Bahlsen Erfolgsfaktoren erhielten alle Mitglieder der Geschäftsführung die Gelegenheit, ihre eigenen Vorstellungen einzubringen. Damit wurde gewährleistet, dass die Mitarbeiter nach Kriterien beurteilt werden, die aus Sicht der Geschäftsführer relevant für den Unternehmenserfolg sind.

Langfristig hat sich ein Prinzip der evolutionären Weiterentwicklung des PE-Programms bewährt. Also eine kontinuierliche Weiterentwicklung in kleinen Schritten, mit denen das Programm immer wieder den aktuellen Anforderungen angepasst wird.

Diese Änderungen wurden nie im „stillen Kämmerlein“ der PE-Abteilung entwickelt, sondern immer in Zusammenarbeit mit Teilnehmern und Vorgesetzten. So wurde das BDP zum Beispiel einmal in einem bereichsübergreifend besetzten Projekt-Team überarbeitet. Ein anderes Mal war eine Umfrage bei Teilnehmern und Vorgesetzten die Basis für die Änderungen im BDP. Da bei Bahlsen die operative und die konzeptionelle Verantwortung für das PE-Programm in einer Hand liegen, ist gewährleistet, dass kontinuierlich aktuelles und spontanes Feedback von Teilnehmern und Vorgesetzten in die Prozessoptimierung einfließt. Auf diese Weise sind immer die konkreten praktischen Erfahrungen die Basis für Änderungen im Konzept des BDP.

Natürlich bedeutet Kontinuität auch die zuverlässige jährliche Durchführung dieses Programms, ohne die die Mitarbeiter das einmal in das Programm gesetzte Vertrauen schnell wieder verlieren würden.

Einbeziehung der Unternehmensleitung

Nur eine Personalentwicklung mit dem vollen Rückhalt der Unternehmensleitung und der oberen Management-Ebene wird auf Dauer von den Mitarbeitern akzeptiert werden. Haben die Mitarbeiter das Gefühl, dass ein PE-Programm durchgeführt werden soll, hinter dem das Management nicht steht, verliert die PE-Abteilung ihre Glaubwürdigkeit und die Mitarbeiter werden kein Vertrauen in dieses Programm setzen. Bei Bahlsen wird das Management, insbesondere die Geschäftsführung, konsequent in das BDP einbezogen. Dies gilt sowohl für die konzeptionelle Arbeit am BDP als auch für die operative Durchführung. Die Änderungen am Programm werden mit der Geschäftsführung abgestimmt und basieren zum Teil auch auf Feedback aus der Geschäftsführung.

An der operativen Durchführung des Programms nehmen alle Geschäftsführer, einerseits in ihrer Rolle als Vorgesetzte, andererseits aber auch in ihrer Rolle als Mitarbeiter, genauso teil wie alle anderen außertariflichen Mitarbeiter bei Bahlsen. Konkret bedeutet dies, dass neue Geschäftsführer zunächst am Einführungs-Workshop zum BDP und dann am Vorgesetzten-Training zum Führen der Entwicklungsgespräche teilnehmen. Danach führen die Geschäftsführer selbstverständlich als Vorgesetzte Entwicklungsgespräche mit ihren direkten Mitarbeitern in der oberen Managementebene. Außerdem führen sie auch als Mitarbeiter Gespräche mit ihrem Vorgesetzten, dem Sprecher der Geschäftsführung, also mit Herrn Bahlsen.

Erwartungsmanagement

Wenn ein PE-Programm falsche Erwartungen bei den Teilnehmern weckt, die nicht eingehalten werden können, führt dies dazu, dass die Mitarbeiter das Vertrauen in entsprechende Programme verlieren. Somit besteht die Gefahr, dass sie das Vertrauen in die PE-Abteilung, eventuell in die gesamte Personal-Abteilung und in ihren Vorgesetzten verlieren. Aus diesem Grund ist im Rahmen eines PE-Programms auch ein bewusstes Erwartungsmanagement notwendig.

Im Zuge des Bahlsen Development Programms zeigte sich immer wieder, dass schon das Wort „Entwicklung“ von einigen Teilnehmern anders verstanden wurde, als es im Zusammenhang mit dem BDP gemeint ist. Das Wort „Entwicklung“ beziehungsweise „Development“ wurde ganz bewusst für den Namen des Programms und auch für den Namen des Mitarbeitergespräches gewählt, um zu verdeutlichen, dass ihr Schwerpunkt auf der fachlichen und persönlichen Weiterentwicklung der Mitarbeiter liegt. Für einige Teilnehmer ist aber „Entwicklung" gleichbedeutend mit Karriere, also eine Entwicklung in eine weiterführende Position. Da, wie oben schon beschrieben, alle außertariflichen Mitarbeiter am BDP teilnehmen, kann nicht für alle Teilnehmer ein klassischer Karriereschritt in eine höhere Position das Ziel des Programms sein. Für die meisten Teilnehmer geht es um die fachliche und persönliche Weiterentwicklung in ihrer jetzigen Funktion. Ein Wechsel in eine neue Position mit mehr Verantwortung ist eine Entwicklungsperspektive, die im Rahmen des Programms natürlich möglich und auch gewünscht ist, aber nur für wenige Teilnehmer relevant sein kann.

Um die Erwartungen der Teilnehmer von Anfang an in die richtige Richtung zu lenken, wird dieses Thema schon im Einführungs-Workshop bearbeitet. Die Teilnehmer werden „da abgeholt, wo sie stehen", indem sie zunächst die Gelegenheit haben, darzustellen, was sie unter Entwicklung verstehen, und dann wird erläutert, was Entwicklung bei Bahlsen, insbesondere im Zusammenhang mit dem BDP, bedeutet.

Für die Mitarbeitergespräche im Tarif-Bereich wurde dagegen das Wort „Entwicklung" ganz bewusst von vornherein vermieden, um keine falschen Erwartungen zu wecken. Auch wenn in Einzelfällen für Mitarbeiter die Möglichkeit besteht, sich in den AT-Bereich und damit in das von unten durchlässige BDP zu entwickeln, würde es keinen Sinn machen, durch einen entsprechenden Namen bei allen Teilnehmern an diesen Gesprächen die Hoffnung auf eine entsprechende Weiterentwicklung zu wecken.

Klar definierte Rollen innerhalb der PE

Um Missverständnisse, Enttäuschungen und unnötige Konflikte im Zuge eines PE-Programms zu vermeiden, ist es sinnvoll, die Rollen aller Beteiligten klar zu definieren und diese Definition auch an alle zu kommunizieren. Wenn jeder weiß, was von ihm erwartet wird und was er von den anderen erwarten kann, erleichtert dies den vertrauensvollen und wertschätzenden Umgang miteinander.

Im BDP sind diese Rollendefinitionen schon in der Einleitung des Leitfadens zum Entwicklungsgespräch in einem „Wer macht was im BDP" kurz dargestellt und dieses Thema wird auch im Einführungs-Workshop ausführlich bearbeitet.

Rolle des Vorgesetzten

Es ist eine grundlegende Aufgabe des Vorgesetzten, die Entwicklung seiner Mitarbeiter zu unterstützen.

Das heißt, der Vorgesetzte

- gibt seinen Mitarbeitern regelmäßig ein konstruktives, faires Feedback und kommuniziert klar seine Erwartungen,
- ist dabei verantwortlich für eine ehrliche, differenzierte Beurteilung und Einschätzung des Mitarbeiters,

- kennt die Stärken seiner Mitarbeiter und gibt ihnen die Möglichkeit, sie einzusetzen und auszubauen,
- gibt den Mitarbeitern die Möglichkeit, an ihren Verbesserungspotenzialen zu arbeiten.
- delegiert Aufgaben und Verantwortung, die den Mitarbeiter fordern und gibt ihm den zur Entwicklung nötigen Freiraum,
- stellt Ressourcen (Zeit und Geld) für die vereinbarten Entwicklungsmaßnahmen zur Verfügung,
- zeigt dem Mitarbeiter klar seine Entwicklungsperspektiven auf, die auch aus Unternehmenssicht sinnvoll sind.

Rolle der PE-Abteilung

Die Personalentwicklung stellt den Rahmen für die Weiterentwicklung der Mitarbeiter bereit.

Das heißt, die Personalentwicklung

- entwickelt die notwendigen Tools, führt sie ein und hält sie auf dem aktuellen Stand,
- moderiert und organisiert den Prozess,
- ist kompetenter Ansprechpartner und berät Vorgesetzte und Mitarbeiter,
- gewährleistet die Kontinuität und Transparenz des Prozesses.

Diese Rolle der PE-Abteilung birgt folgende Gefahr. Bei der Organisation des Prozesses und der Gewährleistung seiner Kontinuität kommen PE-Verantwortliche schnell in die Situation, dass sie immer mehr Kontrolldruck auf Teilnehmer und Vorgesetzte ausüben. Dies führt bei den Beteiligten leicht zu der Einstellung, dass dieses gesamte Programm nur durchgeführt wird, weil die PE-Abteilung dies gerne möchte. Sie sehen dann nicht mehr den Nutzen für das Unternehmen und für sich selbst darin. In dem Moment aber, wo die Beteiligten das Programm nur noch wegen des Drucks von Seiten der PE-Abteilung abarbeiten, verliert es seine Effektivität gänzlich. Andererseits mussten auch schon viele PE-Verantwortliche die Erfahrung machen, dass ein PE-Programm ganz ohne Kontrolle ihrerseits unter dem Zeitdruck und der Arbeitsbelastung im Tagesgeschäft vernachlässigt wird.

Die PE-Abteilung von Bahlsen versucht daher, nur so viel Kontrolle wie unbedingt nötig auszuüben und dafür möglichst viel mit Teilnehmern und Vorgesetzten an deren Einstellung zu arbeiten. Die Kontrolle besteht zum Beispiel darin, dass Statistiken geführt werden über die Durchführung der Entwicklungsgespräche und die Umsetzung der Entwicklungsmaßnahmen in den einzelnen Fachbereichen. Diese Statistiken werden graphisch aufbereitet und dann dem Management dieser Bereiche zurückgespiegelt.

An der Einstellung der Teilnehmer und ihrer Vorgesetzten wird vor allem im Einführungs-Workshop und im Training zum Führen der Entwicklungsgespräche gearbeitet. Aber auch in der täglichen Zusammenarbeit und in der Beratung von Mitarbeitern und Vorgesetzten im Rahmen des BDP werden Ziele und Nutzen des Programms immer wieder herausgestellt.

Fazit

Es sind also viele verschiedene Aspekte in einem PE-Programm, mit denen ein Unternehmen die Wertschätzung seiner Mitarbeiter zum Ausdruck bringen und ihr Vertrauen gewinnen kann. Damit wird eine Unternehmenskultur unterstützt, welche die Kreativität der Mitarbeiter fördert, so dass sie gerne bereit sind, ihre kreativen Potenziale einzubringen.

Aber die PE ist nur ein Baustein von vielen. Auch alle anderen Prozesse im Unternehmen sollten so angelegt sein, dass sie dem Prinzip von Wertschätzung und Vertrauen entsprechen. Je konsequenter dies umgesetzt wird, um so eher entsteht eine kreativitätsfördernde Kultur im Unternehmen.

Besonders gilt dies für alle Personalmanagement-Prozesse, von der Rekrutierung bis zur Freisetzung, denn diese Prozesse betreffen die Mitarbeiter ganz direkt. Oft sind hier ähnliche Aspekte zu bedenken, wie die oben für die Personalentwicklung aufgeführten Punkte.

Als Beispiel sei hier die variable Vergütung genannt: Auch hier macht das Unternehmen schon mit der Auswahl der Teilnehmer eine Aussage. Auch hier ist es für das Vertrauen der Teilnehmer wesentlich, dass der Prozess so transparent wie möglich gestaltet wird. Bei Bahlsen erhält jeder Teilnehmer an der variablen Vergütung eine ausführliche Dokumentation, welche die Berechnung seines Bonus für ihn nachvollziehbar macht. Im Bereich der leitenden Angestellten werden die Zielvereinbarungen aller Teilnehmer in einer Datenbank veröffentlicht, zu der jeder Teilnehmer an diesem Bonus-System Zugang hat.

Die Entwicklung einer Unternehmenskultur hin zu mehr Vertrauen und Wertschätzung ist nur schwer messbar, zumal diese nicht linear verläuft, sondern oft starken Schwankungen unterliegt. Dennoch gibt es bei Bahlsen Anzeichen, dass das Unternehmen sich hier auf einem richtigen Weg befindet. In den Previews des BDPs sprechen die Vorgesetzten mit einer Offenheit über ihre Mitarbeiter, die ohne gegenseitiges Vertrauen so wohl nicht möglich wäre. Gleichzeitig wahren sowohl die Beurteilungen durch den Vorgesetzten als auch die Feedbacks der anderen Führungskräfte stets einen wertschätzenden Ton. Auch die in Entwicklungs- und Mitarbeitergesprächen ausgefüllten Unterlagen zeugen in ihrer Offenheit und Fairness von einem vertrauensvollen und wertschätzenden Umgang zwischen Mitarbeitern und Vorgesetzten.

In einem Unternehmen, in dem das Management, insbesondere die Unternehmensführung und das Personalmanagement, überzeugt sind vom Prinzip der gegenseitigen Wertschätzung und des Vertrauens, werden Prozesse von vornherein so konzipiert, dass sie dem entsprechen. Wenn das Prinzip verinnerlicht ist, wird es folglich auch unbewusst schon berücksichtigt. Für Unternehmen, bei denen diese beiden Themen bis jetzt nicht im Mittelpunkt standen und die nun mehr für die Kreativität ihrer Mitarbeiter tun wollen, lohnt es sich in jedem Fall, die internen Prozesse nach diesen Kriterien kritisch zu überprüfen.

Literatur

ASENDORPF, JENS, *Psychologie der Persönlichkeit*, Berlin 2007.

BEUGEL, CAROLIN, *Nachfolgeplanung in klein- und mittelständischen Unternehmen im Zuge des demographischen Wandels – exemplarische Entwicklung eines Konzeptes für die Bahlsen GmbH und Co. KG*, Friedrich-Alexander-Universität Erlangen-Nürnberg 2006.

BUCKINGHAM, MARCUS/CLIFTON, DONALD, *Entdecken Sie Ihre Stärken jetzt!*, Frankfurt/New York 2007.

BUCKINGHAM, MARCUS/COFFMAN, CURT, *Erfolgreiche Führung gegen alle Regeln*, Frankfurt/New York 2005.

KLEIN, STEFAN, *Die Glücksformel*, Reinbek 2002.

PAPMEHL, ANDRÉ, *Kreative Mitunternehmer entfesseln – Anspruch und Wirklichkeit*, in diesem Buch.

SCHEIN, EDGAR, *Karriereanker*, Darmstadt 2005.

Kreativität und Erfolg durch Partnerschaft

Gerhard Schuler

Gerhard Schuler
ist Gründer der SBS AG und Mitbegründer der HOMAG-Gruppe, in der er als langjähriger Geschäftsführer, Vorstandsvorsitzender und Aufsichtsratsvorsitzender tätig war. Heute im Alter von 80 Jahren ist er Ehrenvorsitzender dieser Aufsichtsräte.

Im Laufe seiner 50-jährigen Unternehmertätigkeit erhielt er verschiedene Ehrungen und Auszeichnungen, wie z. B. das Bundesverdienstkreuz 1. Klasse, die Ernennung zum Senator e. h. der Fachhochschule Rosenheim und zum Professor der Nanjing Forestry University China. Überbetrieblich und ehrenamtlich war Schuler besonders als langjähriges Vorstandsmitglied und 1. Vorsitzender des Vorstandes der AGP in Sachen Mitarbeiterbeteiligung engagiert.

Er ist Autor des Buches *Durch Partnerschaft zum Erfolg*. Dort beschreibt er das HOMAG-Beteiligungsmodell im Detail.

In der Wirtschaft wird heute viel von Partnerschaft geredet und geschrieben. Man denkt dabei im Wesentlichen an die Partnerschaft mit Lieferanten, Dienstleistern und Behörden, ja sogar mit Kunden und Wettbewerbern. Alles Partnerschaften, die richtig praktiziert sehr hilfreich sein können. Gemeint ist hier jedoch die innerbetriebliche Partnerschaft, die Partnerschaft zwischen Unternehmensleitung und Mitarbeitern bzw. dem Betriebsrat eines Unternehmens. Aus einer solchen tatsächlich gelebten Partnerschaft kann ein erhebliches Kreativitäts- und Erfolgspotenzial resultieren.

Der globale Wettbewerb

Wichtige Voraussetzung im Hinblick auf die notwendigen Aktivitäten ist, dass wir uns bewusst werden, was aufgrund des globalen Wettbewerbes auf uns zukommt. Nur dann können wir uns darauf einstellen und die damit verbundenen Chancen nutzen.

Hinsichtlich unserer internationalen Wettbewerbsfähigkeit sind die Prognosen zurzeit positiv. Der Export boomt, die Umsätze und Gewinne der Unternehmen steigen und die Zahl der Arbeitslosen sinkt. Es ist jedoch noch nicht lange her, da wurde der Industriestandort Deutschland tatsächlich in Frage gestellt. Die Rahmenbedingungen wurden beklagt. Geredet wurde über die Wachstumsschwäche, die Vielzahl der Insolvenzen und die steigenden Arbeitslosenzahlen. Der demographische Wandel und seine einschneidenden Folgen für den Arbeitsmarkt, die Kritik an den sozialen Sicherungssystemen, dem sozialen Miteinander der Generationen sowie die hohe und immer noch steigende Staatsverschuldung taten ein Übriges dazu.

Was aber hat sich seitdem geändert? Zunächst wurden auf Grund der gegebenen Situation Verbesserungen in den Unternehmen realisiert. Entscheidend war jedoch die zunehmend florierende Weltkonjunktur. Fast überall in der Welt werden besonders Investitionsgüter gebraucht und teilweise gibt es diese vorrangig bei uns in Deutschland. Dies trifft besonders auch für den Maschinenbau und damit die HOMAG zu.

Der Nachfrageboom wird jedoch so nicht anhalten, und wir werden über den Globalisierungsprozess zunehmend Wettbewerbsdruck aus Niedrigkostenländern, wie Osteuropa, China und Indien, bekommen. Denn immer mehr gilt der Satz:

„Alles kann jederzeit und überall in der Welt produziert werden. Und produziert wird dort – wo es am billigsten ist.“

Um hier mithalten zu können, müssen sich die Unternehmer viel einfallen lassen – nötig sind Kreativität und Durchsetzungskraft. Gefordert sind hier auch die Tarifparteien, denn in der globalisierten Welt kann die Kombination von hohen Löhnen und hohen Lohnnebenkosten, verbunden mit kurzen Arbeitszeiten, zu einem Standortnachteil werden.

Eine Fokussierung auf Standortnachteile ist jedoch wenig hilfreich. Zu bedenken sind auch erhebliche Standortvorteile: politische Stabilität und Rechtssicherheit, gutes Schul- und Bildungswesen, gute Infrastruktur und großes Marktpotenzial.

In erster Linie sind die Unternehmer bzw. die Unternehmen hinsichtlich der erfolgreichen Bewältigung des Globalisierungsprozesses gefordert. Sie müssen folglich permanent sehr kreativ sein und bleiben.

Wie ist das der HOMAG gelungen?

Die Erfolgsfaktoren der HOMAG

Als erfolgreicher Unternehmer werde ich oft gefragt, was eigentlich die Erfolgsfaktoren der HOMAG sind. Diesbezüglich habe ich immer eine klare Antwort:

Abbildung 1: *Erfolgsfaktoren der HOMAG*

Konsequente strategische Ausrichtung

Die **konsequente strategische Ausrichtung** ist für den Erfolg entscheidend. Sie nimmt in der modernen Managementlehre eine herausragende Rolle ein. Deshalb hierzu einige Leitsätze:

- Ein Unternehmen, das erfolgreich sein will, braucht ein Ziel, eine Strategie.
- Wer kein Ziel hat oder das Ziel nicht kennt, für den sind alle Wege richtig (Optimist) – oder alle Wege falsch (Pessimist).
- Hohe, aber erreichbare Ziele, müssen gemeinsam festgelegt werden.
- Die Strategie muss eine Aufbruchsstimmung, eine Begeisterung, eine Vision erzeugen – Menschen lassen sich am leichtesten für anspruchsvolle Ziele begeistern, sie wollen gefordert sein, sie wollen stolz sein können auf das, was sie leisten.
- Strategisch denkende Unternehmer zeichnen sich u. a. durch *Mut zur Vorschau* und *Mut zum Risiko* aus:
- Eine Strategie ist nur so gut wie ihre Umsetzung.
- Die Anforderungen an eine Strategie sind hoch; auch hier ist Kreativität und Sachverstand gefordert.

- Eine erfolgreiche Strategie muss einen bisherigen Zustand nachhaltig verändern, Erfolgspotenziale aufweisen und Wettbewerbsvorteile ergeben sowie gleichermaßen zukunftsgerichtet sein.

Last, but not least muss eine Strategie erreichbar sein, sie darf insofern keine Utopie bleiben.

Das erste Strategiepapier wurde bei der HOMAG bereits 1983 entwickelt und unter dem Namen „Strategie 1990“ etabliert.

Die wesentlichen Ziele waren:

- Schaffung einer maschinenbaulich und steuerungsmäßig vereinheitlichten Produktpalette, dies entlang der Prozesskette unserer Kunden der plattenverarbeitenden Holz- und Möbelindustrie.
- Ausbau eines weltweiten Vertriebs- und Servicenetzes.
- Konzentration auf das Kerngeschäft mit dem Ziel der Weltmarktführerschaft.

Im Hinblick auf den mächtigen Wettbewerb konnte besonders Letzteres, die Erlangung der Weltmarktführerschaft, zum damaligen Zeitpunkt bestenfalls als Vision gesehen werden.

Unser erstes Strategiepapier führte zu einer wirklichen Aufbruchsstimmung. Vieles wurde erreicht und veranlasst, dies besonders auf Grund unserer partnerschaftlichen Strukturen, die für uns schon immer sehr bedeutend waren.

Partnerschaftliche Strukturen

Diese partnerschaftlichen Strukturen fußen auf zwei Säulen:

1. die immaterielle Beteiligung, also der Umgang miteinander, und
2. die materielle Beteiligung am Erfolg und Kapital des Unternehmens.

Die Realisierung der immateriellen Beteiligung erfolgt im Wesentlichen über das Führungsverhalten. Hohe Anforderungen werden hier an das Management gestellt. Es muss Vorbild und echt sein. Offenheit und vor allem Vertrauensbildung ist gefordert. Der Informationsfluss muss gesichert sein und die Mitarbeiter müssen mitentscheiden können. Sie werden zu Prozessbevollmächtigten. Das bedeutet aber auch, dass man die Menschen auch Fehler machen lassen muss, sonst „machen sie NICHTS mehr“.

Ganz wichtig ist auch die Realisierung von Anerkennung, Achtung, Aus- und Weiterbildung. Mitarbeiterbindung, Zufriedenheit und Bedürfnisbefriedigung müssen gleichermaßen in diesem Prozess erreicht werden.

Zur Implementierung der immateriellen Beteiligung haben wir bei der HOMAG schon vor 20 Jahren unter der Headline „Unser Führungsverhalten“ die nachfolgend dargestellten Führungsrichtlinien entwickelt. Sie beinhalten die vorstehend aufgeführten hohen Anforderungen.

Unser Führungsverhalten

- **Kooperativ und partnerschaftlich zum gemeinsamen Ziel.**
- **Vorbild sein – echt sein.**
- **Aktiv Aufgaben und Probleme anpacken und lösen.**
- **Messbare, hohe, aber erreichbare Ziele gemeinsam festlegen.**
- **Konsequent delegieren – mit der Aufgabe auch die Verantwortung.**
- **Kontrolle ist Aufgabe und Chance zum Motivieren.**
- **Durch Fragen führen, mit Begründungen überzeugen.**
- **Durch Loben anerkennen, fördern und motivieren.**
- **Durch Tadeln helfen und verbessern.**
- **Im Team gemeinsam Aufgaben lösen – wir haben gewonnen.**
- **Den Betriebsrat aktiv bei Führungsaufgaben einbeziehen.**
- **Informationen geben und bewusst holen.**
- **Beurteilungsgespräche führen, dabei den ganzen Menschen sehen.**
- **Aus- und Weiterbildung gezielt fördern.**
- **Es gibt nichts Gutes, außer man tut es – nur Taten zählen.**

Abbildung 2: *Führungsgrundsätze der HOMAG*

Außergewöhnlich ist hier besonders die Aufforderung: „Den Betriebsrat aktiv bei Führungsaufgaben einbeziehen“. Bei der HOMAG AG heißt dies, dass der Betriebsratsvorsitzende an den Managementbesprechungen, den Geschäftsleitungs- und Vorstandssitzungen nicht nur teilnimmt, sondern tatsächlich mitwirkt.

Sicher, die Partnerschaft im Unternehmen wird im Wesentlichen von der immateriellen Seite, den „weichen Faktoren“, geprägt. Dies trifft besonders für die Unternehmenskultur zu.

Zur Partnerschaft im Unternehmen gehört jedoch auch die materielle Seite, „die harten Faktoren“, in Form der Erfolgs- und Kapitalbeteiligung.

Im unternehmerischen Zusammenwirken schließt das Wort „Partnerschaft“ die Teilhabe, also nicht nur die Mitwirkung, das Sagen, sondern auch das Haben ein.

Hinsichtlich der Realisierung der materiellen Seite sind viele Wege möglich. Es gibt unterschiedliche Beteiligungsformen wie Darlehen, stille Beteiligung, Genussrechte, Belegschaftsaktien, Genossenschafts- und GmbH-Anteile. Laut einer Aufstellung der AGP/GIZ aus dem Jahr 2006, der ersten Adresse in Sachen Mitarbeiterbeteiligung, gibt es in der Bundesrepublik 3.600 Beteiligungsunternehmen mit 2 Millionen beteiligten Mitarbeitern und einem Mitarbeiterkapital von 12,3 Milliarden Euro.

Es gibt sicher nachahmenswerte bewährte Modelle. Dazu zähle ich auch das HOMAG-Modell, das seit 33 Jahren in unveränderter Form mit einer 100prozentigen Beteiligung der Mitarbeiter praktiziert wird (Abbildung 3). Dies auch jetzt nach dem durchgeführten Börsengang.

HOMAG-Mitarbeiterbeteiligungsmodell

■ Eingeführt:	1974
■ Form:	Stille Gesellschaft
■ Basis:	Betriebsvereinbarungen
■ Beteiligungshöhe:	6facher Monatslohn
■ Normalkapital:	25% des Gesamtgesellschaftskapitals
■ Aufbringung des Stillen Gesellschaftskapitals:	Einzahlung durch Mitarbeiter,dafür verzinsliche Darlehnsgewährung (Tilgung über Gewinnanteile)
■ Gewinn- und Verlustverteilung:	analog dem eingezahlten Stillen Gesellschaftskapital
■ Kontroll- und Mitspracherecht:	über Beteiligungsrat
■ Teilnahmeberechtigung:	alle Mitarbeiter ab 1 Jahr Betriebszugehörigkeit

Abbildung 3: *HOMAG-Mitarbeiterbeteiligungsmodell*

Anforderungen an die Mitarbeiterbeteiligung

Die Anforderungen an ein gutes Mitarbeiterbeteiligungsmodell sind hoch:

- Es muss zu einer Win-Win-Win-Situation kommen, es müssen die Mitarbeiter, das Unternehmen und unser Staat, unsere Gesellschaft gewinnen.
- Die Vorteile für die einzelnen Gruppen müssen größer sein als eventuell damit verbundene Hemmnisse und Nachteile.
- Alle Mitarbeiter sollen mitmachen können und wollen, es sollte zu keiner Zweiklassenbelegschaft kommen (Beteiligte und Nicht-Beteiligte).
- Anzustreben ist die Gewinn- und Verlustbeteiligung. Es sollte nämlich auch nicht zu zwei Klassen von Kapitalgebern kommen. Bei der Verwendung als Altersvorsorge ist Insolvenzschutz anzustreben.
- Eine Differenzierung in der Beteiligungshöhe je nach Verantwortungsgrad bzw. Verdienst oder Gehaltshöhe ist vorteilhaft.
- Die Freiwilligkeit muss gegeben sein. Die Vorteile bzw. Anreize müssen jedoch zur umfänglichen Realisierung führen.

- Die Beteiligung sollte an die Tätigkeit, das Arbeitsverhältnis im Unternehmen gebunden sein.
- Informations-, Mitwirkungs- und Kontrollrechte der Beteiligten sollten gegeben sein.
- Der Aufwand bei der Einführung und besonders bei der Handhabung sollte minimal sein. Eine zweifelsfreie Handhabung muss jedoch sichergestellt sein.
- Klare, aber einfache und leicht verständliche vertragliche Regelungen sind notwendig. Wichtig ist auch eine entsprechende Betriebsvereinbarung.
- Vom doppelten Risiko der beteiligten Mitarbeiter (Beteiligungs- und Arbeitsplatzverlust) sollte man nicht sprechen müssen. Die doppelte Chance muss dominierend sein.

Zusammenfassung und Standpunkte

Für mich ist die Realisierung der Mitarbeiterbeteiligung der Königsweg zum Erhalt unserer Wettbewerbsfähigkeit, ein hochkarätiger Erfolgsfaktor. Die Struktur- und Standortprobleme sowie der Globalisierungsdruck können nur mit motivierten, engagierten, kreativen und innovativen, unternehmerisch denkenden und handelnden Mitarbeitern bewältigt werden. Erreichen kann man dies nur, wenn man die Mitarbeiter zum Partner, zum Mitunternehmer macht. Man braucht dieselben auf breiter Basis. Mit ein paar „Überfliegern“, die auch sehr hilfreich sein können, sollte man sich nicht begnügen.

Es gibt vielerlei Untersuchungen von Wissenschaft und Instituten, die dies beweisen, z. B. IAB Institut für Arbeits-, Markt- und Berufsforschung der Bundesakademie für Arbeit oder der Gallup GmbH Deutschland, die dies bestätigen.

Es gibt auch viele Aussagen von namhaften Persönlichkeiten, die dies unterstreichen, wie die von Reinhard Mohn, der sagte:

„Die wirkliche Identifikation der Mitarbeiter mit ihrem Unternehmen ist die wohl letzte und damit entscheidenste Chance, den Standort Deutschland wettbewerbsfähig zu halten. Gelingen kann uns dies nur mit unternehmerisch denkenden und handelnden Mitarbeitern.“

Sowie von Roman Herzog, der die politische Bedeutung unterstreicht:

„Wir brauchen einen neuen Gesellschaftsvertrag zu Gunsten der Zukunft. Wir brauchen eine Vision. Wir brauchen eine Initiative für die Beteiligung aller Arbeitnehmer am Ertrag, Erfolg und Vermögen ihres Unternehmens. Deutschland braucht eine neue Arbeitskultur, eben eine Gesellschaft von Teilhabern.“

scalaria – Kernkompetenz Inszenierung

Peter Gastberger

Peter Gastberger,
Jahrgang 1956, ist Gründer und CEO von Scalaria the eventresort in Österreich am Wolfgangsee.

Nach dem Studium der Handelswissenschaften an der Wirtschaftsuniversität Wien (mit der Diplomarbeit am Institut für Finanzwissenschaften mit dem Thema „Wirtschafts- und Fiskalpolitik in der Stagflation") folgten Tätigkeiten in verschiedenen Tourismusorganisationen in Frankreich und England, danach der Wechsel in den Bankenbereich und die Gründung einer kleinen Privatbank. Weitere Projekte und Tätigkeiten in der Londoner Girozentrale und in der Citybank in New York.

1998 Eröffnung von Europe´s first eventresort, einer neuartigen Idee für Company-Veranstaltungen. Hinter dem Kunstwort „Scalaria" steht die Idee eines „bewohnbaren Erlebnisses". Das Konzept wurde aufgrund seiner kreativen Konzeption wiederholt mit internationalen Preisen ausgezeichnet.

Mit ganzheitlichen Erlebnissen begeistern ...

Neue Produkte vorzustellen heißt für Firmen längst nicht mehr, sie schlicht einem Publikum zu präsentieren, sie betrachten zu lassen, unter der Begleitung mehr oder weniger nickender Köpfe wieder zu verschwinden und zur Tagesordnung überzugehen. Neue trendige Marken und Firmen wie Nike, Red Bull oder Amazon suchen nach mehr. Sie wollen sich abheben von den Mitbewerbern und die Kunden und Medien beeindrucken. Gesucht wird daher ein kreativer Ansatz für Produktpräsentationen. Das Eventresort scalaria am Wolfgangsee hat die Idee aufgenommen und sich genau auf diese Präsentationen spezialisiert. Das Schlüsselwort dabei heißt „Inszenierung".

„Bei der Inszenierung von Erlebnissen geht es nicht darum, die Kunden zu unterhalten, sondern darum, sie zu fesseln."

Erlebniskauf, Konsum als Ereignis, Business als Bühne, Arbeit als Theater

Künstlerisch-modern arrangierte Events sollen dem Publikum nicht mehr nur rein ein Produkt zeigen, sondern mit einem Rundum-Programm ein oder mehrere Tage faszinieren, um als Firma, Produkt oder Dienstleistung schließlich in den Köpfen bestmöglich hängen zu bleiben. Wie das aussieht? An Seilen hängende Saxophonspieler, Tänzer und Künstler aller Art, Wasser- und Feuerspiele, Integration des Sees mit Bühne, Booten und schwimmenden Festzelten, Wasserflugzeuge als Laufsteg und vieles mehr. Entscheidend ist, dass wir die Marke leben und die Philosophie umsetzen.

Die „scalaria air challenge"

Jeder Event ist anders, individuell aufgebaut und inszeniert. Von einem klassischen Ablauf zu sprechen wäre daher abwegig. Die „air challenge" – eine Eigenveranstaltung der scalaria – zeigt auf, was es für Möglichkeiten für die Kunden in der Bergregion am Wolfgangsee gibt. Global Player wie Aston Martin, Jaeger Le Coultre, Bang & Olufsen, The Flying Bulls und die Champagnermarke Bullauge sind die Hauptpartner dieser Veranstaltung.

Die „air challenge" ist ein gewagtes Unterfangen – das betrifft sowohl die Organisation als auch das Thema selbst. Während sich Piloten aus ganz Europa, den USA und den Philippinen in ihren Wasserflugzeugen zwei Tage lang halsbrecherisch durch die Lüfte schwingen und die Chance nutzen, auf dem Wolfgangsee als eine der selten freigegebenen Wasserflächen zu landen, steht das Team der scalaria Kopf. Denn die „air challenge" ist nicht nur ein Fliegertreffen für Flugzeuge, sondern mittlerweile eine Lifestyle-Veranstaltung, die 10.000 Zuseher und die High Society anzieht: Flugshows von 41 Wasserflugzeugen, Tragflügel „geparkter" Flugzeuge als Laufsteg für Modenschauen, Tänzer auf der Seebühne mitten im Wasser, nachts pyrotechnische Effekte an Paragleitern, Gourmetküche drinnen und draußen und vieles mehr. Kurzum: tags ein spektakuläres Schauspiel, das den Zuschauern den Atem raubt, nachts ein fantastisches, ja fast mystisches Erlebnis, das auch den noch so übersättigten Dauer-Event-Besucher in seinen Bann zieht. Nicht nur die Piloten, auch die übrigen Gäste waren begeistert und verabschiedeten sich fast alle mit einem „See you next year @ scalaria".

Die kreative Idee

Eine Veranstaltung wie die „scalaria air challenge“ ist freilich kein Projekt auf der grünen Wiese. Es zählt neben der visionären Idee vor allem die Vorbereitung und das Schaffen der Möglichkeiten im Vorfeld – und das über eine geraume Zeit hinweg. Bei scalaria begann alles im Jahr 1998: Die Idee für ein Haus speziell für inszenierte Firmenveranstaltungen reifte im damaligen „Schloss am Wolfgangsee“. Uns war sehr bald klar, dass eine Orientierung in Richtung Wellness oder Casino nicht die Nische war, die auf lange Sicht Erfolg versprechen würde. Wir wollten uns also auf Veranstaltungen konzentrieren und eröffneten ein weltweit nahezu einzigartiges Eventresort: die scalaria. Dahinter steckt eine Fusion der Worte Scala und Galeria.

Auf der einen Seite steht die mondäne und glamouröse, aber gleichzeitig nicht überspitze Umgebung der Mailänder Scala, die mit Zerstreuung, Theater, Inszenierung und Schauspiel eine einzigartige Atmosphäre aufbaut.

Auf der anderen Seite steht die Präsentation von Bildern oder eben Produkten wie in einer Galerie, nämlich der Galerie – Art Museum von Calatrava (Milwaukee, USA). Die Kombination von beiden macht das Haus zu einem Ort der Begegnung von Firmen, Kunden und Presse, die ein ungezwungenes Miteinander und ein Erleben neuer Erfahrungen ermöglicht. Man ist nicht mehr nur Zuschauer, sondern taucht ein in eine andere Welt. Oder wie es Robert Greene (2001) ausdrückt:

„Verführung ist ein Stück Theater im wirklichen Leben – die Verschmelzung von Illusion und Realität.“

Vom Hotel zum Lifestyle-Unternehmen

Aller Anfang ist schwer – das gilt vor allem für Nischenprodukte. Auch scalaria musste einige Barrieren umschiffen. Zu Beginn war vor allem die Finanzierung eine heikle Sache. Als Unternehmer und den Kopf gefüllt mit Vorstellungen und Begeisterung für die kreative Idee habe ich etliche Banken abgeklappert. Der Erfolg war oft eher mäßig. Denn gerade Banken in ihrer starr ausgerichteten Strategie konnten mit der Idee des Resorts für Firmenveranstaltungen nicht viel anfangen. Ihnen wäre wohl ein klassisches Hotelkonzept lieber gewesen – mir nicht. Auch die relevanten Bewilligungen waren schwer zu ergattern. Da stolperte ich nicht nur über einige wenige Steine auf meinem Weg, sondern über regelrechte Felsen.

Und dann kam das, was ein junges Unternehmen oft braucht, um auf Touren zu kommen: jemand, der sich dafür ausspricht. Im Fall scalaria war es der damalige Wirtschaftslandesrat in Oberösterreich, Christoph Leitl, der auf Anhieb von der Idee begeistert war. Allein seine positive Einstellung gab in der Folge oft den Ausschlag bei Entscheidungen und er half somit indirekt, Hürden abzubauen. 1998 war es schließlich so weit, der Hotelbetrieb mit Seminaren und kleineren Events wurde begonnen. Erst mit der Zeit erfolgte die Spezialisierung auf Firmenveranstaltungen. Schließlich sollte man sich auf eine Sache konzentrieren – Mischbetriebe funktionieren nicht.

Von Hochs zu Tiefs zu Hochs

Das Eventresort entwickelte sich gut. In den ersten drei Jahren ging die Erfolgskurve steil nach oben und ließ auf mehr hoffen. Doch wie so oft kann Unerwartetes eine gesamte Unternehmung aufwirbeln. 2001 kam der Tiefschlag. Zu dieser Zeit waren die Hauptkunden der scalaria am deutschen Markt tätig oder aber sie wurden damals über den Markt im Nachbarland angeworben. Mit dem Anschlag auf das World Trade Center in New York am 11. September 2001 wurde nicht nur die amerikanische Weltwirtschaft erschüttert. Die Katastrophe hatte neben den menschlichen Tragödien auch massive Auswirkungen auf die europäische Wirtschaft. So blieb auch unser junges Unternehmen am Wolfgangsee nicht davon verschont. Deutsche Kunden sprangen ab. Der gesamte Markt brach förmlich weg und stellte uns blitzartig vor existenzielle Fragen.

Es ging mir durch den Kopf „das Handtuch zu werfen“ – aber die Erkenntnis von David Schwartz relativierte meinen damaligen, rabenschwarzen Pessimismus:

> *„Die Art Ihres Denkens nach einer Niederlage bestimmt, wie lange es dauert, bis Sie wieder siegen.“*

Wir haben die Ärmel hochgekrempelt und uns gedacht: Hürden sind immer nur so hoch, wie man es zulässt. Kreativität und Ausdauer können Flügel verleihen und jede noch so unüberwindbar scheinende Hürde wird immer kleiner und kleiner.

Meine Strategie war es, mich einfach auf andere Märkte zu stürzen und die Orientierung weltweit auszudehnen. Und es wurde verdaut, die Kunden bekamen wieder Lust aufs Investieren und das Eventresort somit neue Aufträge. Heute zählt das Haus 420 Betten in „designer rooms“, 3.000 Quadratmeter Bankquet-Fläche für Events für bis zu 1000 Teilnehmer. Scalaria ist allerdings kein Hotel, sondern ein Lifestyle-Unternehmen. Wir verkaufen keine Betten, Speisen oder Getränke. Wir offerieren ganzheitliche Erlebnisse und Lebensgefühl. Das schätzen auch Kunden wie der Medienkonzern Endemol:

> *„Scalaria ist kein herkömmliches Hotel, sondern ein bewohnbares Erlebnis.“*

Die Strategie

Grundsätzlich gilt es, Marktnischen zu finden, sie gezielt zu verfolgen und auszuweiten. Der strategische Gedanke ist im scalaria-Eventresort sehr vielseitig. Prinzipiell agiere ich als Unternehmer oder „Regisseure“ nach dem Grundsatz „Mit Leib und Seele einzigartige Gesamtinszenierung zu verwirklichen“. Heute, nachdem sich das Resort bereits einen Namen gemacht hat, können wir uns eine zweitklassige Show ohnehin nicht mehr leisten. Jede Innovation ist, wenn sie halbherzig durchgeführt wird und sich nicht von möglichen Konkurrenten und Marktbegleitern unterscheidet, schlicht ein verlorenes Investment. Das bedeutet aber nicht, dass es ein Ziel ist, Mitbewerber zu verdrängen oder ihnen etwas wegzunehmen. Ziel ist, neue Märkte zu schaffen und unvergessliche Erlebnisse zu liefern. Egal, was man organisiert und auf die Beine stellt – es muss spannend sein. Schließlich hat man gerade im Bereich Firmenkunden schon vieles gesehen. Die Herausforderung ist es also, neue Kunden mit Faszination hinter dem sprichwörtlichen Ofen hervorzulocken. Oder wie es Gary Hamel (2001) formuliert:

> *„Das worauf es in der New Economy ankommt, ist nicht die Kapitalrendite, sondern die Fantasierendite."*

Kann eine Idee nicht genügend begeistern, braucht man gar nicht erst anzufangen. Die Devise ist, sich nicht nur ein bisschen von den anderen zu unterscheiden, sondern sich richtig weit von ihnen abzuheben oder viel mehr – in einer völlig anderen Welt zu leben.

Kunden gewinnen – aber wie?

Anfangs war das Marketingbudget der scalaria sehr klein. Die Strategie war es daher, über Agenturen Kunden zu gewinnen. Durch das Nischenprodukt und die Konzentration auf Events waren die angesprochenen Agenturen schnell überzeugt und boten scalaria dem Kunden als „Geheimtipp" am Wolfgangsee an.

Außerdem lieferten gezielte Messeauftritte große Wirkung, die bis heute noch für Gesprächsstoff sorgen. Die Aufträge „flatterten" ins Haus und eine Veranstaltung „jagte" die nächste. Nun, nachdem sich das Resort einen Namen gemacht hat, hat sich auch die Marketingstrategie geändert.

Denn inszenierte Veranstaltungen lassen sich mit Worten oder auf dem Papier meist nur mäßig und unergiebig beschreiben. Firmenrepräsentanten und PCO's werden daher direkt zu anderen Events geladen, um sich ein Bild zu machen und die Atmosphäre direkt vor Ort zu erleben. Vor allem innovative Firmen sind von der Professionalität des Unternehmens und der Landschaft zwischen Seen und Bergen oft überrascht und auf Anhieb begeistert. In den meisten Fällen ergibt sich daraus eine neue Herausforderung.

Jeder fängt einmal klein an

In der scalaria finden heute vor allem Firmenevents statt. Eine gewisse Größenordnung braucht es, um am Markt die Kosten decken zu können. Jedoch ist die Zahl der Gäste nicht ausschlaggebend für die Kosten. Udo Jürgens spielt für 10 Leute um gleich viel Gage wie für 500. Der Weg der scalaria zeigt, dass Erfolg seine Zeit braucht. Vom Anfang der Idee bis zum Zeitpunkt, an dem sie Früchte trägt, braucht es fast zehn Jahre. Sieht man sich erfolgreiche Marken und Labels an, ist die Zeitspanne vergleichbar. Denn erst mit dem Erfolg kommt das entsprechende Medien-Echo. Plötzlich liest und spricht man über Aufstiege „von Null auf Hundert" und reibt sich verwundert die Augen, wie schnell das doch alles gegangen sein soll.

Team und (lockere) Führung als Schlüssel zur Kreativität

Im Eventresort scalaria ist die Hierarchie sehr flach. Das hat sich im Laufe der Zeit sehr bewährt. Kreativität kann sich am Besten in einem harmonischen und lockeren Klima entfalten. Die Projektleiter agieren selbstverantwortlich; nur so ist es möglich, große Projekte optimal abzuwickeln. Dies verschafft dem Unternehmer die Freiheit, nicht permanent alles kontrollieren zu müssen. Tom Peters kommt zum selben Schluss:

> *„Nicht selbst Spitzenleistungen erbringen, sondern andere zu Spitzenleistungen anregen."*

Meine Aufgabe sehe ich darin, Netzwerke und Key Points zu schaffen. Alles Weitere machen die Projektleiter und das Team selbst. Je transparenter und offener die Organisation ist, desto mehr Teamgeist, Vertrauen und Leistungsbereitschaft ist vorhanden. Im Grunde ist die Organisation daher sehr schlank, bei Bedarf kann sie sich aber mit Freelancern, also freien Mitarbeitern, der erforderlichen Größenordnung anpassen.

Wir suchen keine Mitarbeiter, sondern Talente mit dem „Funkeln in den Augen".

Potenziale in Menschen zu erkennen, ist in unserem Geschäft eine überaus wichtige Sache. Noten aus Zeugnissen spielen für uns keine große Rolle. Dem Menschen selbst soll eine Chance gegeben werden, sich kreativ zu entfalten. Sehr oft entwickeln sie sich mit ihrer Aufgabe und leisten dabei ganz Erstaunliches. Daher suchen wir Teammitglieder mit einer positiven Einstellung, Freundlichkeit, Charisma und dem „Funkeln in den Augen".

Oberstes Gebot für das scalaria-Team ist gelebte Freundlichkeit. Das bedeutet nicht, dass sie devot oder untertänig sind, sie sollen vielmehr die „absolute Dienstleistung" repräsentieren. Diese Freundlichkeit ist eine Grundvoraussetzung, der Rest an nötigen Fähigkeiten wird sich im Laufe der Zeit angeeignet. Irgendwann „fangen die neuen Teammitglieder Feuer" und es zieht ihnen die Mundwinkel in die Höhe – was im scalaria-Resort vielen nicht schwer fällt.

Berater und Dienstleister

Kein Projektleiter der scalaria „fällt vom Himmel" und es gibt auch keinen „Kaminaufstieg". Unsere Philosophie wird „von der Pieke auf " angelernt. Das bedeutet, sich als Management-Trainee zu bewähren und sich anschließend als Assistent zu behaupten, bevor man volle Verantwortung als Projektleiter oder als Head of Department übernimmt.

Die Hauptaufgabe der Projektmanager besteht nicht im Verkauf von Events, sondern in der Beratung der Kunden. Die Dienstleistung steht im Vordergrund. Der Kunde soll seine eigene Firmenphilosophie und Ideologie bestmöglich in der Veranstaltung umgesetzt und inszeniert sehen. Es ist allerdings ein schmaler Grat zwischen professioneller Beratung und dem Eingehen auf Kundenwünsche. Ziel ist es, tolle Inszenierungsvorschläge zu machen, die Bedürfnisse und die Wünsche des Kunden zu befriedigen – vielmehr sollte es uns gelingen, sie zu übertreffen.

Es ist im Verantwortungsbereich der Projektleiter, kurzatmige und spannende Shows auf die Beine zu stellen und die Gäste zu faszinieren. Jeder Projektleiter „regiert“ sein Projekt eigenverantwortlich mit dem von ihm gewählten Team. Das heißt aber nicht, dass die Projektleiter isoliert arbeiten. Im Gegenteil: Bürokratie wird durch flexible Allianzen ersetzt. Die einzelnen Teams und Abteilungen kooperieren optimal und arbeiten übergreifend. Diese Teamsolidarität sorgt für großartige Lösungen.

Kapital „Team“ weiterentwickeln

Mittlerweile haben wir in der scalaria einen Kern an Abteilungsleitern (Heads of Department), die unsere Philosophie bereits leben. Sie suchen sich selbstverantwortlich ihre Mitarbeiter. Für diese Ausbildung haben wir die 2-jährige scalaria Management Academy ins Leben gerufen. Zwei Jahre lang durchlaufen die Management-Trainees alle Stationen und Abteilungen des Unternehmens. Ziel ist es, Einblicke in alle Bereiche zu bekommen. Ein starres Programm ist das allerdings nicht. Merkt ein Trainee, dass ihm eine Abteilung besonders liegt, kann er dort längere Zeit verbringen als in den anderen. Die Philosophie des Hauses ist es, Menschen dort einzusetzen, wo ihre Stärken liegen.

Trotz flacher Hierarchien muss der Unternehmer stets „ erster Bewunderer“ des Hauses bleiben: Er ist derjenige, der zu Beginn mit Enthusiasmus hinter neuen Ideen stehen muss, damit der „zündende Funke“ auf das Team überspringen kann. Je lockerer er dabei die Zügel hält, desto innovativer wird auch das Team. Doch gemeint ist hier nicht „laisser faire“ im Anpacken und Ausführen der Projekte. Die Kundenorientierung und ihre Ausrichtung lassen hier keinerlei Kompromisse zu. Als Unternehmer muss ich die Unternehmens-Philosophie vorbildlich praktizieren, also durch das eigene Handeln tagtäglich vorleben; mit meinem Team Innovationen und Zukunft gestalten. Es ist mit der Beziehung eines Orchesters zum Dirigenten vergleichbar.

Dabei werden gemeinsam immer wieder neue künstlerische Erlebnisse auf die Beine gestellt. Ohne Anstrengung und Investition von Zeit geht das aber nicht. Dazu gehört auch, sich international umzusehen – etwa in Künstlerkreisen, bei anderen Shows oder neuen Musicals –, um neue Trends aufzuspüren. Was „in“ ist und ankommt, funktioniert auch für das Eventresort. Kreativität ist keine Aufgabe für heute oder morgen, sondern ein permanenter Prozess, den es mit Leidenschaft zu verfolgen gilt. Insbesondere messe ich unternehmerischen bzw. persönlichen Erfolg auch daran, dass renommierte Künstler und Kunden tatsächlich über viele Jahre immer wieder gerne zu uns nach St. Wolfgang kommen. Auch für das Team ist ein positives Feedback natürlich eine wunderbare Quelle der Motivation und der Inspiration (www.scalaria.com).

Herz gegen Kommerz

„Sorgen Sie dafür, dass Sie und Ihr Unternehmen bescheiden, serviceorientiert, engagiert, schlank, rege und hungrig bleiben. Vermeiden Sie ein Übermaß an Komplexität. Vertreiben Sie Arroganz, Gier und Selbstgefälligkeit."

Was die Wirtschaft von der Naturwissenschaft lernen kann

Wünsche unserer Gäste zu erfüllen, nein sie zu übertreffen, zu überraschen und zu verblüffen, ist unser erklärtes Ziel. Gelingt eine Veranstaltung, stellt sich der finanzielle Erfolg später von selbst ein. Zudem gibt es vor allem öffentliche Veranstaltungen, die nicht von heute auf morgen funktionieren. Neue Events brauchen Zeit, um erfolgreich zu werden. Zum einen müssen die Partner beharrlich überzeugt werden, zum anderen darf es an Publikum und spannenden Gästen nicht fehlen. Es bedarf weniger an Sponsoren, vielmehr benötigen wir verlässliche Partner aus jeder „Himmelsrichtung". Ziel ist nicht, Geldleistungen zu bekommen, sondern gemeinsame Synergien einzubringen. „Kein Umfeld schafft es, die Werte meiner Marke so zu transportieren, wie es die scalaria verwirklicht." Davon muss der Partner an unserer Seite restlos überzeugt sein.

Ausblick

Für die Zukunft ist unser erklärtes Ziel, noch konsequenter Innovationen tatsächlich zu leben. Unsere Kernkompetenz muss noch mehr gefestigt werden, um unsere Nischen permanent zu verfeinern und auszubauen. Das Bestehende ist aus meiner Sicht sozusagen ein sehr „erfreulicher Beginn"! Jetzt gilt es aber wirklich „Herausragendes!" entstehen zu lassen. Neue Visionen und Projekte stehen auf dem Plan. Durch den innovativen Ausbau des Resorts, einzigartiger Bühnen, Begeisterungselemente und vielem mehr wollen wir die Eventbranche „aufrütteln" und neu erfinden. So schaffen wir das Fundament, um neue geistige Feuerwerke zu verwirklichen. Auch neue Kooperationen sollen eingegangen werden – man darf gespannt sein. Meine Erfahrung ist, dass man gelegentlich neue Dinge einfach tun muss, um zu sehen, wie diese sich dann tatsächlich weiterentwickeln.

Matthias Horx, der Zukunftspartner, beantwortet uns die Frage: „Wodurch entsteht also Zukunft?" Sie entsteht durch Zufälle, an denen wir nichts oder wenig ändern können. Sie erwächst aus den Gesetzmäßigkeiten lebendiger Systeme, die wir verstehen lernen können. Sie entwickelt sich aber vor allem durch menschliches Handeln und humane Vereinbarungen.

Unsere Kreativität ist sicherlich die eine und sehr entscheidende „Seite der Medaille". Aber genauso wichtig sind Ausdauer und Kompetenz, denn nur so wird wirklich Neues nachhaltig entwickelt. Daher ist der Begriff Beharrlichkeit in der scalaria zum geflügelten Wort geworden. So muss man etwa in der Entwicklung einer Idee „viele Schritte zurücklegen", bis man tatsächlich zum gewünschten Erfolg kommt und damit das Ziel erreicht. Beharrlich zu sein, bedeutet aber auch, in ständigem Kontakt mit potenziellen und aktuellen Kunden zu bleiben. Mit Beständigkeit an neuen Innovationen „feilen“ und sich insbesondere mit dem Erreichten niemals zufrieden geben. Unaufhörlich weiter zu optimieren, zu erneuern und bei Bedarf auch zu „revolutionieren“. Beharrlichkeit bezieht sich gleichermaßen auf das Team und die Unternehmer im Eventresort. Eine Selbstverständlichkeit dabei ist, dass wir niemals darin nachlassen, jederzeit freundlich, aufmerksam und aufgeschlossen gegenüber unseren Gästen zu sein. Aufgabe des Unternehmers ist es sicherlich auch, sich „ den Kopf über kreative, finanzielle Ansätze zu zerbrechen“, verantwortungsvoll mit sich, seinem Team und der Umgebung umzugehen und seine Grenzen ständig weiter auszudehnen. Sich auf seinen eigenen Lorbeeren auszuruhen, ist der Anfang vom Ende! Auch in das Klischee des „Märchenerzählers“ sollte man sich nicht pressen lassen, nur weil man nicht auf traditionelle, konventionelle Ideen setzt, sondern einfach „mehr“ Kreativität pro-aktiv gestalten will … Denn schon Mark Twain brachte es auf den Punkt:

„Man ist so lange ein Spinner, bis man Erfolg hat.“

Literatur

FÖRSTER, ANJA/KREUZ, PETER, *Different Thinking*, Frankfurt 2005.
GREENE, ROBERT, *The Art of Seduction*, New York 2001.
HAMEL, GARY, *Leading the Revolution*, Harvard business school press, München 2001.
HORX, MATTHIAS, *Wie wir leben werden*, München 2005.
LENCIONI, PATRICK, *The Five Dysfunctions of a Team*, San Francisco 2004.
MESSNER, REINHOLD, *Das Credo eines Grenzgängers*, München 2001.
MIKUNDA, CHRISTIAN, *Der Verbotene Ort oder die inszenierte Verführung*, Düsseldorf 1998.
MINTZBERG, HENRY/AHLSTRAND, BRUCE/LAMPEL, JOSEPH, *Strategy Safari*, New York 1999.
MOORE, GEOFFREY A., *Darwins Erben*, München 2007.
PAPMEHL, ANDRÉ, *Absolute Customer Care*, 2. Auflage, Wien 2002.
PAPMEHL, ANDRÉ, *Kreative Mitunternehmer entfesseln – Anspruch und Wirklichkeit*, in diesem Buch.
PETERS, TOM, *Re-Imagine*, Offenbach 2008.
PINE, B. JOSEPH/GILMORE, JAMES H., *Erlebniskauf*, München 2000.
RIES, AL/RIES, LAURA, *The 22 Immutable Laws of Branding*, New York 1999.
TROUT, JACK /RIVKIN, STEVE, *New Positioning*, New York 1996.

Grid International – die kreative Organisation realisieren

Vladimír J. Dvořák

Dr. Vladimír J. Dvořák,
Jahrgang 1967, Magister, arbeitet seit rund 13 Jahren in den Bereichen Personalmanagement, Führung und Organisationsentwicklung. Bis 1998 war er als Mitarbeiter und Führungskraft an der Humboldt-Universität Berlin sowie in der Praxis tätig. Seit 1999 ist er Geschäftsführer von Grid International in Tschechien und der Slowakei (zertifizierter Grid-Trainer und Coach). Seine Arbeitsschwerpunkte sind Performance Tuning und Coaching, insbesondere im Hinblick auf die Entwicklung kreativer Unternehmenskulturen und Teamentwicklung sowie die Verbesserung der Zusammenarbeit zwischen Gruppen. Dies umfasst praxisorientierte Einzelmaßnahmen wie beispielsweise „Persönliche Entwicklungsstrategien" und „Executive Coaching".

Einleitung

Es fing an wie in einem Märchen: Vor vielen Jahren, in einem fremden Land, wurde hinter den sieben Bergen und den sieben Wäldern neben vielen alten Schlössern auf der grünen Wiese bei Prag eine Firma gegründet. Zwar war es eine Niederlassung einer weltweiten Organisation, die im fernen Amerika beheimatet ist, aber zugleich ein Schmelztiegel, in dem ein Verkaufsspezialist, zwei Psychologen, ein Philosoph, ein IT-Techniker, eine Volkswirtin und eine Buchhalterin auf einmal etwas gemeinsam von Null an aufzubauen hatten.

Da es sich bei Grid International Inc. um ein Beratungsunternehmen handelt, wird gleich deutlich, dass hier mit Organisationsentwicklung zwei Dinge einhergehen. Einerseits besteht die Mission solcher Unternehmen darin, den Kunden auf neuen Wegen, durch die sich ihr Alltag besser managen lässt, zu unterstützen. Und ein in der Praxis erprobtes wissenschaftliches Rückgrat, wie es im Falle Grid International das von Robert R. Blake und Jane Mouton stammende Verhaltensgitter[1] (engl. grid) ist, erleichtert sicherlich diesen Dienst am Kunden. Andererseits ist es innerhalb eines solchen Unternehmens umso nötiger, kreativ mit Aufgaben umzugehen, die Ressourcen voll auszuschöpfen und offen zu bleiben für andere Sichtweisen als die, die man bis jetzt hatte. Das wurde deutlich, als sich die Zahl der Mitarbeiter wie auch der Kunden ständig vergrößerte. Aus dieser Spannung heraus kristallisierte sich innerhalb der nunmehr neun Jahre gemeinsamer Existenz ein Leitsatz heraus, der alle Mitarbeiter in der Firma nach vorne treibt: alles, was wir bei den Kunden verändern und verbessern, muss zuvor in unseren eigenen Reihen verändert und verbessert sein. Um sicherzustellen, das Blinde nicht Blinde führen.

Springbrunnen der Kreativität

„Mit etwas aufzuhören ist viel schwieriger, als mit etwas Neuem anzufangen."

Steve de Shazer

Sicherlich sind es mehrere Elemente, die entscheidend sind, um ein bestimmtes Unternehmen, eine bestimmte Abteilung oder Arbeitsstelle in eine kreative Werkstatt zu verwandeln. In diesem Buch werden diese schöpferischen Ingredienzien aus verschiedenen Blickwinkeln beleuchtet. Ich werde versuchen, die drei Kreativitätsquellen mit Rotstift zu markieren, die ich aus meiner praktischen Erfahrung am besten kenne. Tagtäglich bin ich in der eigenen Firma wie auch bei unseren Kunden damit konfrontiert, diese Elemente zu stärken und dadurch Synergien frei zu setzen.

Führung und Teamgeist

„Das, was wir Wirklichkeit nennen, ist im Grunde Ergebnis der Kommunikation."

Paul Watzlawick

Es ist Mode geworden, anstatt von Führung von Leadership zu reden, gemeinsame Arbeit wird gerne Teamwork genannt, aber diese neuen Begriffe bezeichnen oft die alten Inhalte. In der Welt des Business heißt zu leiten zugleich auch, über besondere Macht zu verfügen. Leiter ist derjenige, der zu gebieten hat oder kann, je nachdem, in welcher Unternehmenskultur wir uns befinden. Damit geht die Frage nach der Qualität der Persönlichkeit der Manager einher. Denn ohne eine gewisse Größe des Charakters ist es schwierig, die Reflexionsfähigkeit über das eigene Handeln aufrecht zu erhalten. Deshalb begegnen uns in unserer Praxis so viele leitende Verantwortungsträger, die über ausbleibende Kreativität in deren Teams klagen und Gründe dafür ausschließlich außerhalb ihrer selbst suchen.

Größtes Hindernis für Kreativität im Unternehmensalltag ist jedoch nicht die fehlende Motivation der Beschäftigten, sondern es sind festgefahrene Verhaltensstandards, die unsere Interaktion in Sitzungen oder Projektteams bestimmen, begrenzen oder gar verhindern.

Überall dort, wo kreative Zusammenarbeit auf das Erreichen von klar beschriebenen Zielen ausgerichtet ist, lassen sich immer zwei Merkmale aufspüren. Erstens herrscht geteiltes Verständnis über den Inhalt der aufgestellten Ziele, obwohl wir Menschen oft an die Grenze unserer Kommunikationsmöglichkeiten stoßen, manchmal einen Begriff unterschiedlich verstehen, oft meinen, den Sinn verstanden zu haben, ohne uns bei den Anderen zu vergewissern. Zweitens herrscht dort eine Art von ansteckender Initiative – jeder steuert seine Meinungen und Lösungsvorschläge bei, seine Kommentare auf Beiträge anderer. Dies in einer Stimmung, die einen Austausch anregt, bei welchem die Idee und nicht der Ideenträger wichtig ist. Es ist in Ordnung, wenn mein Gedanke die Richtung der Diskussion vorgibt, ebenso wie wenn er widerlegt und verlassen wird. Da aber alle Teilnehmer so aktiv zum Gedankenaustausch beitragen, kommen so viele Ideen zusammen, dass die Wahrscheinlichkeit, etwas recht gutes zu entdecken, zigfach steigt. Damit hängt auch die Freiheit zusammen, ohne Angst durch Experimentieren Irrtümer begehen zu dürfen. Wir können nur dann Innovationen erwarten oder fordern, wenn es dabei erlaubt ist, Fehler zu machen und auch daraus zu lernen.

Eigenverantwortung

„Jede Ursache ist zugleich Folge und umgekehrt."

Gregory Bateson

Ein weiterer Hebel, der Einfallsreichtum und innovatives Denken steigert, ist die innere Einstellung der Mitarbeiter zu ihrem Verantwortungsbereich. In Unternehmenskulturen, in denen

Eigenaktivität gelobt und Verbesserungsvorschläge belohnt werden, ist es für die Beschäftigten so gut wie selbstverständlich, jede Routine zu hinterfragen, immer neue Wege auszuprobieren und auf diese Weise ihren Arbeitsplatz zu verändern. Damit stärken sie ihr Selbstwertgefühl, identifizieren sich mit dem Arbeitgeber, erleben motivierende Loyalität und werden dadurch zu mehr fähig, als nur zum Ausführen der aufgetragenen Aufgaben.

Leider wird diese Chance nur in bestimmten Branchen ganz gezielt genutzt. Als Beispiel kann hier die Informatik dienen. Aufsteigende IT-Firmen setzen auf dieses Prinzip und sind deshalb in der Lage, immer komplexere und ausgefeiltere Softwareprogramme bei niedrig gehaltenen Kosten zu produzieren. Was hier als Zufallsprodukt der besonderen Einstellung der Computerfreaks entsteht, könnte in jedem Unternehmen zum Standard werden, wenn das Top-Management als ihre wichtigste Aufgabe entdecken würde: Weichen stellen für solch eine Ausrichtung der Unternehmenskultur und mit eigenem Beispiel voran gehen, setzt bei Mitarbeitern ungeahnte Kräfte frei.

Performance Tuning

„Wissen ist kein Bild oder keine Repräsentation der Realität, es ist vielmehr eine Landkarte dessen, was die Realität uns zu tun erlaubt."

Ernst von Glasersfeld

Damit kommen wir zu der meiner Meinung nach wichtigsten Komponenten jeder kreativen Organisation. Die Unternehmenskultur stellt eine Sammlung von Visionen, Werten, Normen und Standards dar, die bewusst oder unbewusst jedes Handeln der Beschäftigten bestimmen. Es besteht ein direkter Zusammenhang zwischen Produktivität und Kreativität einer Firma und deren Kultur, die darin herrscht. Dies nur festzustellen wäre aber zu wenig. Die spannende Frage lautet, wie lässt sich so etwas Abstraktes konkret beeinflussen? Eine originelle Antwort auf diese Frage bietet „Performance Tuning", ein junger und wissenschaftlich fundierter Zweig der Organisationsentwicklung, der die modernen Theorien der Sozialsysteme[2] und Ergebnisse der systemischen Forschung[3] zu einem Konzept vereint und Wege aufzeigt, die es ermöglichen, dass eine Organisation von sich aus anfängt, sich zu verändern (Selbstcoaching-Prinzip).

Der englische Begriff für diesen Prozess „Performance Tuning" verdeutlicht, dass die erzielte Steigerung der Leistungsfähigkeit von Unternehmen nicht etwas Neues und Hinzugefügtes ist. Sie erntet die Früchte der freigelegten kreativen Kräfte, die schon immer im Unternehmen vorhanden gewesen sind. Die Leistung einer Organisation fein zu stellen – oder poetisch gesagt „zu stimmen" – heißt konkret, alle Wege auszuschöpfen, um vorhandene Ressourcen zu nutzen. Im Gegenteil zum traditionellen Consulting, wo neue Inhalte von externen Experten von außen in die Organisation hineingetragen werden, fühlt sich Performance Tuning dem Verwerten der im Unternehmen existierenden Ressourcen verpflichtet. Nur die Menschen im Unternehmen haben einzig und allein die Kompetenzen zu bestimmen, was anders sein soll und zu beschreiben, wie es aussieht, wenn die Veränderung gelungen ist. Um das herauszufinden, bedarf es allerdings der Unterstützung durch Instrumente. Das sind typischerweise Systemisches Coaching, Leadership Grid®, Audit Workflow oder Intervall-Führung[4]. Da eine Maximierung der Effektivität einer Firma im Fokus steht, sind ihre Ergebnisse gut in Zahlen messbar (Umsatz, Profit, Fluktuationsrate, etc.). Ebenso geht damit gesteigerte Produktivität, Kreativität, Innovationsgeist und der Identifizierungsgrad der Beschäftigten mit dem Unternehmen einher.

Diese besondere Einstellung zum Thema Organisationsentwicklung unterscheidet unsere Firma von anderen, die mit auf dem Know-how der Trainer aufgebauten Konzepten arbeiten. Dieser Unterschied führt natürlich auch uns selbst zu untraditionellen und kreativen Denk- und Handlungsweisen bezüglich der eigenen Funktionsweise als Beratungsunternehmen. Kleine Beispiele, wie sich so etwas im Arbeitsalltag darstellt und welche Ergebnisse dieses hat, werde ich im folgenden Kapitel vorstellen.

Die konkreten Instrumente

„Es ist schon ein Zeichen, dass du gefunden hast, wenn du weißt, was du suchst."

Aurelius Augustinus

Während der letzten Jahre, in denen ich an der Entwicklung des Performance Tuning Konzeptes im tschechisch-slowakischen Sprachraum gewirkt habe, machte ich zwei praktische „Entdeckungen" im Hinblick auf Kreativität.

Effektives Sitzungswesen

„Wer vertauscht den ersten Knopf, der kann sich nicht mehr richtig zuknöpfen."

J. W. Goethe

Um unsere Arbeitszeit, die wir für Meetings und Besprechungen aufwenden, so effektiv wie möglich zu nutzen, haben wir das System der „Kreativen Sitzung" eingeführt. Unserem Beispiel folgten dann auch unsere Kunden, bei denen wir im Rahmen der Entwicklung der Unternehmenskultur nach Freisetzung von Ressourcen gefragt waren. Aber erst, als wir eine der vier größten Handelsfirmen in Tschechien mit mehr als 5000 Beschäftigten erlebt haben, die auf diese Weise ihr komplettes Sitzungswesen, vom Top-Management angefangen bis auf die untersten Führungsebenen, binnen sechs Monaten von Grund auf verändert hat, sind wir uns bewusst geworden, welche Stärke in diesem Instrument steckt.

Die Grundidee am Anfang war, zu hinterfragen: was tun wir normalerweise in unseren Sitzungen und wie effektiv sind sie wirklich? Wenn die Führungsmannschaft einer Firma zusammenkommt, ist es allein aufgrund der Personalkosten pro Stunde von Wichtigkeit, wie diese Zeit und der Aufwand in konkreten Nutzen umgewandelt werden. Dabei haben wir für unser Zusammenkommen meistens vier Gründe:

- Sich gegenseitig zu informieren
- Neue Aufgaben verteilen
- Erfüllung der alten Aufgaben kontrollieren
- Gemeinsam überlegen und etwas Neues ausdenken.

Die wichtige Frage dabei lautet: bei welchen dieser Tätigkeiten lohnt es sich, es als Team gemeinsam zu tun, wo kann Synergie in der Gruppe entstehen? Unsere Antwort lautet, dass die ersten drei der aufgeführten Punkte nicht dazu gehören.

Informationen

Informationen können viel besser vorab durch elektronische Medien ausgetauscht werden, was jeden der Teilnehmer zur Vorbereitung auf die Sitzung zwingt. Wenn wir uns im Voraus über unsere Position Gedanken machen, verkürzt sich die Entscheidungsfindung. Jeder legt seine durchdachte Argumentation auf den Tisch und es wird möglich, sich auf die beste aller Möglichkeiten zu konzentrieren, anstatt darauf zu achten, wie trennscharf ich meine eigene Position ausgedrückt habe und wie ich sie noch besser vortragen könnte. Das typische Problem in der Kommunikation, dass Menschen sich nicht mehr zuhören, weil sie im Kopf nur nach Argumenten für die eigene Sichtweise suchen, wird damit wirkungsvoll minimalisiert.

Aufgaben

Aufgaben zu verteilen und zu kontrollieren, ob und wie sie erledigt werden, zählt ebenfalls nicht zu den synergiehaften Inhalten einer Besprechung. Es geschieht in der Regel als Dialog zwischen Auftraggeber und Auftragnehmer, hat einen klaren Wert und Sinn, lässt jedoch Ressourcen aller anderen Teilnehmer in einer solchen Besprechung ungenutzt. Mit dem Gedanken „das betrifft mich jetzt nicht, ich kann also abschalten“ verwandeln sich die anderen in schweigende Zeugen, anstatt aktiv beizutragen. Ja, es ist auch schwierig sich ins Zwiegespräch des Chefs mit einem Kollegen einzumischen. Deshalb haben wir wöchentliche Treffen des Vorgesetzten mit jedem seiner direkten Mitarbeiter eingeführt, in denen solche Inhalte besprochen werden. Da sie sich in regelmäßigen Abständen wiederholen, nennen wir sie „Intervall-Führung[6]“.

Ein Protokoll fasst zusammen, was vereinbart war und gibt Übersicht über Termine und Struktur der Tätigkeiten des Mitarbeiters, die dazu führen werden, dass die Aufgaben erledigt werden. Ebenso ist aufgeführt, welche Art der Unterstützung seitens des Vorgesetzten dafür notwendig ist. Damit alles berücksichtigt wird, gliedert sich die Struktur des Protokolls in vier Bereiche, die wir Kontexte nennen:

1. Operative Aufgaben (was kurzfristig gemacht werden muss),
2. Strategische Aufgaben (was längerfristig gemacht werden muss),
3. Optimierung der innerbetrieblichen Beziehungen (was kann ich als Zulieferer oder Abnehmer der Arbeit von anderen anders tun, damit der Workflow in der Firma besser wird),
4. Persönliche Entwicklung (was werde ich tun, um meine Fähigkeiten und Kompetenzen als Manager zu steigern).

Diese Art und Weise der „Führung in Intervallen" stellt sicher, dass Motivation beim Mitarbeiter nicht zufällig entsteht, sondern Woche für Woche als Ergebnis der intensiven Zusammenarbeit mit dem Vorgesetzten gepflegt und gesteigert wird. So kann er an seinem Arbeitsplatz tatsächlich „Unternehmer vor Ort" werden (siehe Abbildung 1). Seine Tätigkeit richtet sich nicht mehr nach den Anweisungen des „Chefs", sondern folgt getroffenen Vereinbarungen zwischen ihm und seinem Vorgesetzten, was Freiraum für Eigenverantwortung schafft.

Praktisch gehen wir davon aus, dass ein Manager maximal fünf bis sieben Mitarbeiter sinnvoll direkt führen kann. Das ist eine gesicherte Erfahrung aus dem militärischen Bereich: ein Offizier kann gut 5 Unteroffiziere direkt leiten (Pentagon Prinzip). Wenn eine solche Besprechung wöchentlich etwa eine Stunde in Anspruch nimmt, ist es knapp ein Tag in der Woche, den ein Vorgesetzter für direktes Führen seiner Mitarbeiter aufwendet. Ergebnisse dieser Konzentration der Kräfte sind mehr Effizienz, bessere zwischenmenschliche Beziehungen und berechenbare Leistung.

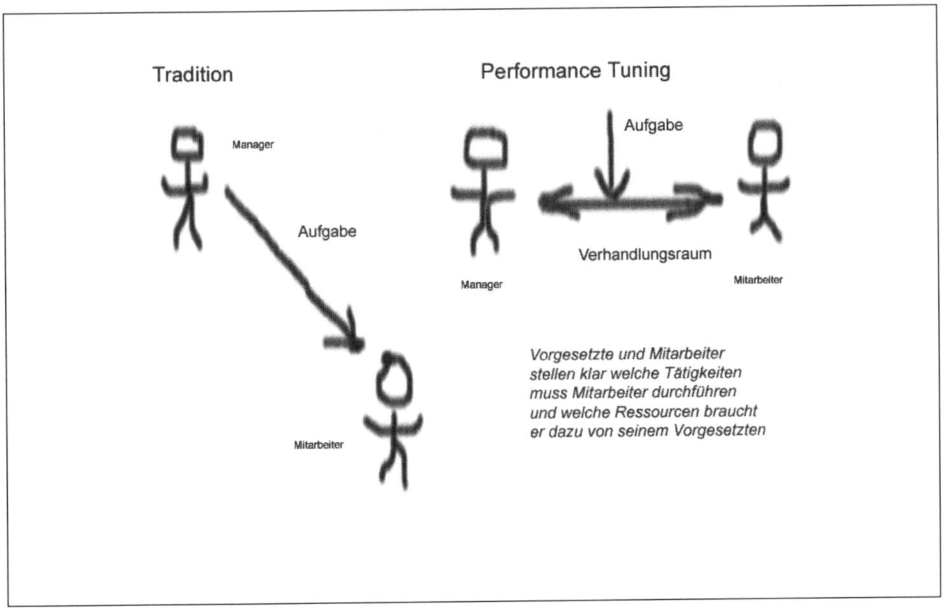

Abbildung 1: *Neue Perspektive der Beziehung Vorgesetzter – Mitarbeiter*

Ausdenken

Wenn Informationen im Voraus geteilt werden und wenn nur Themen behandelt werden, die alle Anwesenden betreffen, kann sich jede Sitzung in eine kreative Werkstatt verwandeln. Zugleich verkürzt sich deutlich die notwendige Zeit, denn die schöpferischen Prozesse lassen sich nicht ins Endlose ziehen, wie manche wenig sagenden Powerpoint Präsentationen mit dutzenden Charts, wie ich sie als Coach in vielen Unternehmen bislang erlebe. Gestalterische Energie fließt zielgerichtet. Bedingung dafür ist ein gut aufgestelltes Programm des Meetings, vorbereitete Teilnehmer und die Motivation, neue Wege suchen und bewährte Sichtweisen hinterfragen zu wollen und die Meinungen der anderen wirklich verstehen und so gemeinsam die besten Lösungen entdecken zu wollen. Und damit sind wir auch an einer der Grenzen von Kreativität gelangt. Denn die Einstellung der Menschen, die in solche Prozesse einsteigen, ist wesentlich von der sie umgebenden Unternehmenskultur anhängig.

Ist in der Firma Aktivität gefragt und wird belohnt, sind Vorgesetzte offen für Meinungen der Beschäftigten, ist allen klar bewusst, wer wir sind und wohin wir gehen? Hier werden Vision und Strategie berührt.

Ist im Betrieb deutlich, welches Verhalten gefordert ist, warum und wozu es dient, oder gilt, dass hier zweierlei Maß genommen wird? Hierbei geht es um Unternehmenswerte.

Diese Grundlagen entscheiden über das Ausmaß und die Qualität von Kreativität genauso stark wie gute Rahmenbedingungen, z. B. ein effektiv organisiertes Sitzungswesen.

Zielsetzung anstatt Brainstorming

„Erst am Ende des Werkes erkennen wir in aller Regel, womit wir eigentlich beginnen sollten."

Blaise Pascal

Ein wichtiger Bestandteil des anfangs erwähnten Grid® Models ist die Gliederung der Teamarbeit in einzelne Themenbereiche. Es wird unterschieden zwischen Zielen, Normen und Standards, Macht und Autorität, Funktion und Struktur, Zusammenhalt und Arbeitsmoral, Feedback und Kritik. Das ermöglicht ein leichteres Verständnis, wo in einem tatsächlichen Team die größte Differenz zwischen der Soll- und Ist-Situation liegt. Dieser Unterschied bildet dann den Ausgangspunkt, um den zu erreichenden Zustand genau zu beschreiben. Damit beginnt das Team, eine neue und sinnvolle Realität zu konstruieren und verschafft sich schnell Klarheit darüber, welche notwendigen Schritte einzuleiten sind. Normalerweise sind wir es eher gewohnt, uns mit dem Problem zu beschäftigen, es zu analysieren und dadurch die Lösung zu finden. In diesem Modell wird bewusst am Ende angesetzt und aus dem Soll heraus die Lösung gesucht. Aus der Erfahrung mit der praktischen Anwendung dieses Ansatzes in den Grid® Teamentwicklungs-Programmen haben wir ein weiteres Instrument für unseren innerbetrieblichen Alltag entwickelt, der später breite Anwendung im Kreise unserer Kunden gefunden hat. Wir nennen ihn „Zielorientierung".

Grenzen der Gewohnheiten

Früher waren wir es gewohnt, zunächst freien Raum für den „Sturm der Gehirne" zu schaffen und dann zu verarbeiten, was zusammengekommen ist. Das war jedoch zeitaufwändig und hat immer wieder dazu geführt, dass Leute aneinander vorbeiredeten, ohne sich wirklich in Standpunkten grundlegend zu unterscheiden. Es fehlte einfach an einem die Diskussion einigenden Prinzip. Zugleich beobachteten wir in unterschiedlichen Teams, für die wir in verschiedenartigen Unternehmen arbeiteten (egal, ob globale Marktführer, regionale Firmen oder mittelständische Kleinunternehmen) immer denselben größten Unterschied zwischen Soll- und Ist-Situation im Bereich der Zielsetzung innerhalb der Arbeit.

Eine nicht vorhandene oder eine unklare Definition der Aufgaben ist der größte Feind von Kreativität. Wer, was und vor allem warum wird etwas gemacht? Wer ist dabei der interne Lieferant und wer ist Abnehmer der Arbeit? Welche Qualität wird vorausgesetzt und erwartet? Nach welchen Kriterien wird die Erfüllung der Aufgabe gemessen? Die Fragen klingen simpel. Aber klare und komplette Antworten auf diese erhalten die Menschen in Unternehmen eher nur ausnahmsweise.

Zusammenhang entdecken

Der Weg zum Ziel ist meistens nicht gerade. Ideen und Diskussionen bewegen die Arbeit mal mehr nach links, mal mehr nach rechts. Um sich im Rahmen, der den noch effektiven Weg abgrenzt, nicht zu verlieren, benötigen wir eine Art Kompass, der uns zeigt, ob wir uns noch im Rahmen befinden oder außerhalb. Die Funktion dieses Kompasses ist die Zielorientierung der Teamarbeit (siehe Abbildung 2). Den Prozess der Nutzung dieses Kompasses nennen wir „Reflexion". Sinn und Ziel bleiben während der eigentlichen Arbeit konstant, aber aufgrund der Reflexion passen wir flexibel den geplanten Weg an. Eine nützliche Frage für die Reflexion kann sein: Warum denke ich, dass das, was wir gerade machen, den Sinn und das Ziel unserer Arbeit erfüllt? Um die Reflexion lebendig zu halten, werden schon zu Beginn der Tätigkeit konkrete Kriterien aufgestellt, damit sich die Reflexion später auf diese beziehen kann.

1. Sinn	Was bringt „es" uns? ↳ ZWECK IM BREITEREN ZUSAMMENHANG
2. Ziel	Was wird „dessen" Ergebnis? ↳ BESCHREIBUNG, WAS WIR KONKRET ERREICHEN WOLLEN
3. Plan	Wie werden wir „es" machen? ↳ VORGEHENSWEISE, WER, WAS, WANN, UND WO MACHEN WIRD
4. Messung	Wie erkennen wir, dass „es" schon fertig ist? ↳ KRITERIEN ZUR ORIENTIERUNG AUF DEM GEPLANTEN WEG

Abbildung 2: *Zielsetzung am Beginn der Arbeit*

Kurz zusammengefasst und mit etwas anderen Worten:

- Sinn (im alten Griechisch = Metakontext) beschreibt „was ist hinter dem, was wir auf den ersten Blick sehen“. Um einen Überblick zu bekommen, schauen wir uns die Aufgabe mit allen Zusammenhängen an. Im Teamwork ist es Ausdruck dessen, warum wir gerade diese Tätigkeit machen wollen und warum wir nicht lieber stattdessen etwas anderes machen.
- Ziel beschreibt „wie wird es aussehen, wenn wir fertig sind“. Also sich bewusst werden und beschreiben können, was am Ende der Arbeit als dessen „Produkt“ stehen wird.
- Plan beschreibt den Weg, der uns zum Ziel führen wird.
- Messung beschreibt Richtlinien (griechisch = Kriterium), die als Meilensteine den Weg begleiten und uns ermöglichen festzustellen, wie weit wir gekommen sind.

Wenn am Anfang einer Gruppenarbeit klare und komplette Antworten auf diese vier Dimensionen der Zielsetzung gegeben werden, wird damit ein flexibler und kreativer Rahmen geschaffen, der die Betroffenen zu Beteiligten macht und Kräfte freisetzt, die zum exzellenten Ergebnis erforderlich sind.

Visualisierung

Um Zielorientierung zum Bestandteil der Arbeit eines Teams oder auch jedes Einzelnen zu machen, hat es sich bewährt, mit Visualisierungen zu arbeiten. Kriterien sind beim Reflektieren nur dann nützlich, wenn sich derer alle bewusst sind. Deshalb ist es wichtig, sie schriftlich festzuhalten und während der Arbeit sichtbar zur Verfügung zu haben. Sei es am Flip-Chart im Besprechungsraum oder als Blatt Papier auf dem Arbeitstisch. Erst dann werden sie als Ausgangspunkt zur aktiven Reflexion genutzt.

Zusammenfassung

Kreativität im Business ist nicht Ergebnis besonders glücklicher Umstände oder das Werk von besonders begabten Menschen, sondern eine mögliche Folge von gegebenen Bedingungen, die innerhalb eines Unternehmens vorhanden sind. Sie bedürfen einerseits so eingestellter Prozesse, dass diese die Aktivität der Menschen herausfordern und andererseits Persönlichkeiten, die sich selbst bewusst wahrnehmen, Eigenverantwortung übernehmen wollen und existierende Freiräume schöpferisch gestalten.

Anmerkungen

1 BLAKE, ROBERT/MOUTON JANE, *Verhaltenspsychologie im Betrieb. Der Schlüssel zur Spitzenleistung*, München 1988 oder Blake, Robert/McCanse Anne: Das Grid Führungsmodell, München 1997.

2 LUHMANN, NIKLAS, *Soziale Systeme. Grundriß einer allgemeinen Theorie*, Frankfurt am M. 1984.

3 TOMASCHEK, NINO, *Systemische Organisationsentwicklung und Beratung bei Veränderungsprozessen. Ein Handbuch*, Heidelberg 2006.

4 Mehr dazu in: DVOŘÁK, VLADIMÍR J./KALLISTA, PETR/LACINA, LEON-LIBOR: *Performance Tuning. Das neue Konzept der Effektivität Steigerung*, in. Sammelband des Internationalen Coach Treffen, Prag 2007.

Die Anti-Flat-These und warum im Bereich HR-IT umgedacht werden muss

Christian Scholz

Univ.-Prof. Dr. Christian Scholz,
Jahrgang 1952, studierte an der Universität Regensburg. Mehrere Forschungsaufenthalte führten ihn unter anderem an die Harvard Business School. Seit 1986 ist er Inhaber des Lehrstuhls für Betriebswirtschaftslehre, insbesondere Organisation, Personal- und Informationsmanagement an der Universität des Saarlandes in Saarbrücken. Darüber hinaus ist er Honorarprofessor für Personalmanagement an der Universität Wien. Prof. Dr. Scholz ist Gründungsdirektor des Saarbrücker MBA-Programms sowie des Instituts für Managementkompetenz (*imk*), beides an der Universität des Saarlandes. Er ist Leiter des Arbeitskreises „Wertorientierte Messung der Performance von Führungsbereichen" der Schmalenbach Gesellschaft sowie Mitglied der Academy of Management.

Seine aktuellen Forschungsfelder sind neben diversen Aspekten des Human Capital Managements unter anderem die Analyse des Arbeitsumfeldes sowie die „Erfolgsgeheimnisse" von Hochleistungsteams.

Die „Flat-These" als (leider) zutreffende Realitätsbeschreibung

Wenn man über die Arbeitswelt der Zukunft spricht, kommt man an den Thesen von Thomas Friedman nicht vorbei: In seinem Buch „Die Welt ist flach" (vgl. Friedman 2006) beschreibt er den unaufhaltsamen Trend, wonach sich in einer grenzenlosen Weltwirtschaft das Kapital seine Arbeit dort sucht, wo es sich am profitabelsten entwickeln kann.

Die These als kurze Einleitung

Die Welt des 21. Jahrhunderts ist nach Ansicht von Thomas Friedman und vielen in der Konsequenz ähnlich argumentierenden Autoren flach. Hinter diesem simplen Attribut steckt eine Betrachtung unserer Welt, bei der unser Globus eingeebnet wird durch die Möglichkeit, digitale Daten von beliebigen Winkeln der Erdkugel in andere zu verschicken und zwar zu vernachlässigbaren Kosten. Aufgaben werden immer konsequenter dort erledigt, wo dies am kostengünstigsten ist. Besonders deutlich sieht man diese Entwicklung gegenwärtig in Indien, wo nicht mehr nur einfache Produktionsleistungen stattfinden, sondern auch zunehmend komplexere Tätigkeiten (wie beispielsweise F&E) durchgeführt werden:

- Amerikanische Wirtschaftsprüfer und Steuerberater lassen Routinearbeiten wie Steuererklärungen in Indien ausführen.
- Radiologen delegieren die Auswertung von CT-Scans an Ärzte in Indien.
- Unternehmensberater bekommen über Nacht ihre fertigen Powerpoints zu Überlegungen, die erst am Abend fertig gestellt wurden.

Im Ergebnis erhalten wir – vor allem durch die Telekommunikation – eine grenzenlose Welt, die sich in ihrer Tendenz zur Nivellierung auf das kostengünstigste Niveau scheinbar durch nichts und vor allem nicht durch protektionistische Maßnahmen aufhalten lässt. Diese „verflachte" Unternehmensrealität gewinnt immer mehr die Oberhand.

In dieser „verflachten" Unternehmensrealität kommen die Worte „Spitzenleistung" und „Kreativität" nur untergeordnet vor, wenngleich es klar definiert ist: Spitzenleistung bedeutet, das niedrigste zulässige Qualitätsniveau mit minimalen Kosten zu realisieren.

Soweit etwas verkürzt die Thesen von *Friedman*. Ohne sie im Detail auszudiskutieren, liegt es auf der Hand, dass gerade die Informationstechnologie als treibende Kraft in diesem Zusammenhang eine wichtige Rolle spielt:

- Zum einen sorgt sie für eine standardisierte Nivellierung, indem Prozesse zunehmend vereinheitlicht werden. Abläufe werden zu einigen wenigen Referenzprozessen verdichtet, diese dann informationstechnisch abgebildet, als Norm vorgegeben und ab diesem Zeitpunkt Abweichungen von der Norm bereits aus prinzipiellen Gründen abgelehnt. Dies beginnt mit dem einfachen Referenzprozess „Eingang E-Mail" und geht bis zu komplexen Verfahren wie „Bewerbungsmanagement". Am Schluss gibt es – der „Flat-These" folgend – jeweils nur noch einen Referenzprozess, an den sich alle IT-Anbieter und damit auch alle Kunden halten.

- Zum anderen „fließen" Aufgaben weltweit dorthin, wo sie sich am kostengünstigsten abwickeln lassen. Dieses Abließen von Aufgaben setzt drei Punkte voraus: Erstens müssen die Prozesse vergleichbar sein, was durch die zunehmende Standardisierung der Fall ist. Zweitens müssen Kosten der Prozessabwicklung vergleichbar sein, was im Zeitalter des Internets mit seinem weltweiten Kommunikationsangebot fast schon trivial ist. Drittens darf es keine Rolle spielen, wo die Leistung erbracht wird.

Vieles erinnert an Lemminge, wo sich ein wie auch immer geartetes Verhalten plötzlich als „mainstream" entwickelt und zur Handlungsmaxime von allen wird. Zurzeit ist „Verflachung" der Götze, dem alle Welt huldigt (ohne ihn beim Namen zu nennen).

Dementsprechend haben gegenwärtig zwei Gruppen von Beratern ein leichtes Spiel und gewinnen nahezu unbegrenzte Budgets:

- Das eine sind die „Standardisierer". Wenn man heute das Top-Management grundsätzlich immer mit einem Wort überzeugen kann, dann ist dies „Standardisierung". Dies wird nicht mehr hinterfragt. Dies wird akzeptiert – mit allen kontraproduktiven Effekten der „Flat-These", auf die es noch einzugehen gilt.
- Das andere sind die „Benchmarker". Was gibt es (scheinbar) Besseres, als sich mit den anderen zu vergleichen und möglichst das zu tun, was die anderen auch machen. Dass man, wenn alle dem gleichen Benchmark hinterher jagen (egal ob richtig oder falsch), zwangsläufig identische Entwicklungen bekommt, liegt ebenso auf der Hand wie die daraus ableitbare zwangsläufige Verflachung.

Gerade das „weil es andere auch machen" ist die zentrale Handlungslinie der „Flat-Bewegung", zu der man sich zwar nicht offen bekennt, die aber trotzdem existiert und zunehmend an „verflachendem" Boden gewinnt.

Besonders gut erkennt man den Effekt von Entwicklungen entsprechend der „Flat-These", wenn man sich mit der IT-Unterstützung des Personalmanagements beschäftigt, wobei sich „Personalmanagement" gleichermaßen institutional auf die Personalabteilung wie auch funktional auf die Personalarbeit bezieht.

Personalmanagement als Anwendungsfall

Gerade im Personalmanagement investieren Unternehmen gegenwärtig zunehmend in ihre IT-Lösungen. Vor allem mittelständische Unternehmen investieren dabei in eher traditionelle Einsatzfelder: Abgesehen von der Lohn- und Gehaltsabrechnung zählen hierzu vor allem Fehlzeitenkontrolle sowie Arbeitszeitverwaltung. Weniger verbreitet sind Systeme zur computergestützten Bewerbungsverwaltung (allerdings mit steigender Tendenz), zur elektronischen Personalakte, zur Erfolgs- und Leistungsbeurteilung, zum Vorschlagswesen sowie zur Teamzusammensetzung.

Bei allen diesen Bemühungen dominieren eindeutig die Ziele der Standardisierung und (damit verbunden) der Automatisierung. Dahinter steckt das Bild der HR-Factory mit einer personalwirtschaftlichen Massenproduktion – ein Musterbeispiel für die „Flat-These". Gegenwärtig marschieren ganze Heerscharen von HR-IT-Beratern in Unternehmen ein. Da wird integriert, systematisiert, work-flow-mäßig strukturiert, auf Standardprozesse abgestimmt und natürlich automatisiert. Dabei wird weitgehend blind den „neuen“ Systemen der IT-Anbieter und -Berater sowie deren Beratungsleistungen vertraut, solange nur Schlagworte wie Standardisierung und Automatisierung fallen.

Die Konsequenzen liegen auf der Hand:

- Statt bestehende Systeme auszureizen, stellen immer mehr Unternehmen zum wiederholten Male ihre HR-IT-Systeme um. Fast hat man den Eindruck, Systemumstellung sei dabei Selbstzweck.
- Diese Umstellung ist aber nicht immer zum Vorteil des Unternehmens, weil die Standardisierungserfolge nicht immer erreicht werden.
- Zudem – und das ist das wesentlich gravierendere Argument – werden Vorteile der bestehenden Lösung aus mehr oder weniger „moderner“ IT zerstört. Was bringt es, wenn man ein „voll-automatisiertes“ Talent-Management praktiziert, das aber nur noch einen Bruchteil der alten Funktionen des „halb-automatischen“ Systems realisiert?
- Die zunehmende Normierung erzwingt immer mehr Dokumentation. Das Ergebnis ist, dass es inzwischen schon Berater gibt, die sich darauf spezialisieren, in einer intellektuell-verflachenden Welt PDF-Dokumente aus IT-Systeminhalten zu generieren.
- Die für die Umstellungen notwendigen Investitionen haben auf dem Papier fantastische Amortisationszeiten (sparen letztlich Kosten ein), weshalb Zweifel ausgeschlossen werden. Zudem will man schließlich nicht den Anschluss verlieren – alle anderen (Konkurrenten) machen es ja auch so.

Bei der Flut derartiger Aktivitäten ist der Nutzen jedoch oft nicht erkennbar und wird auch nicht eingefordert. Die Unternehmen akzeptieren also offenbar Kostenexplosionen im Bereich der HR-IT-Budgets, ohne diesen Kosten auch Nutzenpotenziale gegenüberzustellen und ohne deren Sinnhaftigkeit und Tauglichkeit vor dem Hintergrund einer gezielten HR-IT-Personalstrategie zu prüfen.

Das German-Standard-CV als typische „Flat-Idee“

Ein besonders schönes, weil markantes Beispiel für eine personalwirtschaftliche „Innovation“, die strikt der „Flat-These“ folgt, ist die Initiative „German Standard CV“ (GSCV). Sie wurde in Anlehnung an ein englisches Vorbild im Jahr 2007 von mehreren deutschen Großunternehmen gestartet.

Bei diesem GSCV soll es dem Bewerber ermöglicht werden, seinen Lebenslauf nur ein einziges Mal zu erstellen, um diesen dann ohne jeglichen Aufwand automatisch in beliebige Bewerbungsformate von Unternehmen einzutragen. Dahinter steckt die Logik der guten alten Zeit, in der sich Bewerber bewusst für ein Unternehmen entschieden hatten und alles (einschließlich eines mühsam auf das Unternehmen zugeschnittenen Lebenslaufes) daran setzen, dort hin zu kommen. Dahinter steckt aber auch die neue Logik der Automatisierung, in der im

Idealfall der Bewerber die Bewerbung automatisch generieren und das Unternehmen die Bewerbung automatisch bearbeiten kann. Das Ergebnis ist eine möglichst kostengünstige „Massenabfertigung" im „08/15"-Format.

Die scheinbaren Vorteile liegen auf der Hand:

- Der Vorteil dieser Standardlebensläufe und Standardbewerbungen für Unternehmen: Lebensläufe können noch standardisierter analysiert werden. Für Bewerber gilt der Vorteil, dass sie ihren Lebenslauf nur einmal zu schreiben brauchen und ihn dann bei beliebig vielen Firmen verwenden können. In einer Stunde 100 Bewerbungen ist hier eine nicht unrealistische Größenordnung.
- Die Vorteile aus dem GSCV für Unternehmen erscheinen auch zwingend. Sie brauchen sich nicht mehr mit manuellen Bearbeitungen beschäftigen und zudem erhöhen sie die Zahl der Bewerbungen, die beim Unternehmen ankommen. Und: Welches Unternehmen und welcher Personalmanager brüstet sich nicht gerne mit der hohen Zahl an Bewerbungen?
- Gleichzeitig gibt es aber auch erhebliche Vorteile für die Betreiber von Jobbörsen, denn die Vervielfältigung der Bewerbungen bedeutet auch, dass die Zahl der Bewerbungen in die Höhe schnellt, die über eine GSCV-Jobbörse eintreffen.
- Schließlich profitieren auch weitere IT-Systeme beziehungsweise externe Beratungsleistungen von der generierten Bewerbungsflut, da diese Bewerbungen (vor) selektiert werden müssen – was man auch in Bangalore machen kann.

Die fatalen Konsequenzen werden dabei allerdings gerne übersehen: Authentische Bewerbungen sind nicht mehr möglich und „kantige Bewerber" sind somit von vorneherein chancenlos. Denn Punkte im Lebenslauf, die besonders zum Wahlunternehmen passen, können kaum noch berücksichtigt werden. Dies gilt umso mehr, wenn auch der Selektionsfilter standardisiert und auf die so genannten „internationalen High Potentials" abgestellt wird.

Was aber, wenn Bewerbungen und Bewerbungsmanagement standardisiert und normiert werden? Die Welt wird flacher. Exoten haben keine Chance. Alle wollen die gleichen „Typen" und lassen sich von ihren Beratern dieses „Standardprofil" einreden. Deshalb erstaunt es, wie viele Unternehmen, die für eine professionelle Personalarbeit stehen wollen, ihr Heil in derartigen Normierungen wie einem GSCV sehen.

Also: GSCV ist ein typisches Beispiel für einen personalwirtschaftlichen Verflacher, der – und dies ist wiederum wichtig – ohne IT nicht machbar gewesen wäre.

Die „Flat-These" als fatales Beschreibungsmodell:

Die Welt ist flach und erst recht die Personalarbeit!

Die „Anti-Flat-These" als alternatives Gestaltungsmodell

Bleiben wir beim Personalmanagement und suchen nach einer Alternative zur „Flat-These". Denn auch wenn die „Flat-These" zweifelsohne zurzeit auf die Situation der Personalarbeit und die beobachtbaren Bestrebungen zutrifft: Ist dies die Grundlage für ein wegweisendes, Erfolg bringendes Gestaltungsmodell? Die Antwort kann vorweg genommen werden: Nein!

Und zwar entschieden und begründet – Nein!

„Anders sein" als Überlebensstrategie

Systemtheoretisch ist jedes Unternehmen zum Scheitern verurteilt, das seine Prozesse zunehmend vereinfacht und standardisiert, wenn es sich dadurch mehr der Konkurrenz angleicht und somit Wettbewerbsvorteile abbaut. In der entropiegeladenen Sprache der Systemtheorie verschmelzen wir alle gemeinsam unweigerlich in einem diffusen Wärmebrei. Die „Welt wird dann wirklich flach" (werden). Die Flat-These folgt damit dem 2. Hauptsatz der Thermodynamik. Ihr entgegen steht aber für soziale Systeme die Evolutionstheorie. Sie verlangt Schaffung von struktureller und prozeduraler Unterschiedlichkeit. Nur durch diese Unterschiedlichkeit ist Fortschritt möglich.

Deshalb basieren Kreativität und Spitzenleistung immer darauf,

- Variationen zu produzieren,
- den Möglichkeitenraum zu vergrößern und
- damit der Evolution Ansatzpunkte für eine Weiterentwicklung zu liefern.

Was erfolgreiche Unternehmen von nicht erfolgreichen Unternehmen unterscheidet, sind ihre Kernkompetenzen, die vor einer externen Selektion schützen.

Letztlich ausschlaggebend für den Erfolg von Unternehmen sind somit die relativen strategischen Potenziale, die sich aus dem Vergleich eigener absoluter Potenziale mit denen der Konkurrenten ergeben. Die Idee, bezüglich eines bestimmten Potenzials den Konkurrenten überlegen zu sein, manifestiert sich im Management beziehungsweise der Managementlehre im Begriff der Kernkompetenzen. Dabei werden Kernkompetenzen eines Unternehmens als Wurzeln der Wettbewerbsfähigkeit wahrgenommen: Eine Kernkompetenz ist demnach ein Aktionspotenzial einer Organisation, das eine originäre Nähe zum Geschäftszweck aufweist, für das ein Markt vorhanden ist, auf dem sich hiermit ein nachhaltiger komparativer Vorteil gegenüber den Wettbewerbern ergibt. Letztlich muss für Unternehmen ein Portfolio an Kompetenzen entstehen, die als Potenzial für Spitzenleistungen dienen.

Also: „Verflachung" höhlt Kernkompetenzen aus, Abgrenzung erweitert sie.

Damit kommen wir zur „Anti-Flat-These". Diese basiert sicherlich auf zwei Trends, über deren soziale Erwünschtheit man zwar streiten kann, die aber trotzdem bereits eingesetzt haben: Zum einen der kollektive Wettbewerb (Darwinismus), der zu Siegern und Verlierern führt. Zum anderen das individuelle Streben nach Erfüllung eigener Ziele, gegebenenfalls auch zu Lasten anderer (Opportunismus). Der daraus resultierende Darwiportunismus (vgl. Scholz 2003a) ist damit als ein Anti-Flat-Mechanismus eine systemimmanente Alternative zur sozialromantisch-nivellierenden (verflachenden) „guten alten Zeit“.

Anti-Flat-Personalmanagement als Anregung

Ein Anti-Flat-Personalmanagement verlangt zunächst einmal nach einem Hinterfragen der offenbar zwangsläufigen Entwicklung, wonach immer mehr Prozesse in ein Shared Service Center zusammengefasst werden (wer kann dem widersprechen?) und dann vielleicht sogar über ein HR-BPO ausgelagert werden. Dahinter steckt aber die zentrale Annahme, dass eine Verbesserung der Personalarbeit allenfalls über eine Reduktion der Kosten erreicht werden kann.

Die Alternative besteht darin, durch besseres Personal, bessere Personalarbeit und eine bessere Personalabteilung klare Wettbewerbsvorteile zu realisieren. Wettbewerbsvorteile bedeuten aber, „anders zu sein“. Dies verlangt natürlich nach einer expliziten Personalstrategie – ein Thema, das hier trotz seiner Relevanz nicht weiter verfolgt werden soll.

Interessanter ist zunächst die Frage danach, wo die „Andersartigkeit“ herkommen soll. Grundsätzlich eignen sich dazu alle Felder eines modernen Personalmanagements (vgl. Scholz 2000):

- Im Bestandsmanagement kann eine andere/bessere Strategie zum Umgang mit einer Aging Society gewählt werden.
- In der Bedarfsanalyse kann ein Unternehmen dadurch punkten, dass es – anders als die Konkurrenz – tatsächlich Null-Basis-Planung verwendet.
- In der Personalbeschaffung hilft ein sinnvolles Employer Branding (vergleiche nächsten Abschnitt).
- In der Personalentwicklung lassen sich erfolgsrelevante Zielvereinbarungen basierend auf Vorgaben zu Humankapitalwerten entwickeln.

Diese Liste lässt sich fortsetzen und soll zeigen, dass in allen diesen Punkten eine vernünftige IT-Unterstützung notwendig und machbar ist. Moderne IT kann wesentlich mehr, als nur den Weg in die Verflachung ebnen. Sie kann differenzieren!

Noch eine kleine Anmerkung, damit an dieser Stelle kein Missverständnis entsteht: Natürlich gibt es einen Basissatz an Aktivitäten, die zu einem professionellen Personalmanagement gehören. Auf sie setzen aber die Wettbewerbsvorteile durch erfolgreiche Andersartigkeit auf.

Employer-Branding als fundamentale Kehrtwendung

Zentral innerhalb der Personalwertschöpfungskette ist das Ziel Alleinstellung (vgl. Scholz 2003b). Durch seine Verfolgung quer über alle Felder des Personalmanagements (Personalbeschaffung, Personalentwicklung, Personaleinsatz, Personalführung und Personalvergütung) hinweg, kommt es im Unternehmen „nach innen“ zu einer Optimierung der Abläufe, „nach außen“ damit gleichzeitig zum Aufbau eines strategischen Wettbewerbsvorteils. Gerade die Kulturprägung in Richtung auf

- ein konturiertes Profil für die Personalarbeit und
- ein leistungsbezogenes Selbstverständnis der Mitarbeiter

fördert die Entwicklung des Unternehmens durch Positionierung des Personalmanagements als Marke: Wie bereits im Rahmen der „Flat-These“ erläutert, wird es zunehmend schwerer, das eigene Unternehmen von Wettbewerbern abzugrenzen und aus der Masse hervortreten zu lassen. Die Austauschbarkeit zu erschweren, also unverwechselbare Identitäten zu schaffen, wird zunehmend zum Profilierungsproblem und zur zentralen Herausforderung. In dieser Situation gilt es, Lösungen zu finden, die das eigene Unternehmen, mit Hilfe einer sinnvoll gestalteten und zielgruppenspezifischen Unternehmenskommunikation, herausstellen. Es geht also darum, das Unternehmen gerade durch die Personalarbeit von der Masse abzugrenzen. Hier wird insbesondere die Funktion Personalmarketing – „als bewusste und zielgerichtete Anwendung personalpolitischer Instrumente zur Akquisition von zukünftigen und zur Motivation von gegenwärtigen Mitarbeitern“ (Scholz 2000, S. 417) – in die Pflicht genommen.

Insgesamt kann durch das bewusste Abgrenzen, welches dem Herausbilden von Kernkompetenzen zuträglich ist, sowie das Verfolgen von Alleinstellungsmerkmalen zur Profilierung des Unternehmens und seines „Employer Brands“ das Unternehmen wettbewerbsfähiger werden und so mehr Wert schöpfen. Was wir also brauchen, ist das bewusste Setzen von Grenzen und ein bewusstes Realisieren von Alleinstellung in der Personalarbeit.

Das Branding, als das Herausbilden einer starken, unverwechselbaren Marke, kann sich dabei auch auf das Unternehmen als Arbeitgeber beziehen. Bei einem solchen wird das Arbeitssystem des Unternehmens insgesamt attraktiv ausgestaltet und auch als attraktiv kommuniziert, so dass potenzielle Mitarbeiter sich bewerben und bereits vorhandene Mitarbeiter motiviert mitarbeiten. Aus der Personalmarketingdiskussion lässt sich somit ableiten: Ein wirksames Employer Branding trägt in Unternehmen zur Wertschöpfung bei.

„Verflachen“ lässt keine Profilbildung zu, Alleinstellung beziehungsweise Abgrenzung führt zu Unverwechselbarkeit. Das Erfolgsrezept wird also lauten: „anders sein“. Es wird darum gehen, Personalarbeit anders und nicht nur „billiger zu machen“.

Dieser Prozess kann gerade auch durch Informationstechnologie unterstützt werden, wie der folgende Abschnitt ansatzweise diskutiert.

Die „Anti-Flat-These“ als alternatives Gestaltungsmodell:

Nicht auf Planierraupen setzen, sondern Leuchttürme bauen!

Zehn IT-Postulate als Umsetzungsvorschläge für die „Anti-Flat-These"

Aufbauend auf der „Anti-Flat-These" lassen sich zehn Postulate identifizieren, die dazu dienen können, eine Gegensteuerung zur Verflachung der Arbeitswelt einzuleiten, in der Vielfalt und Unterschiedlichkeit herrscht. Diese Möglichkeiten entstehen besonders durch eine Nutzung dessen, was man üblicherweise mit Web 2.0- oder Social-Software-Technologien bezeichnet. Dabei darf es aber nicht nur darum gehen, „einfach einmal" CEO-Weblogs, Mitarbeiterweblogs, Podcasts und Wikis einzuführen, RSS anzubieten und AJAX zu implementieren. Es geht vielmehr zunächst einmal um die Forcierung einer „Anti-Flat-Bewegung" und dann um die Suche nach Technologien, die als Teil einer IT-Strategie diese Bewegung unterstützen.

Vor diesem Hintergrund sollen nachfolgend 10 Postulate zur Diskussion gestellt werden, die dazu beitragen können, eine „Anti-Flat-Bewegung" zu unterstützen, und die jeweils Ansatzpunkte für dezidierte IT-Aktivitäten bieten.

- Ent-Standardisierung

Dies mag paradox und nicht dem Zeitgeist entsprechend wirken. Mit zunehmender Standardisierung und dem Vordringen integrativer Flat-Lösungen rücken die Bedürfnisse der internen und externen Kunden in den Hintergrund. Früher konnten mit den inzwischen tabuisierten „Insellösungen" teilweise Innovationen realisiert werden. Jetzt wird vieles wieder zugunsten von Standardabläufen rückgängig gemacht. Abgesehen von etwas schöneren Oberflächen fallen manche Standardlösungen bezüglich Mehrwertgenerierung teilweise hinter die alten Lösungen zurück. Unbestreitbar ist, dass es eine Reihe von Verwaltungsaufgaben gibt, die im Wesentlichen ohne jegliche Probleme nach außen verlagert und ohne viel Kreativität IT-mäßig abgebildet werden können.

> Die Anti-Flat-Logik muss damit lauten: weg von komplexen Standardmodellen (und billiger Personalarbeit), hin zu sinnvollen IT-Denkmodellen und steckkompatiblen Einzelmodulen. Wir brauchen zwar standardisierte Plattformen, auf denen aber beliebige Module angeschlossen werden können. Also: Kompatibilität statt Normierung.

In der aktuellen Web 2.0-Diskussion betrifft dies speziell *S*ervice *O*rientierte *A*rchitekturen (SOA) und „Mashups", die in der Web 2.0-Denke verschiedene Dienste für neue individuelle Zwecke kombinieren. Dies kann gerade für die Personalarbeit einen Weg in eine kreative Vielfalt ebnen.

- (Partielle) Isolierung

Auch dies wirkt zunächst paradox: Gerade die Web 2.0-Welt ist durch das Social Networking geprägt und gerade hier spielt die Vernetzung von Akteuren eine zentrale Rolle. Kontakte zu knüpfen und zu pflegen, ist auch gut. Bei der Einhaltung der „Anti-Flat-These" ist allerdings der Idee der partiellen Isolierung zu folgen. Ansonsten geht die Alleinstellung in der allgemeinen Verflachung unter – was zwangsläufig durch eine zu starke Vernetzung sowie Zusammenarbeit passiert und somit die Marke verwässert.

> Die Anti-Flat-Logik muss damit lauten: Von der Konkurrenz abgrenzen und sich auf Kompetenzen fokussieren, um die gewünschte Alleinstellung des Unternehmens zu erreichen.

Es geht dabei allerdings nicht darum, sich von der Außenwelt abzuspalten. Vielmehr sollten konkurrierende Unternehmen sich in ihren Leistungen bewusst nicht angleichen. Somit gilt: Wettbewerbsvorteile und Unverwechselbarkeit durch partielle Isolierung.

- Positionierung

Gerade die durch das Web 2.0 weiterführenden Chancen einer Webbasierung tragen dazu bei, in einer webbasierten Personalarbeit Alleinstellungsmerkmale und Kernkompetenzen herauszubilden. Besonders kommt hier die aus dem Personalmarketing bekannte Forderung nach einer Positionierung durch Information und durch Emotion zum Tragen. Nur wer sich durch ein hohes Maß an Information über die Leistungen, eine klare Darstellung der Marke, die das Unternehmen unverwechselbar macht, sowie emotionale Kundenansprache richtig positioniert, kann gegen die Konkurrenz bestehen.

> Die Anti-Flat-Logik muss damit lauten: Eindeutige Positionierung des Unternehmens und seiner Andersartigkeit durch kombinierten Einsatz von Informations- und von Emotionselementen!

Hierzu können Web 2.0-Technologien auf vielfältige Weise beitragen. Zu denken ist dabei besonders an die Idee einer Positionierung im Dialog. Hier treten Unternehmensinhalte mit „User generated Content“ in einen Diskurs und die Positionierung wird auf diese Weise „geschärft“.

- Individualisierung

In diesem Punkt wird eine „Anti-Flat-Bewegung“ auf der Kundenseite initiiert, um externen sowie internen Kunden (der Personalabteilung) bei der Nutzung der Dienstleistung einen individuellen Mehrwert zu bieten. Dies ist allerdings nur möglich, wenn die Leistungen (der Personalabteilung) nicht standardisiert ablaufen, sondern auf die unterschiedlichen Kunden zugeschnitten werden.

> Die Anti-Flat-Logik muss damit lauten: Die Standardisierung hört dort auf, wo sie die Individualisierung beschneidet.

Sicherlich ist dieses Postulat nicht immer leicht in seiner Umsetzung einzugrenzen, wenngleich man gerade bezüglich des oben angesprochenen GSCV seine Bedeutung erkennt. Mit sinnvoll eingesetzten Web 2.0-Lösungen können alle Kanäle genutzt werden, die Bewerber für richtig halten und durch die sie sich ausdrücken können.

- Personifizierung (auf Anbieterseite)

Merkmale der schnellen, direkten, dialogorientierten und authentischen Kommunikation dienen hier einer subjektiv personalisierten und individualisierten Ansprache und offenen Diskussion. Dies ist beispielsweise durch authentische Blogs realisierbar.

> Die Anti-Flat-Logik muss damit lauten: Alle zentralen Informationen durch subjektive Zusatzinformationen anreichern!

Beispielsweise können Praktikanten über die Zeit im Unternehmen, Trainees von ihren Stationen und Direkteinsteiger vom empfundenen Arbeitsklima berichten. Durch die Personifizierung schafft man eine Marke und tritt aus der Masse der Konkurrenz hervor.

- Emotionalisierung

„Bilder sagen mehr als 1.000 Worte!“ Neben einer ausreichenden Informationsbereitstellung und entsprechender Usability kommt es auf Emotionalität an, die zu Sympathie oder Antipathie führen kann. Bei der Analyse von Personal-Webseiten als Instrument des Personalmarketings zeigt sich, dass gegenwärtig besonders im Bereich des „Branding“ Unternehmen in ihrer Darstellung kaum unterscheidbar von Konkurrenten sind.

> Die Anti-Flat-Logik muss damit lauten: Emotionalisierung bezieht sich auf Charakter und Charakter bezieht sich auf Unterschiedlichkeit. Deswegen mehr Emotion und weniger „glatte Normen mit Standard-Interface“ auf die Webseiten!

Über Videos oder Bilder lassen sich (E-Recruiting-)Plattformen emotionalisieren, ebenfalls durch den gezielten Einsatz von Sprachen. Hier entsteht auch eine Querbeziehung zur Landeskultur, wonach unterschiedliche Landeskulturen als Resonanzboden unterschiedlich auf emotionale Aspekte reagieren.

- Multimedialisierung

Gerade wenn man unterschiedliche Funktionsträger (Personalmanager, Linienführungskräfte, Mitarbeiter, externe Akteure etc.) in einen gemeinschaftlichen Funktionsverband zusammenführen möchte, kann und muss die Vielfalt moderner Informationstechnologien genutzt werden.

> Die Anti-Flat-Logik muss damit lauten: Multimedialisierung („Rich Media“) als treibende Kraft zur Betonung von Kernkompetenzen nutzen.

Hinter dem Begriff „Rich media“ versteckt sich das Bemühen, über Inter- und Intranet nicht nur reine Textinformation zu verschicken, sondern alle Kommunikationsvorgänge möglichst zu multimedialisieren. Hierzu gehören unter anderem mit Bildern angereicherte Blogs, Podcasts, Vodcasts sowie Kommunikation über Videoverbindung.

- Intensivierung/Konzentration

Eine Verbesserung und Professionalisierung der Personalarbeit kann nur durch die Konzentration auf die Kernkompetenzen erreicht werden. Um Kosten zu senken sowie die Prozess- und Servicequalität zu wahren oder zu optimieren, ist es wichtig, sich auf die eigenen Leistungen zu konzentrieren und somit den Kunden einen Mehrwert zu bieten. Dies setzt aber eine Lokalisierung der Kernkompetenzen voraus.

> Die Anti-Flat-Logik muss damit lauten: Die IT dazu nutzen, Kernkompetenzen zu lokalisieren und intern/extern zu forcieren.

Dieses Postulat nach Intensivierung/Konzentration verlangt vor allem nach fortschrittlichen Analysemethoden, die es ermöglichen, Datenbestände sinnvoll zu verknüpfen und jenseits altertümlicher Listengeneratoren zu komplexen Modellrechnungen zu verarbeiten. Hier gibt es noch viel ungenutztes Potenzial – gerade mit der modernen IT!

- Virtualisierung

Nimmt man beispielsweise die aktuellen Aktivitäten der Unternehmen in der Online-Community SecondLife, so folgen diese dem Prinzip der Selbstähnlichkeit: Sie entsprechen immer mehr sich selbst und entsprechen sich untereinander.

> Die Anti-Flat-Logik muss damit lauten: Bei der Virtualisierung geht es nicht darum, reale Welten 1:1 nachzubauen, sondern sich auf eine (Neu-)Definition der Unterschiedlichkeit zu konzentrieren.

Nicht Nachbauen, sondern Neubauen muss die Devise lauten. Hier ergeben sich in Analogie zu älteren Überlegungen (vgl. Scholz 1994) weitreichende Möglichkeiten, die mit der aktuellen IT realisierbar sind und die gerade auf „Anti-Flat" hinauslaufen.

- Qualifizierung

Das Beispiel der GSCV hat gezeigt, wie schwer es offenbar ist, die „neue Logik" unserer Arbeitswelt in Verbindung mit der neuen Logik der IT zu bringen. Will man die Gefahren, die in der „Flat-These" ausgedrückt werden, vermeiden und wirklich auf Kreativität sowie Spitzenleistung setzen, so braucht dies eine umfassende und in Form sowie Inhalt auf die aktuellen Herausforderungen abgestimmte Personalentwicklung.

> Die Anti-Flat-Logik muss damit lauten: Umfassende Qualifizierung der Akteure in den Gefahren der Verflachung und den Chancen aktueller Web 2.0-Technologie!

Web 2.0 kann hier helfen, Wissen zu strukturieren und zugänglich zu machen. Durch den Einsatz von Wiki-Technologien kann Expertenwissen dezentral zusammengeführt und permanent (von allen) aktualisiert werden. Durch Tagging wird eine individuelle Strukturierung und damit auch ein individueller Zugang zum Wissen möglich.

Ergebnis: Durch innovative IT-Strategien vom Typ „Anti-Flat“ zur dauerhaften Spitzenleistung

Unternehmen in Deutschland (wie auch der Wissensstandort Deutschland) werden mit einer Low-Cost-Strategie nicht überleben können. Sie müssen eine differenzierte und individualisierte Qualitätsstrategie anstreben. Das heißt: Unternehmen müssen sich von einer verflachenden Welt durch bewusste „Anti-Flat-Bewegungen“ abheben.

Da gilt es gerade im HR-IT-Bereich – insbesondere unter Berücksichtigung von Web 2.0-Technologien und der dahinter stehenden Logik – neue Wege aufzuzeigen, wo kreatives Potenzial freigesetzt werden kann. Unternehmen sollen dazu ermutigt werden, gerade auch durch ihre Personalarbeit „anders“ vorzugehen.

Dabei muss sich die (informationstechnologische) Infrastruktur an der zugrunde liegenden (Personal- und Gesamtunternehmens-)Strategie ausrichten und umgekehrt. Denn wenn sich alle Strategien an identischen IT-Konzepten orientieren, werden auch diese zwangsläufig identisch und verstärken die Verflachung!

Das Erfolgsrezept wird lauten: „anders sein“. Es wird also darum gehen, Leuchttürme zu bauen, anstatt auf Planierraupen zu zählen, die möglichst alle Unterschiede „platt machen“. Spitzenleistung ist auch und gerade jenseits purer Kostensenkung möglich!

Die „Anti-Flat-Merkposten“:

„Flach machen“ höhlt Kernkompetenzen aus. Abgrenzung erweitert diese!

„Flach machen“ verhindert Profilbildung. Alleinstellung führt zu Unverwechselbarkeit!

> Statt Kostensenkung und Planierraupen lieber Leuchttürme und Spitzenleistung durch kreative IT!

Literatur

FRIEDMAN, THOMAS L., *Die Welt ist flach. Eine kurze Geschichte des 21. Jahrhunderts,* Frankfurt 2006.

SCHOLZ, CHRISTIAN, *Die virtuelle Organisation als Strukturkonzept der Zukunft?,* Arbeitspapier Nr. 30 des Lehrstuhls für Betriebswirtschaftslehre, insb. Organisation, Personal- und Informationsmanagement an der Universität des Saarlandes Saarbrücken 1994.

SCHOLZ, CHRISTIAN, *Personalmanagement,* 5. Auflage, München 2000.

SCHOLZ, CHRISTIAN, *Spieler ohne Stammplatzgarantie, Darwiportunismus in der neuen Arbeitswelt,* Weinheim 2003a.

SCHOLZ, CHRISTIAN, *Systematik: Die Saarbrücker MO5-Wertschöpfungskette,* in: Scholz, Christian/Gutmann, Joachim (Hrsg.), Webbasierte Personalwertschöpfung. Theorie – Konzeption – Praxis, Wiesbaden 2003b, S. 123 – 144.

Kreativität lässt sich nicht verordnen – Absage an das Prinzip „Command and Control“

Michael Ganser

Michael Ganser,
Jahrgang 1964, ist seit August 2005 Vice President und Geschäftsführer von Cisco in Deutschland, dem weltweit größten Anbieter von Networking-Lösungen für das Internet. Seine berufliche Laufbahn begann Michael Ganser 1986 beim Netzwerkhersteller Schneider & Koch GmbH. 1996 kam er zu Cisco und wurde ein halbes Jahr später General Manager der Schweizer Niederlassung. Im Juni 2000 übernahm Ganser als Vice President Sales die Service-Provider-Aktivitäten in Europa und dem Nahen Osten. Er hat in dieser Zeit die Einführung von Breitband sowie die Kombination von Telefonie-, Breitband- und Multimediaangeboten geprägt. Ab Juli 2003 war Ganser bei Cisco verantwortlich für Zentral- und Osteuropa. Im Rahmen seiner Tätigkeit hat Ganser maßgebliche Transformationsprojekte des öffentlichen und des privaten Sektors hin zu modernen vernetzten Organisationen begleitet. Michael Ganser ist regelmäßiger Referent bei IT-Industrie- und Wirtschaftsveranstaltungen. Unter der Führung von Ganser wurde Cisco in Deutschland 2007 und 2008 zum „Arbeitgeber des Jahres“ gewählt.

Wenn ich ein Schlittenhundegespann sehe, dann beeindruckt mich nicht derjenige, der auf den Kufen steht, mit der Peitsche knallt und die Huskies antreibt. Viel beeindruckender finde ich den Leithund. Vorne im Geschirr zieht er das Gewicht des Schlittens zusammen mit allen anderen Hunden, und gleichzeitig gibt er ihnen die Richtung vor.

Werde ich nach einem Beispiel für schlechte Führung gefragt, fällt mir oft der Mann mit der Peitsche ein. Er befiehlt, statt selbst mit zu ziehen. Und er straft, wenn jemand in die falsche Richtung läuft. Der Leithund eines Gespanns ist für mich dagegen ein Beispiel guter Führung. Damit der Schlitten sein Ziel erreicht, weist er den anderen Hunden die Richtung. Er führt, indem er selbst mit anfasst und gleichermaßen Orientierung gibt.

Bei Cisco versuchen wir, uns an diesem Leitbild zu orientieren. Cisco ist ein Unternehmen, dass nicht auf das Führungsprinzip des „Command and Control“ setzt. Wir verzichten darauf, die Mitarbeiterinnen und Mitarbeiter zu kommandieren und zu kontrollieren, wir arbeiten anders. Unser CEO und Präsident John Chambers hat dazu die Schlagworte „Collaboration“ und „Coaching“ formuliert. Das bedeutet: Wir setzen auf Zusammenarbeit und die kontinuierliche Entwicklung des Einzelnen. Respekt und Vertrauen sind die Werte, an denen wir uns dabei orientieren. Und das tun wir aus gutem Grund, denn auf dieser Basis sind wir als Unternehmen nachhaltig erfolgreich.

Cisco ist der weltweit führende Anbieter von Networking-Lösungen für das Internet. Weltweit hat Cisco mehr als 63.050 Mitarbeiterinnen und Mitarbeiter, bei Cisco Deutschland arbeiten 820 Menschen. Das Unternehmen wurde 1984 von Computerwissenschaftlern der Stanford University gegründet. Wir haben uns in einem Markt durchgesetzt, der durch konstante Innovation und Erneuerung, aber auch gleichzeitig durch intensiven Wettbewerb und ein knallhartes Preisbewusstsein seitens der Kunden geprägt ist.

Unser Unternehmen gehört zu den Firmen, die die Digitalisierung vieler Arbeits- und Lebensbereiche geprägt und vorangetrieben haben. Vor allem durch den Verkauf von Routern und Switches (also von Geräten, die Ordnung in den Datenverkehr von IP-Netzen bringen und blitzschnell Informationen von einem Punkt zu einem anderen transportieren) ist Cisco ursprünglich schnell gewachsen. Das Internet oder die Unternehmensnetzwerke, die mit Hilfe unserer Produkte und Lösungen gebaut werden, sind heute ein wesentlicher Bestandteil der Geschäftswelt. Sie bilden außerdem das Rückgrat vieler neuartiger Unterhaltungs- und Bildungsangebote und haben auch die private Kommunikation verändert. Die Grundlage moderner Netzwerke ist das Internet Protokoll (IP), eine offene und transparente technologische Basis, auf der sich unterschiedlichste technische Ideen umsetzen lassen. IP-basierte Netzwerklösungen, wie Cisco sie verkauft, ermöglichen es, über Netzwerke Sprache, Daten und Videos auszutauschen, so dass das Wissen der Welt in bislang nie gekannter Weise erschlossen und genutzt werden kann.

Die Werte, die uns bei der Führung der Mitarbeiterinnen und Mitarbeiter leiten, ergeben sich direkt aus der gesellschaftlichen Vision von Cisco:

> Das Ziel unseres Unternehmens ist es, die Art und Weise positiv zu verändern, in der Menschen arbeiten, leben, spielen und lernen. Vertrauen, Glaubwürdigkeit, Respekt, Fair-

ness, Stolz und Kooperationsbereitschaft sind Werte, die Ciscos Vision eines gesellschaftlichen Umgangs miteinander prägen. Diese Werte spiegeln sich in der Unternehmenskultur von Cisco genau so wider wie die Idee der Kommunikation über Hierarchien und Kontinente hinweg.

Und Cisco lebt, was es verkauft: Denn als weltweit führender Anbieter von Internet-Technologien ist bei Cisco die Überzeugung in die eigene Firmenkultur integriert. Dies hat letztlich zur allerersten Produktentwicklung des Unternehmens, dem Internet-Router, geführt. Mit unseren Produkten und Lösungen vernetzen wir unsere Kunden. Wir schaffen Verbindungen, wir fördern die Kommunikation und den Austausch von Gedanken, Visionen und Innovationen. Ebenso wichtig ist es für uns, auch den internen Dialog und Wissensaustausch uneingeschränkt zu ermöglichen und zu fördern; sowohl technologisch als auch im Hinblick auf unsere Kultur.

Die Infrastruktur und das Internet entwickeln sich kontinuierlich weiter, und Cisco steht an der Spitze dieser Entwicklung. Diese Position zu behaupten, ist unsere erklärte Herausforderung. Die Technologie und die Geschäftsmodelle, mit denen Cisco heute erfolgreich ist, können morgen schon durch eine überraschende Innovation unserer Ingenieure, durch Entwicklungen am Markt oder neuartige Produkte eines Wettbewerbers in Frage gestellt werden. Überall werden alte Technologien durch neue ersetzt. Was gestern eine gute Lösung war, kann heute schon viel zu teuer, nicht mehr gut genug bzw. zu umständlich sein.

Cisco muss deshalb als Unternehmen in der Lage sein, Produkte fortlaufend zu verbessern und Innovationen auf den Markt zu bringen, die unsere Kunden auch in Zukunft begeistern und wettbewerbsfähiger werden lassen. Das bedeutet, dass unsere Mitarbeiterinnen und Mitarbeiter nicht nur fachlich hervorragend sein müssen. Cisco setzt auf die Eigeninitiative jedes Einzelnen, und der Einzelne braucht den Mut zur fortlaufenden Veränderung. Wir brauchen Menschen, die kommunizieren können und von sich aus neue Ideen entwickeln oder Lösungen für Probleme finden, die bislang niemand gefunden hat. Wir entwickeln Mitarbeiterinnen und Mitarbeiter, die es spannend finden, neue Wege zu gehen. Die Veränderungen als Anregung und Chance empfinden, statt diesen Wandel zu fürchten. Schließlich muss sich auch Cisco selbst fortlaufend weiterentwickeln und die eigenen Prozesse kontinuierlich verbessern.

Kommunikation ist erfolgskritisch

Derzeit gibt es kaum einen Bereich, in dem sich Technologie so schnell weiter entwickelt wie in der Informations- und Kommunikationstechnologie. Längst werden nicht mehr nur digitalisierte Dokumente oder E-Mails über das Internet übertragen oder die alten, klassischen Telefonnetze durch IP-basierte Systeme ersetzt, so dass auch Telefonate über das Netzwerk geführt werden. Auch Videos und ganze Fernsehprogramme werden inzwischen über das weltweite Datennetz ausgestrahlt. Weltweite „Collaboration", also virtuelle Zusammenarbeit auf Basis intelligenter Netzwerke, ist ein Schlüsselfaktor zur langfristigen Sicherung der Wettbewerbsfähigkeit von Unternehmen.

Zudem ist Cisco längst nicht mehr nur ein Hardware-Anbieter, sondern ein Service-Unternehmen, das auch komplexeste Vernetzungsprojekte auf allen Ebenen konzipiert, umsetzt und bestehende Systeme betreut. Spezialwissen allein reicht vor diesem Hintergrund nicht mehr aus. Unsere Vertriebsleute sprechen mit Kunden über die technischen Leistungsmerkmale eines einzelnen Gerätes. Aber auch darüber, welche Vorteile eine bestimmte Komponente für die Abwicklung von Telefongesprächen hat, welche Sicherheitsfunktionen in das Produkt bereits integriert sind.

Angesichts dieser Entwicklung gibt es keine Alternative, als in weltweiten virtuellen Teams zusammen zu arbeiten und intensiv zu kommunizieren. Wir nennen dies „webbasierte Collaboration". Dies gilt für einzelne Fachleute, so brillant jeder für sich auch sein mag. Das gilt aber auch gleichermaßen für unser Top-Management und ganze Teams.

Alle Cisco-Mitarbeiterinnen und Mitarbeiter müssen bereichsübergreifend denken, müssen ihr Wissen teilen. Sie müssen wissen, von wem sie die Informationen bekommen können, welche sie für ihre Arbeit benötigen. Dazu ist es notwendig, dass wir bei Cisco eine Kultur etabliert haben, die Eigeninitiative und Kommunikation fördert, den Austausch von Wissen unterstützt, die Teamplayer belohnt. Also eine Kultur, bei der es sich nicht lohnt, Wissen anzuhäufen, das mit niemandem geteilt wird.

Wie bringt man aber Menschen dazu, bereitwillig Wissen zu teilen? Grundwerte unserer Unternehmenskultur wie Respekt und Fairness verhindern, dass demjenigen, der sein Wissen teilt, Nachteile entstehen. Dass Spitzenleistung erkannt, anerkannt und belohnt wird, ist für unseren Unternehmenserfolg wesentlich. Wir lassen es nicht zu, dass sich jemand mit „fremden Federn" schmückt oder sich auf Kosten anderer mit angehäuftem Wissen profiliert. Cisco Deutschland ist ein Unternehmen, in dem technisch orientierte Vertriebsspezialisten arbeiten. Von ihren Ideen und ihrem Engagement leben wir.

Cisco setzt auf eine Kultur, in der der persönliche Beitrag und die Qualifikation im Zweifel höher als formale Hierarchien bewertet werden. Am ehesten lässt sich unser Vorgehen bei der Entscheidungsfindung als eine „Meritokratie" bezeichnen. Bei dieser Regierungsform entscheidet nicht derjenige, welcher aufgrund seiner Position über allen anderen steht. Sondern derjenige, der über die größte Kompetenz verfügt. Bei der Frage, wie wir im Tagesgeschäft eine Aufgabe lösen, vertrauen wir darauf, dass diejenigen, die am meisten von einer Sache verstehen, die beste Lösung vorschlagen werden. Sie verfügen über besondere technische Expertise oder kennen die Situation bei einem Kunden genauer als andere. In unseren Teams tauschen sich folglich Fachleute mit ihren Vorgesetzten auf „gleicher Augenhöhe" aus.

Zudem ist es notwendig, dass die Anregungen unserer Fachleute auch umgesetzt werden. Wer dreimal etwas vorschlägt und erlebt, wie Ideen in Ablagen landen (statt im Sinne der Kunden etwas zu verbessern), wird beim vierten Mal gegebenenfalls den Mund halten. Das wollen wir bei Cisco konsequent verhindern. Wer sein Wissen einbringt, erlebt in unserem Unternehmen, dass er hierdurch großen Einfluss haben kann. Unser Ziel ist es, dass die Initiative des Einzelnen zu Ergebnissen führt und dass Ideen nicht auf dem Weg durch die unterschiedlichen Management-Ebenen versanden. Folglich fördern wir kurze Entscheidungswege, flache Hierarchien und den Dialog über mehrere Hierarchiestufen hinweg. Und wir alle erleben, dass es oft einfacher und effizienter ist, bei einer Aufgabe direkt über Organisationsgrenzen hinweg zusammen zu arbeiten. Ohne dass alle Arbeitsschritte über jede Management-Stufe hinweg abgestimmt werden müssen.

Raum für Verantwortung

Wir sehen täglich, dass die Menschen bei Cisco mit dem Vertrauen, das mit diesem Vorgehen einhergeht, verantwortungsvoll umgehen. Wir sind der Überzeugung, dass sie von sich aus arbeiten und die Dinge verbessern wollen. Sie suchen sinnvolle Aufgaben, und diese zu erfüllen, erfüllt einen selbst. Es macht Menschen Spaß, Leistung zu bringen und Ziele zu erreichen. Wir versuchen, gemeinsam diese Ziele zu definieren und die Menschen bei Cisco dafür zu begeistern, gemeinsam als Teil des Unternehmens Cisco Ziele zu erreichen. Die Unternehmensziele von Cisco sind klar definiert und werden durch die Führungskräfte kontinuierlich auf den Einzelnen herunter gebrochen. Wir geben vor, um bei dem Bild vom Anfang dieses Kapitels zu bleiben, in welche Richtung das Gespann den Schlitten ziehen soll.

Wir haben das Vertrauen, dass alle Mitarbeiterinnen und Mitarbeiter von sich aus das tun, was sinnvoll ist, sofern die Ziele klar definiert sind. Die Aufgabe der Unternehmensführung ist es, sie in die Lage zu versetzen, dass sie selbst ihre Aufgaben lösen. Unter anderem indem wir ein Arbeitsumfeld schaffen, in dem sie sich wohl fühlen und auf alle Ressourcen zugreifen können, die sie benötigen. Wir verwenden dafür auch bei Cisco Deutschland den englischen Begriff „empowerment“, den man in etwa mit „jemanden zu etwas befähigen“ übersetzen kann.

„Empowerment“ ist ein Bestandteil der Cisco-Kultur auf vielerlei Ebenen. Zum Beispiel auf der Ebene des Informationszugangs. Alle Mitarbeiter sind weltweit über das Internet miteinander vernetzt und haben nahezu uneingeschränkt von jedem Ort Zugriff auf Daten und Fakten zum Unternehmen, zur Marktentwicklung und zu ihren Kunden, welche sie zur Ausübung ihrer Tätigkeit benötigen. Diese Art von „Empowerment“ leistet zweierlei: Zum einen kennen Mitarbeiter die Richtung, in die sich die Organisation, der Markt und die Kunden entwickeln. Zum anderen hat jeder Zugriff auf die Informationen, die er benötigt, um unabhängig gute Entscheidungen fällen zu können und muss diese nicht erfragen. Die Mitarbeiter haben als „Unternehmer im Unternehmen“ den Finger am Puls des Kunden und können damit schnell und effektiv auf die Kundenwünsche eingehen.

„Empowerment“ zieht sich bei Cisco durch alle Hierarchieebenen: Nur so kann es als wirklicher Wert genutzt werden. Wissen wird bei Cisco nicht als Macht missverstanden, sondern als zentraler Baustein der Unternehmensentwicklung. Konkret heißt das: Cisco stellt seinen Mitarbeitern auf breiter Basis Informationen zur Verfügung, die in anderen Unternehmen nur dem Senior Management vorbehalten sind; eng damit verbunden ist der Wert „Offene Kommunikation“.

Zugleich lassen wir unseren Mitarbeitern viele Freiräume. Eigenverantwortlichkeit und Autonomie sind wesentliche Merkmale unserer Unternehmenskultur. Niemand notiert, wann jemand morgens kommt und wie lange er im Büro bleibt, oder zählt die Minuten, die jemand bei der Kaffeepause verbringt. Wer will und wenn die Terminlage es ermöglicht, kann im Home Office arbeiten. Cisco-Mitarbeiterinnen und Mitarbeiter haben viel Spielraum bei der Art und Weise, wie sie ihren Arbeitsalltag gestalten und wie sie Lösungen für die Probleme unserer Kunden entwickeln. Cisco könnte nicht so erfolgreich sein, wenn ein Teil seiner Menschen nur alt bekannte Lösungsmodelle für Probleme abarbeiten, Ideen für sich behalten und Dienst nach Vorschrift machen würde. Die Zufriedenheit unserer Kunden ist das Ziel, das über allem anderen steht. Deshalb müssen wir sicherstellen, dass im ganzen Unternehmen so gedacht wird und dieser Gedanke auch tatsächlich pro-aktiv gelebt wird. Wenn der Kunde ein Problem hat, lassen wir oft „alles stehen und liegen", um dieses Kundenproblem zu lösen, bzw. dieses Problem tritt gar nicht erst auf, weil es vorgedacht worden ist.

Dazu brauchen die Menschen, die bei Cisco arbeiten, zum einen den Freiraum, den das Management für sie schaffen muss. Zum anderen aber auch den Mut, eigene Entscheidungen zu treffen und hierfür die persönliche Verantwortung zu übernehmen. Ohne klare Orientierung ist das kaum möglich. Wir setzen deshalb auf Werkzeuge wie das Mitarbeitergespräch (Employee Performance Review) als Führungsinstrument. Für Manager und Mitarbeiter in manchen Unternehmen sind derartige Jahresgespräche nichts als lästige, zeitraubende Pflichtübung (ungefähr so beliebt wie die jährliche Steuererklärung). Wir sehen in diesen Gesprächen dagegen eine großartige Chance, unsere Mitarbeiter zu motivieren und gemeinsam zu definieren, in welchen Bereichen sie sich im nächsten Jahr verbessern wollen.

Deshalb nehmen wir uns die notwendige Zeit, um Fragen wie die folgenden zu erörtern:

- Wo will jemand hin, welche Ziele hat er sich selbst gesetzt?
- Wie passen diese Ziele zu den Cisco-Unternehmenszielen?
- Was hat der Mitarbeiter erreicht, was wurde dafür getan?
- Welche fachlichen Fähigkeiten sollen ausgebaut werden?
- Welche Trainings sollten dazu besucht werden?
- Welche Soft Skills (z. B. Fähigkeit zur Teamarbeit oder zum effektiven Nutzen der eigenen Zeitbudgets) sollen ausgebaut werden?

Das sind die relevanten Punkte, welche wir respekt- und vertrauensvoll miteinander diskutieren. Wir wollen Leistungsbereitschaft wecken und sie nicht verordnen; dies wäre der Fall, wenn bspw. die Unternehmensleitung „willkürliche Vorgaben" machen würde.

Den Freiraum, eigene Entscheidungen zu treffen, gewähren wir den Menschen, die bei Cisco arbeiten, wo immer es möglich ist. Wir wollen so wenig wie möglich vorschreiben, was sie zu tun haben. Stattdessen unterstützen wir sie mit der Infrastruktur und dem Know-how, die sie benötigen, um ihre Aufgaben zu erledigen. Wir sind – auch dies ist im Sinne des „empowerment" zu verstehen – sehr großzügig, was Weiterbildungsangebote angeht. Schließlich ist es in unserem Sinne, wenn die Menschen bei Cisco von sich aus an ihren Schwächen arbeiten und ihre Stärken ausbauen wollen. Das Ziel, Eigeninitiative und eigenverantwortliches Handeln zugunsten von zentralen Entscheidungen zu fördern, verfolgen wir auf allen Ebenen. Auch dort, wo andere Unternehmen auf eher zentrale Vorgaben setzen. Ein Beispiel dafür ist etwa die Art und Weise, wie Mitarbeiterinnen und Mitarbeiter ihre Geschäftsreisen organisieren.

Zur Organisation von Geschäftsreisen gibt es ein entsprechendes Angebot im Intranet, bei dem jeder sein Reiseziel eintragen kann. Die intelligente Software hinter dem Reiseportal schlägt mehrere Optionen vor, wie man von A nach B kommt. Diese Optionen werden nach den Regeln, die unser zentrales Travelmanagement vorgegeben hat, von der Reisesoftware bewertet. Die Mitarbeiterinnen und Mitarbeiter haben aber nicht die Pflicht, sich unbedingt für die Reiseoption zu entscheiden, die für Cisco am günstigsten ist. Ich kann auch eine andere Verbindung wählen, wenn ich es für richtig halte. Ich kann auch den Flug um 8 Uhr morgens nehmen, der 200 Euro teurer ist als der um 6.30 Uhr, den die Software auch vorgeschlagen hat. Hier sind wieder die Eigenverantwortung des Einzelnen und sein unternehmerisches Denken gefragt.

Das Beispiel Geschäftsreiseportal veranschaulicht, warum eine Absage an das Prinzip „Command and Control" nicht bedeutet, dass bei Cisco jeder macht, was er will. Die Ziele sind durch die Unternehmensführung klar gesteckt. Innerhalb eines gewissen Rahmens haben unsere Mitarbeiterinnen und Mitarbeiter aber viel Freiraum, können selbst entscheiden und sind dafür verantwortlich, diese Entscheidungen auch anderen gegenüber begründen zu können.

Offenheit und Transparenz

Wichtige Bestandteile unserer Unternehmenskultur sind neben der Eigenverantwortlichkeit auch Offenheit und Transparenz. Wer Verantwortung übernehmen und Entscheidungen treffen soll, braucht Informationen, auf die er sich verlassen kann. Wenn wir über das Geschäft, über Projekte und unsere Leistung diskutieren, sprechen wir offen an, in welchen Bereichen wir gut und wo wir weniger gut sind. Und wir versuchen daraus zu lernen, wo und wie wir besser werden können.

Beispielsweise haben wir kürzlich die Initiative ergriffen, die interne Kommunikation zwischen den Managern und den Mitarbeiterinnen und Mitarbeitern kontinuierlich zu verbessern. Für diese Dialoge nutzen wir neben dem persönlichen Gespräch und Meetings auch intensiv unsere eigenen Netzwerk-Technologien. Die Kommunikation über E-Mails spielt hier eine ebenso wichtige Rolle wie die Nachrichtenboards im Intranet oder auch innovativere Techniken wie die internet-gestützte Übertragung von Fernsehsignalen (das so genannte IPTV), welche in unserem Haus entwickelt und zur Produktreife geführt wurde.

Für einen weltweit operierenden Konzern verfügt Cisco über vergleichsweise wenige Hierarchiestufen und nur ein Mindestmaß an firmen-interner Bürokratie. Die allermeisten Menschen, die bei uns arbeiten, haben daher keine Scheu, das direkte Gespräch mit der Firmenleitung zu suchen und dem oberen Management ausführliches, ehrliches Feedback zu geben.

Ich bin stolz auf unsere ausgeprägte Feedback-Kultur. Und ich freue mich, wenn ich sehe, dass unsere Leute tatsächlich keine Scheu haben, diese Kommunikationsmedien zu nutzen. Wir hatten vor kurzem etwa einen internen Wettbewerb. Es ging darum, ein „sperriges Technikthema“ so griffig aufzubereiten, dass man es dem Kunden näher bringen konnte. Mitarbeiterinnen und Mitarbeiter aus unseren Bereichen Vertrieb und Technik arbeiteten sehr hart an Präsentationen. Die Ergebnisse waren dann auch wirklich gut. Wir kürten einen Mitarbeiter von der Vertriebsseite als Gewinner und veröffentlichten dieses Ergebnis. Tags darauf schrieb mir eine Mitarbeiterin eine E-Mail. Sie bemängelte, dass von der Technikerseite niemand für die gelungene Darstellung des Themas gewürdigt worden war. Das war eine wirklich gute Anregung und wir holten die Prämierung der besten Technik-Präsentation natürlich schnell nach.

Mich beeindruckt in solchen Situationen, wie selbstverständlich unsere Mitarbeiterinnen und Mitarbeiter mit den Führungskräften kommunizieren und auch keine Angst haben, offen anzusprechen, was sie für falsch halten. Das Beispiel zeigt auch, dass diese Anregungen von der Basis bei uns rasch zu Ergebnissen führen. Wäre das nicht der Fall, würden wir sehr schnell die Initiative der Menschen bei Cisco abwürgen. So fühlen sie sich ernst genommen, und Cisco profitiert fortlaufend durch die Verbesserungen, die wir durch die mutigen Vorschläge umsetzen können.

Glaubwürdige Führung

In diesem Jahr prämierte uns ein Wirtschaftsmagazin als „Deutschlands Bester Arbeitgeber 2008“. Besonders gefreut hat mich an dem Ranking, dass wir in der Kategorie „Glaubwürdigkeit der Führungskräfte“ an erster Stelle (von fast 200 Firmen) stehen. Als Manager muss man authentisch führen und glaubwürdig die Werte leben, die das Unternehmen ausmachen. Unser Umgang mit einem weiteren Begriff, der in unserem amerikanischen Mutterunternehmen geprägt wurde, veranschaulicht, was wir bei Cisco unter glaubwürdiger Führung verstehen. Es geht um den Begriff „frugality“. Er lässt sich ungefähr mit „Maß halten“ übersetzen.

Wir verstehen darunter, wirtschaftlich sinnvoll zu agieren. Cisco ist einerseits ein sehr großzügiges Unternehmen. Wir investieren viel für unsere Mitarbeiterinnen und Mitarbeiter. Wir zahlen überdurchschnittlich, unsere Sozialleistungen und unsere Firmenwagenpolitik können sich ebenfalls sehen lassen. Unsere Mannschaft sieht sich aber gleichermaßen als Unternehmer im Unternehmen und in gewisser Weise als Anwalt des Kunden. Dieser hat ein Recht darauf, dass die Produkte, welche er kauft, nicht übermäßig teuer sind und die Projektkosten in einem verantwortungsvollen Rahmen bleiben.

Aber wir können von unseren Fachleuten nur erwarten, dass sie sich wirtschaftlich verhalten und maßvoll handeln, wenn auch wir Führungskräfte uns entsprechend verhalten. Bei Cisco wird niemand erleben, dass die Mannschaft „Holzklasse fliegt“, während das Management den Luxus der „Ersten Klasse“ genießt; auch das Management fliegt Economy. Wir übernachten nicht in glamourösen Hotels oder fahren in luxuriösen Autos auf dem Kundenparkplatz vor. Bei Meetings perlt auch nicht der Champagner …

Wenn ich an der Rezeption einer unserer Filialen stehe und auf das Taxi zum Flughafen warte, kommt es oft vor, dass jemand auch auf ein Taxi zum Flughafen wartet und man fährt zusammen, oder jemand ist mit seinem Fahrzeug ohnehin in die Richtung unterwegs und nimmt mich mit. Das ist völlig normal. Es ist ein Phänomen, das eher mit Gemeinsinn zu tun hat als mit Sparsamkeit. Dass ich so außerdem die Gelegenheit habe, direkt mit jemandem von der Vertriebsmannschaft zu sprechen, den ich lange nicht gesehen habe, ist ein erfreulicher Nebeneffekt.

Betriebswirtschaftlich ist es für die Bilanz eines Unternehmens wie Cisco vermutlich nur von marginaler Bedeutung, ob der Chef 1. oder 2. Klasse fliegt oder sich ein Taxi teilt. Es geht vielmehr um die Signalwirkung des eigenen Verhaltens. John Morgridge, der frühere CEO von Cisco, der heute ehrenhalber Teil des Vorstands ist, erzählt gerne die folgende Geschichte. Bei einer New-York-Reise hatte er gerade den Flughafen verlassen und erblickte den Fahrer einer Limousine, welcher ein Schild mit seinem Namen hoch hielt. Als er auf den Fahrer zuging, sagte der zu ihm: „Hier ist Ihr U-Bahn-Ticket, Sir“. Danach zeigte der Fahrer dem Mann, der damals an der höchsten Stelle von Cisco stand, den Weg zur U-Bahn.

Bei all den positiven Elementen der Cisco-Führungskultur sind Mitarbeiter Individuen, die ihre eigene Prägung haben. Es „menschelt“. Der Einzelne kann die Kultur von Cisco zum Leben erwecken oder im Keim ersticken. Davon ist die Kultur bei Cisco in größtem Maße abhängig.

Vorteile beim Ringen um Talente

Beim Wettbewerb um die besten Talente spielen Arbeitsplatzkultur und Arbeitgeber-Attraktivität eine Schlüsselrolle. In diesem Zusammenhang erleben wir, dass das, was uns als Cisco ausmacht, eine Stärke ist. Wir haben enorm viele Menschen, die über Empfehlungen und persönliche Kontakte zu uns kommen. Im letzten Jahr haben wir bei Cisco Deutschland 150 neue Mitarbeiterinnen und Mitarbeiter eingestellt. Mehr als die Hälfte von ihnen kam zu uns, weil Freunde oder Bekannte uns als Arbeitgeber empfohlen hatten. Das ist eine Entwicklung, mit der wir sehr zufrieden sind.

Wir suchen, wie viele andere Unternehmen auch, permanent nach guten Leuten. Aber wir haben auch viele großartige Bewerber, viele Talente finden uns interessant und wollen bei uns arbeiten. Und die, die bei uns arbeiten, bleiben auch im Unternehmen. Headhunter erzählen mitunter, dass es nahezu unmöglich ist, jemanden von Cisco weg zu locken. Ein Blick auf unsere weit unter Durchschnitt liegende Fluktuationsrate bestätigt dies.

Ein weiterer Grund für unsere gute personelle Situation ist auch, dass wir uns für die Entscheidung viel Zeit nehmen, ob jemand zu uns passt. Wenn wir jemanden einstellen wollen, untersuchen wir, wie fachlich kompetent er ist, aber wir wollen auch wissen, welche Werte ihn bewegen und wie er in unsere Unternehmenskultur passt. Was jemand bisher getan hat, ist für uns weniger interessant, als was er bei uns tun kann. Wir führen deshalb fünf bis zehn Interviews mit jedem Menschen, der bei Cisco arbeiten will. So lernen wir den Menschen und seine Persönlichkeit kennen. Mich selbst hat dieses Verfahren, als ich vor elf Jahren zu Cisco kam, ein wenig amüsiert. Ich kam mir regelrecht „ausgequetscht“ vor. Ich hatte bei meinen vorherigen Arbeitgebern keinen vergleichbaren Einstellungsprozess erlebt.

Meist schauen Verantwortliche, ob ein Bewerber eine bestimmte Aufgabe im Unternehmen erfüllen kann. Oft entscheidet eine einzige Person darüber, ob man eingestellt wird. Bei Cisco sind wir vielmehr daran interessiert, unterschiedliche Menschen in diesen Prozess und unterschiedliche Meinungen in die Entscheidung mit einzubeziehen.

Ich begann meinen Job bei Cisco mit einer sehr genauen Vorstellung von dem, was mich dort erwartete. Ich erlebte selbst, wie groß die Nähe zum Top-Management ist, wie flach die Hierarchien sind. Und die extreme Begeisterung, die meine Gesprächspartner vermittelten, hatte mich angesteckt. Nach den Interviews hatte ich das Gefühl, dass Cisco ein Unternehmen ist, in dem man viel bewegen kann.

Genau dieses Gefühl habe ich heute noch. Ich habe bisher in 20 Ländern für Cisco gearbeitet und habe festgestellt, dass die Cisco-Unternehmenskultur unabhängig von dem Ort funktioniert, an dem man sich befindet. Das gilt für uns in Deutschland genau so wie für die Kollegen in den Vereinigten Staaten, in Indien, Serbien oder in Saudi-Arabien. So unterschiedlich die Länder auch sind, in denen Cisco aktiv ist: Überall arbeiten Menschen, für die das Wort Veränderung positiv besetzt ist. Es sind Kollegen, die viel bewegen und leisten. Menschen, die sich selbst weiter entwickeln wollen. Dass dies so ist, haben wir gerade deshalb erreicht, weil wir nicht auf das Führungsprinzip „Command and Control“ setzen. In vielen Unternehmen, wo man sich darauf verlässt, sind die Mitarbeiter oft nicht mit dem Herzen bei der Sache. Die Unternehmensberatung Gallup beobachtet seit Jahren, dass mehr als drei Viertel der Angestellten ihrem Arbeitgeber gegenüber nicht sehr loyal sind. Zwei von drei Mitarbeitern leisten ihre Stunden ab, ohne sich besonders zu engagieren. Oft muss ihnen gesagt werden, was getan werden sollte, welche Probleme zu lösen sind und wie dies zu geschehen hat.

Ebenfalls wurde nachgewiesen, dass Unternehmen mit engagierten Mitarbeiterinnen und Mitarbeitern sehr viel erfolgreicher sind als Wettbewerber, denen dieses nicht gelingt. Deshalb setzt Cisco auf Eigenverantwortung, das Teilen von Wissen und auf die kreative Nutzung von Freiräumen. Wir verknüpfen auf diese Weise amerikanische Hochleistungskultur mit freundschaftlichem Zusammenhalt. Diese Unternehmenskultur ist Grundlage der Erfolgsgeschichte von Cisco.

Wir sind erfolgreich, weil wir begriffen haben, dass sich für uns wichtige Eigenschaften wie Kreativität und Verantwortungsbewusstsein nicht verordnen lassen. Sie können nur gelernt, nicht aber gelehrt werden (s. a. Papmehl in diesem Buch).

Dementsprechend definiert sich die Cisco-Unternehmenskultur als die Summe folgender Merkmale, welche jeder Mitarbeiter von Cisco auf seiner Zugangskarte zu den Büros trägt:

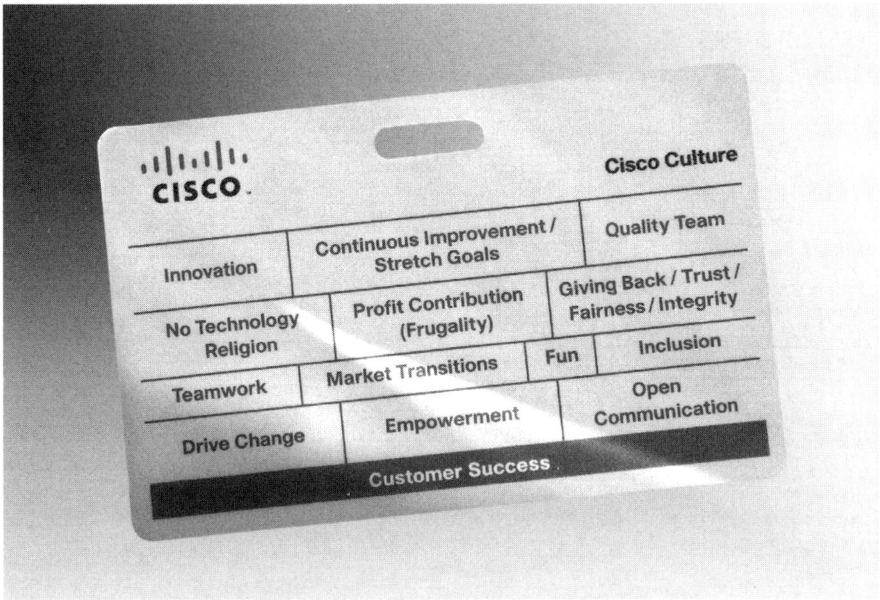

Abbildung 1: *Zugangskarte bei Cisco mit den Merkmalen der Unternehmenskultur*

Sage – Auf dem Weg zu einer kreativen Organisation

Ayse Beate Gül

Ayse Beate Gül,
Jahrgang 1966, arbeitet als Director Human Resources bei der Sage Software GmbH und Co. KG, einem Hersteller betriebswirtschaftlicher Software für Mittelstandskunden. Ihren ersten Studienabschluss zum Betriebswirt absolvierte sie an der Fachhochschule in Mainz als berufsbegleitendes Studium. Sie arbeitete mehrere Jahre bei der Deutschen Lufthansa AG, zuletzt als Product Manager im Zentralen Personalmarketing, wo sie sich neben Fragestellungen des Employer Brand mit der Optimierung von Internet und Bewerbungsprozessen befasste.

Anschließend übernahm sie die Position der Personalleiterin bei der Multimediaagentur „Die Argonauten" in München. Nach dem zweiten Studium mit Schwerpunkt Wirtschaftsinformatik stieg sie 2004 bei Sage Software GmbH und Co. KG ein. Die aktuelle Rolle als Director Human Resources und Mitglied der Geschäftsleitung umfasst in erster Linie Aufgaben der Organisationsentwicklung. Hierunter fällt die Optimierung der Unternehmensplanungsprozesse, die interne Kommunikation, Führungskräfteentwicklung, das Initiieren und Unterstützen von Veränderungen und die Leitung von strategischen, bereichsübergreifenden Projekten wie z. B. die Steigerung der Kundenzufriedenheit über die gesamte Wertschöpfungskette.

Sage – Das Unternehmen

Sage ist mit mehr als 5,4 Millionen Kunden weltweit der drittgrößte Anbieter von betriebswirtschaftlicher Software und Services. Mit 25 Jahren Erfahrung, 250.000 Kunden und mehr als 1.000 Fachhändlern ist Sage zugleich einer der Marktführer für betriebswirtschaftliche Software und Services im deutschen Mittelstand. Sage Lösungen sind speziell für Bedürfnisse lokaler Märkte entwickelt. Sie helfen Kunden – vom Kleinunternehmen bis hin zum gehobenen Mittelstand – ihr Geschäft erfolgreicher zu führen.

Das Portfolio umfasst Lösungen für die Bereiche Warenwirtschaft und Produktion, Finanzbuchhaltung, Geschäftsanalyse, Personalwirtschaft und Kundenmanagement bis hin zu Spezial- und Branchenlösungen. Ein ausgezeichneter Service rundet das Angebot ab. Im Vergleich zum Wettbewerb punktet Sage durch seine große Nähe zum Kunden und seine ausgezeichnete Servicequalität. Gleichzeitig steht das Unternehmen für wirtschaftliche Stabilität und Sicherheit. Einzigartig im Markt ist zudem die angebotene Fülle an Produkten und hoch integrierten Lösungen, die Unternehmen zahlreiche Wachstumspfade bieten.

Kreativität als Grundlage für Wachstum und Unternehmensentwicklung

Kreativität und Innovation

Wer in einem dynamischen, Technologie-getriebenen Markt überleben will, muss sich ständig durch innovative Produkte und Dienstleistungen gegenüber den Wettbewerbern behaupten. Dies ist keine neue Erkenntnis, die Frage ist nur: Wie? Nachdem einige Wettbewerber klar kommuniziert hatten, dass sie in Zukunft ihre ERP-Lösungen nicht mehr auf Märkte im Bereich der Großunternehmen beschränken würden, sondern offensiv um den Mittelstandsmarkt werben würden, stand die Frage im Raum, mit welchen Konzepten und Ideen Sage auf die Strategie der Wettbewerber reagieren würde. Nach ersten Überlegungen im Rahmen eines Geschäftsleitungs-Meetings wurde beschlossen, ein Event mit allen Führungskräften, Produkt- und Channel-Managern zu veranstalten. Ziel war die Auseinandersetzung mit dem „Phänomen“ Wettbewerb zu fördern und erste Ideen und Ansätze zu generieren, um ein systematisches Unternehmenskonzept zu entwickeln.

Den inhaltlichen Fokus des Events bildete die Definition von Erfolgsfaktoren und Möglichkeiten der Differenzierung durch innovative Produkte und Dienstleistungen, ein professionelles Channel-Management sowie eine hohe Kundenzufriedenheit und die Innovationsfähigkeit des Unternehmens. Die zweitägige „Kick-off-Veranstaltung“ befasste sich u. a. mit den Wettbewerbsstudien, Marktdaten, Trends etc. Die Teilnehmer arbeiteten in wechselnden Workshop-Gruppen. Dadurch wurde die Partizipation aller Beteiligten sichergestellt und breites Verständnis und Bewusstsein geschaffen. Auch die Frage nach notwendigen organisatorischen Veränderungen wurde in dem offenen Workshop diskutiert.

Projekt-Team „Innovation" – erster Ansatz

Eine der Ideen aus diesem Führungskräfte-Workshop war die Initiierung eines „Innovations-Teams" mit der Zielsetzung, den im Tagesgeschäft fehlenden Freiraum für Kreativität zu schaffen. Folglich wurde ein Projekt intern ausgeschrieben, für das sich interessierte Fach- und Führungskräfte mit einem Kurz-Essay bewerben konnten. Die Aufgabenstellung für das Projektteam war sehr offen formuliert. In erster Linie sollten die Teammitglieder die Möglichkeit erhalten, Zeit für Brainstorming zu investieren, um so Ideen für Produkt- und Serviceinnovationen zu generieren. Die Bewerbungen gingen an die Human-Resources-Abteilung, die einen entsprechenden Vorschlag bzgl. der Teamzusammensetzung der Geschäftsleitung vorlegte.

Bei der Auswahl der Projektmitglieder wurde darauf geachtet, dass Produkt-Management, Channel Marketing, Software-Entwicklung sowie Customer Support, d. h. alle am Wertschöpfungsprozess Beteiligten, gleichermaßen vertreten waren. Das aus den internen Bewerbern generierte interdisziplinäre Team wurde mit einem entsprechenden Budget ausgestattet. Nach einem ersten Treffen der Teammitglieder wurde das Vorgehen definiert und Termine für die entsprechenden Meetings gesetzt. Abschließend ist zu berichten, dass die Projekt-Meetings an unterschiedlichen Orten mit inspirierendem Ambiente (inklusive/exklusive einem externen Referenten bzw. Moderator) stattfanden. Das gewünschte Ergebnis ist jedoch *nicht* eingetreten. In der Gruppe wurden Inhalte diskutiert, die in letzter Konsequenz jedoch nichts wirklich Neues oder Kreatives darstellten. Warum war dieser Ansatz, trotz des gezielten Vorgehens und obwohl bestimmte Regeln (wie ausreichendes Budget, Projektorganisation, Freiraum) eingehalten wurden, gescheitert? Dies galt es herauszufinden!

Aus Fehlern lernen …

Kreativität ist nicht erzwingbar, innovative Konzepte sind nicht abrufbar, so unsere Schlussfolgerung. Auch wurde hinterfragt, ob ein einmaliges Projekt den gewünschten Erfolg unter dem Aspekt der Nachhaltigkeit bringen könne. Im Grunde war man sich einig, dass Kreativität und Innovation zukünftig ins Denken und Handeln eines jeden Mitarbeiters einfließen sollten, denn nur so konnten neue Ideen aus der eigenen Belegschaft heraus entstehen. Nach einigen Diskussionen stand fest: Ein ganzheitlicher, integrierter Ansatz im Sinne der Organisationsentwicklung „musste her". Man war sich ebenfalls einig, dass ein solcher Ansatz eine Vielzahl von Veränderungen mit sich bringen würde. Daher war die erste notwendige Voraussetzung – der Wille der Geschäftsführung –, einen solchen schwierigen und aufwändigen Weg einzuschlagen und im Weiteren, die Verpflichtung des gesamten Managements, die Umsetzung dieses Weges zu unterstützen.

Zeitgleich beschäftigte sich die Konzernspitze in England mit der Fragestellung, wie man ein übergreifendes globales Wertesystem implementieren könne. Hintergrund der geführten Diskussionen war die Feststellung, dass Sage durch eine Vielzahl von Akquisitionen zu einer globalen Unternehmens-Gruppe mit knapp 14.000 Mitarbeitern gewachsen war. Sage wollte nicht mehr nur sein Logo auf die neuen Akquisitionen transferieren, sondern auch ein gemeinsames Wertesystem implementieren. Dieses neue Wertesystem sollte die Klammer um die weltweiten lokalen Geschäfte bilden. Um der bisherigen erfolgreichen Strategie der dezentralen Führung zu folgen, wurde bewusst ein sehr „generisches Rahmenwerk" im Sinne eines neuen Wertesystems durch die Konzernspitze in England entwickelt, ohne detaillierte Interpretation und ohne Vorgabe von konkreten Umsetzungsmaßnahmen. Dies sollte bewusst in der Verantwortung des Managements der Ländergesellschaften liegen.

Die Unternehmenswerte, die so genannten Sage Principles, die zukünftig das Sage Business voranbringen sollten, lauteten:

> Agility, Simplicity, Trust, Integrity, Innovation.

Dieser Ansatz kam genau rechtzeitig und wir sahen unsere lokalen Überlegungen bzgl. der Notwendigkeit von Innovationen bestätigt. Die Herausforderung war nun allerdings breiter und komplexer geworden. Denn das neue Vorgehen sollte sich nun nicht mehr ausschließlich mit der Förderung von Innovationen befassen. Vielmehr mussten nun sämtliche Maßnahmen in ein umfassendes Unternehmens-Wertesystem eingebettet werden. Mit den fünf Sage Principles entstand die Arbeitsgrundlage, auf der sämtliche Konzepte und Aktionspläne aufgebaut werden konnten.

Den Führungskräften in ihrer Verantwortung als Gestalter des Unternehmens wurde eine zentrale Rolle zugesprochen. Sie sollten Botschafter und Multiplikatoren von neuen Unternehmenswerten werden und ihren Mitarbeitern ein Vorbild sein. Im Führungskreis war man sich einig, dass das neue Wertesystem dazu beitragen würde, die Unternehmenskultur gezielt und nachhaltig zu verändern. Um das Management zu unterstützen, wurden die neuen Werte in einem Workshop gemeinsam diskutiert und interpretiert, um so zu einem einheitlichen Verständnis der Inhalte zu gelangen. Darüber hinaus wurde für die „Top-down-Präsentation" eine Kommunikationsvorlage für die Führungskräfte erstellt, so dass in den folgenden Teammeetings einheitlich kommuniziert werden konnte.

Kreativität und Innovation – Verankerung in der Unternehmenskultur

Unternehmenswerte kreativ umsetzen

Simplicity (Erfolg durch Einfachheit) – Agility (Vorsprung durch Agilität) – Trust (Sicherheit durch Vertrauen) – Integrity (Glaubwürdigkeit durch Integrität) – Innovation (Marktvorteile durch Innovationen). Dies war die deutsche Interpretation der „Sage Principles", die ab sofort das Denken und Handeln aller Mitarbeiter bestimmen sollten. Akademische Diskussionen und Kommunikationskampagnen machen Unternehmenswerte und -kultur jedoch nicht wirklich greifbar für den einzelnen Mitarbeiter. Neben der Formulierung von konkreten verständlichen Handlungsleitsätzen für jedes der Prinzipien kam es auf eine zielgruppengerechte Kommunikation an.

Nach einigen Überlegungen wurde durch die Human-Resources-Abteilung ein Konzept entwickelt, mit der Zielsetzung, den Mitarbeitern die neuen Sage-Prinzipien auf eine kreative Art näher zu bringen. Motive wurden entwickelt, die die Werte grafisch zum Ausdruck brachten und sich somit auch visuell einprägen konnten.

Die bildliche Darstellung als „Key Visuals" half, die Kommunikationsinhalte und die Wiedererkennung zu untermauern:

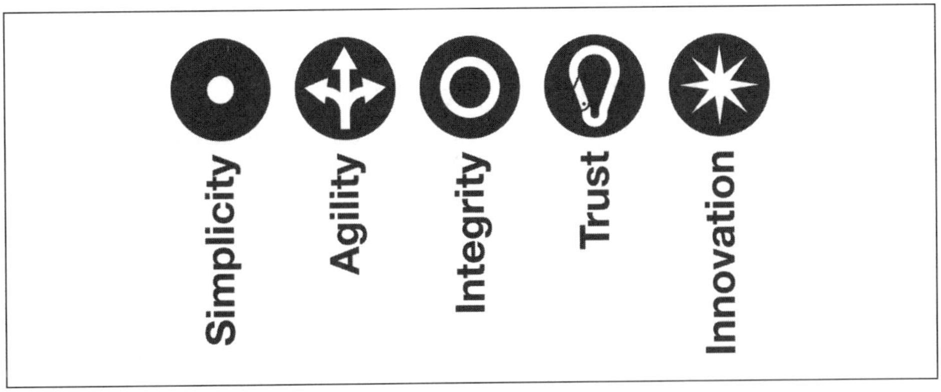

Abbildung 1: *Key Visuals*

Die neuen „Blickfänger" – ähnlich den Icons in den Menüleisten von Anwender-Programmen – bildeten die Grundlage für alle weiteren Aktions- und Kommunikationspläne. Nun konnte der Einführungsprozess top-down und zielgruppengerecht erfolgen. Besonderer Wert wurde auf die Beteiligung aller Führungskräfte und Mitarbeiter gelegt.

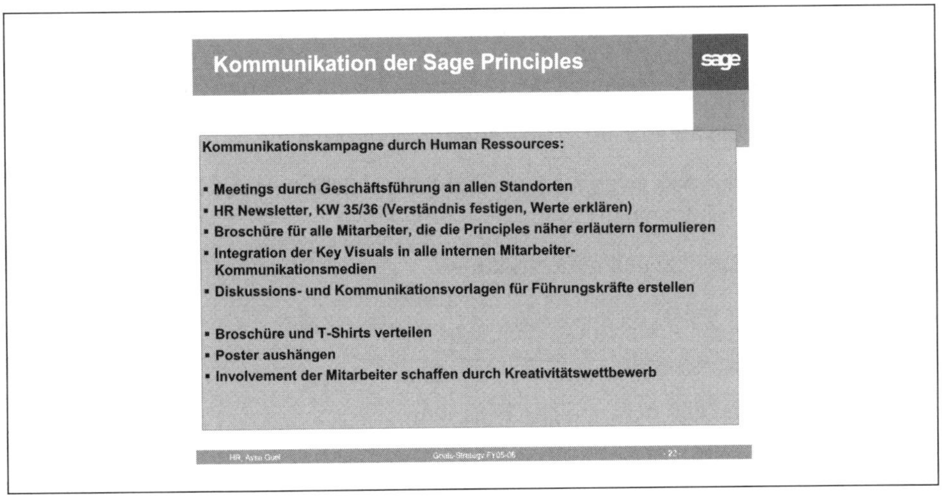

Abbildung 2: *Kommunikation der Sage Principles*

Die Verantwortung für die gesamte übergreifende Kommunikationskampagne trug der Bereich Human Resources. Die Führungskräfte mussten die kommunizierten Inhalte in Teammeetings vertiefen und dafür Sorge tragen, dass sie verstanden wurden. Darüber hinaus mussten sie den Bezug zur Praxis und zum Geschäft herstellen. Für die Kommunikationskampagne wurden interne Mitarbeiter fotografiert, die die Handlungsleitsätze zu den fünf Principles transportieren sollten (siehe unter Innovation).

Die Unternehmenswerte waren in die Sage Vision 2010 eingebettet, so dass der Bezug zur strategischen Ausrichtung sicher gestellt war.

Management Commitment durch Führungsleitlinien

Aus den Unternehmenswerten entwickelten Geschäftsleitung und Führungskräfte gemeinsam mit dem Bereich Human Resources Anfang 2006 im Rahmen eines Workshops ein neues Führungsleitbild mit Handlungsleitlinien. Damit diese Führungsleitlinien nicht nur als Lippenbekenntnis oder Absichtserklärung aufgefasst wurden, führte man eine Mitarbeiterbefragung nach der Einführung der Principles durch. Die Ist-Werte bildeten den Ausgangspunkt, an denen sich in Zukunft die Führungskräfte im Rahmen eines 360-Grad-Feedbacks messen lassen mussten. Eine solche Vorgehensweise findet natürlich nur Begeisterung, wenn die Geschäftsleitung und Human Resources glaubhaft vermitteln, dass ein solcher individuell messbarer Ansatz als eine Chance zur persönlichen Weiterentwicklung der einzelnen Führungskraft und der Organisation zu interpretieren ist. Diese Vorgehensweise sollte Verbindlichkeit und Glaubwürdigkeit schaffen (siehe auch Papmehl: Wissen im Wandel).

Beispielhafte Inhalte aus den Führungsleitlinien:

Innovation

- ✓ Wir sind offen für neue Ideen und unterstützen das Sage Ideenmanagement
- ✓ Wir akzeptieren Misserfolg als Chance zum Lernen
- ✓ Wir machen die Suche nach der besseren Lösung zum gemeinsamen Ziel
- ✓ Wir binden die Mitarbeiter in Veränderungsprozesse ein
- ✓ Wir vermeiden negatives Denken und halten nicht an allen Denkmustern fest – geht nicht, gibt`s nicht!
- ✓ Wir lassen Kritik zu und lernen daraus

Voraussetzung:

- ✓ Wir schaffen den notwendigen Freiraum
- ✓ Wir fördern Risiko- und Investitionsbereitschaft

Simplicity

- ✓ Wir entwickeln in unseren Teams einfache Lösungen für interne und externe Kunden
- ✓ Wir gestalten unsere Abläufe und Prozesse schlank und effizient
- ✓ Wir definieren unsere Ziele, unser Feedback und unsere Vorgaben an unsere Mitarbeiter klar, einfach und verständlich, d. h. es gibt keine versteckten Erwartungen
- ✓ Wir untersuchen jeden Lösungsvorschlag daraufhin, ob es nicht auch einfacher geht
- ✓ Wir delegieren Aufgaben und Projekte in einfacher und verständlicher Form
- ✓ Wir machen es anderen Abteilungen und Standorten einfach, mit uns zusammen zu arbeiten

Voraussetzung:

- ✓ Wir fördern klar definierte, standardisierte und einfach nachzuvollziehende Abläufe. Dabei achten wir auf ein ausgeglichenes Verhältnis zwischen Struktur und Flexibilität
- ✓ Wir formulieren dort Service Levels, wo es notwendig ist

Mitarbeiter einbinden und Verständnis schaffen

Nach der kommunikativen Einführung eines neuen Unternehmensleitbildes, das sehr praxisnah und einfach formuliert war, waren die Führungskräfte aufgefordert, in Team-Workshops die Inhalte gemeinsam mit ihren Mitarbeitern zu diskutieren, um zu einem gemeinsamen Verständnis zu gelangen. Besonderer Wert wurde auf die Entwicklung von Innovationen als Motor für zukünftiges Wachstum gelegt. Zudem gab es zum Kick-off auch die passenden T-Shirts mit den „Key Visuals“.

Gleichzeitig wurde ein Mitarbeiter-Programm, die „Sage Ideenschmiede“, eingeführt. So konnten kreative Ideen bzw. Konzepte eingereicht und bewertet werden. Finanzielle Anreize wurden in diesem Zusammenhang auch gesetzt.

Der Prozess der Ideenschmiede wurde mit den entsprechenden Formularen im Intranet abgebildet:

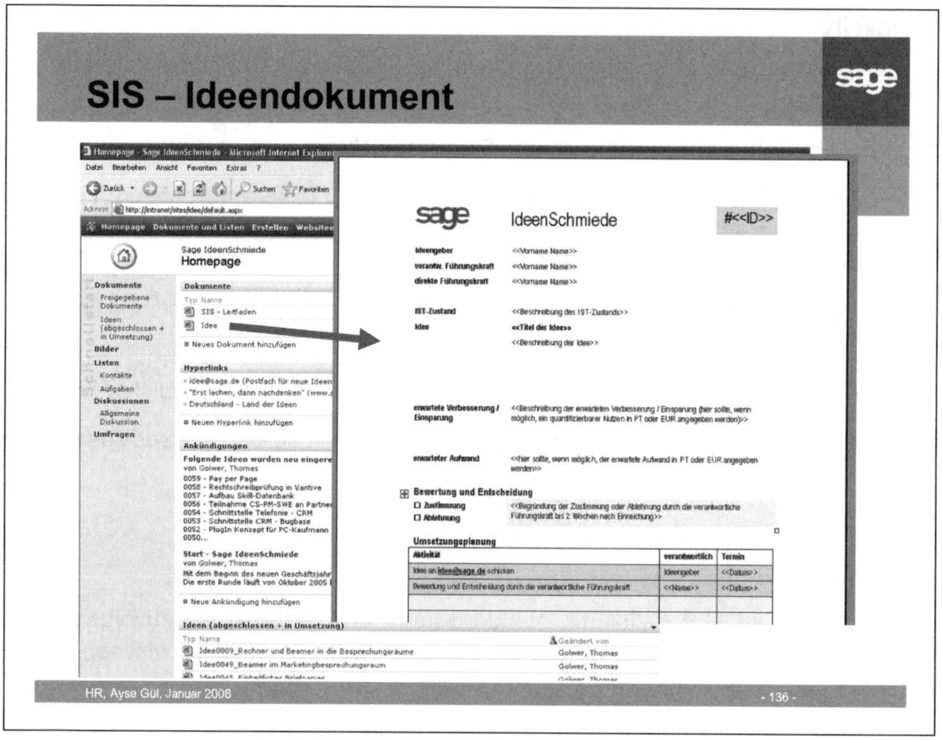

Abbildung 3: *SIS – Ideendokument*

Kreativität fördern – Mitarbeiter beteiligen

Darüber hinaus wurde unternehmensweit ein Kreativitätswettbewerb für die Mitarbeiter ausgeschrieben. Die Mitarbeiter sollten die „Key Visuals“ der Principles aufgreifen und ihre eigene Interpretation umsetzen. Die Art und Weise, ob Gemälde oder Grafik, war ihnen frei gestellt.

Beeindruckende Ergebnisse:

Gemälde, Multimediaclips, Poster – sogar eine Spielidee analog eines Gesellschaftsspiels wurden eingereicht. Die Wahl der Gewinner wurde als Event veranstaltet, bei dem die Mitarbeiter selbst die Plätze eins bis drei live wählen konnten – die Außenorganisation war live per Telefon und Mail zugeschaltet. Die Preise wurden den Siegern selbstverständlich von der Geschäftsführung übergeben.

Den Mitarbeitern hatte es riesigen Spaß bereitet und sie waren stolz auf ihre Kunstwerke, die anschließend im Foyer des Hauptsitzes bewundert werden konnten. So wurden eine hohe Identifikation und ein hohes Engagement auf eine leicht bekömmliche Art geschaffen.

Innovation gezielt fokussieren

Nach der Top-down-Kommunikation der Unternehmenswerte, die sich über einen Zeitraum von ca. drei Monaten erstreckte, wurde in der Umsetzung der Principles „Innovation" fokussiert. Neben der ausführlichen Kommunikation sowohl über die Wichtigkeit als auch Notwendigkeit von Innovationen für Wachstum und Fortbestand des Unternehmens sowie der Einführung des internen Ideenmanagement ging es nun darum, einen neuen Ansatz zu finden, um eine kreative und innovative Unternehmenskultur zu entwickeln.

Abbildung 4: *Beispiel für Kommunikation von „Innovation" an alle Mitarbeiter*

Wieder wurden die Führungskräfte in dieses Vorhaben eingebunden, denn nur durch deren Partizipation und Engagement konnte die unternehmensweite Durchdringung funktionieren. Der durch HR entwickelte Projektplan sah als Erstes eine Ist-Analyse der vorherrschenden Kultur vor. Auf Basis dieser „Standortbetrachtung" sollte dann ein gezielter Maßnahmenplan entwickelt werden, der sich auf die Bereiche

- Führungskräfteentwicklung
- Weiterentwicklung der Organisation und Unternehmenskultur
- Implementierung in die strategische Planung

bezog.

Ein weiterer Workshop unter der Überschrift „Innovationskultur und -methoden, passend zum Business-Modell und zur Organisation" wurde durchgeführt. Zielsetzung des Workshops war es, erneut den Zusammenhang zwischen Innovation, Kultur, Wachstum und Business herzustellen. Entsprechend gliederte sich der Workshop wie folgt:

- Definition – Was ist Innovation?
- Reichweite und Arten von Innovation
- Innovation und Wachstum
- Kultur-Archetypen
- Zusammenhang zwischen Kultur-Archetypen und Business-Modell

Die letzteren beiden Punkte sollten Aufschluss über die gelebte Unternehmenskultur und die Wechselwirkung auf Innovation und das Business-Modell geben.

Der gewählte Ansatz war sehr pragmatisch und greifbar. Die Unternehmenskultur sollte nämlich anhand von sechs Kultur-Archetypen durch die Führungskräfte bewertet werden. Diese Kultur-Archetypen wurden wie folgt beschrieben:

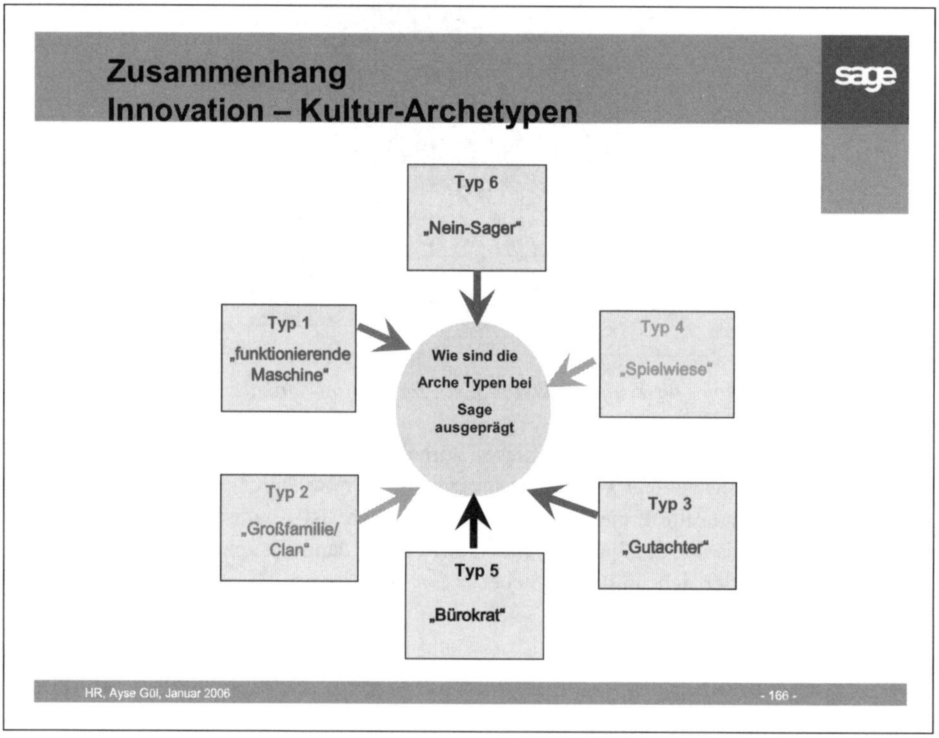

Abbildung 5: *Die sechs Kultur-Archetypen*

„*Kultur-Archetypen* sind Einstellungs- und Verhaltens-Grundmuster von menschlichen Gemeinschaften, die immer wieder in irgendeiner typischen Form in Erscheinung treten. Sie formen und konditionieren die mental-kulturellen Ausprägungen und Verhaltensmuster von Organisationen auf unsichtbare Weise".

Glich das Unternehmen einem „Gutachter", der bspw. alles kontrollierte, „einer Spielwiese", die kreativen Raum bot, „einer funktionierenden Maschine", die nach einer bestimmten Vorgabe eingestellt war und lief? Dabei wurden die Archetypen jeweils ausführlich beschrieben und charakterisiert. Bspw. wurde unter einem „Gutachter" beschrieben: Überprüft ständig seine Arbeiten, kontrolliert auch seine Schnittstellen, schützt Bestehendes etc.

Diese Typisierung sollte helfen, das Ist-Profil des Unternehmens zu analysieren. Als Handout gab es für jeden Archetypen eine kurze Beschreibung und Charakterisierung anhand von Kriterien. Unterstützt durch einen externen Berater, arbeiteten die Führungskräfte heraus, dass bei Sage die Kultur-Archetypen „Gutachter" und „funktionierende Maschine" am stärksten ausgeprägt waren. Deutlich wurde dies insbesondere an der guten Quartals- und Jahresplanung und den Kontrollmechanismen dahinter.

Der Archetyp „Spielwiese", der Entstehungsherd für Kreativität, war leider unzureichend ausgeprägt. Abschließend wurde in kleinen Gruppen ein Brainstorming durchgeführt. Ziel war es, erste Ideen zu entwickeln, wie die Sage-Kultur verändert werden könnte und was dabei Erfolgsfaktoren und Treiber sind. Diese Ergebnisse flossen in einen Maßnahmenplan ein und wurden den o. a. drei Bereichen: Führungskräfteentwicklung, Weiterentwicklung der Organisation und Unternehmenskultur sowie Implementierung in die strategische Planung zugeordnet. Als Zielsetzung wurde formuliert, sich in Richtung „Spielwiese" zu entwickeln, ohne dabei die Planungs- und Steuerungskompetenz des „Gutachters" bzw. der „Maschine" zu verlieren.

Beispiele für konkrete Maßnahmen:

Führungskräfteentwicklung:

1. Commitment und Selbstverpflichtung zu den in den Führungsleitlinien definierten Leitsätzen (Review im 270-Grad-Feedback)
2. Seminare: „Kreativitätstechniken", „Unternehmensplanspiel – Gestaltung und Entscheidung"
3. Regelmäßige Führungskräfte-Meetings und -Workshops, die sich mit Innovation und Wachstum befassen (KVP – Kontinuierlicher Verbesserungsprozess)

Weiterentwicklung der Organisation und Unternehmenskultur:

1. Bewusstsein für das Thema in den Teammeetings durch die Führungskräfte schaffen
2. Innovatives HR-Management-Programm: „Ich kleb' dir einen Principles-Punkt", mit der Möglichkeit des Sammelns von Innovationspunkten
3. Breit angelegtes Kommunikationskonzept

4. Implementierung in das Mitarbeiter-Feedback-Formular

In dem Mitarbeiter-Feedback-Formular wurden die kursiv gesetzten Eigenschaften ergänzt:

Leistungsbereitschaft des Mitarbeiters (persönliche Kompetenz)

- Zeigt starke Eigeninitiative
- Verfügt über hohe Flexibilität
- *Bringt neue Ideen ein*
- *Eignet sich kontinuierlich neues Wissen an*
- Trägt aktiv zu Lösungen bei

Langfristige Einbindung in die strategische Planung

Einen weiteren Projektbaustein bildete die Verknüpfung mit der Geschäftsstrategie, denn „Innovation“ und „Simplicity“ sollten auch Einfluss auf unsere strategische Planung haben. Und dies sowohl bei der Fragestellung

„was“ geplant wird als auch „wie“ es umgesetzt wird.

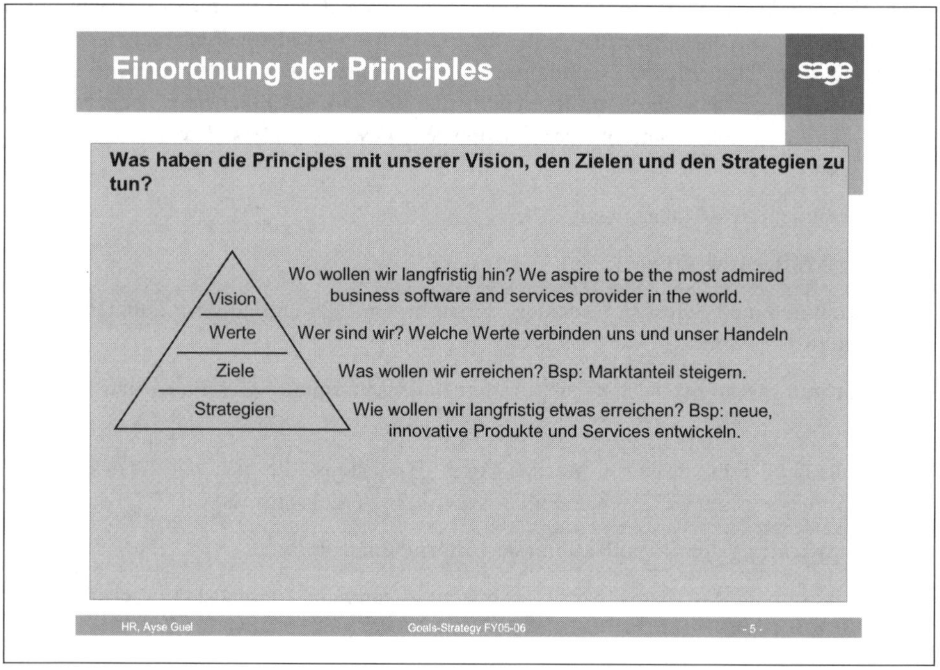

Abbildung 6: *Einordnung der Principles*

Auf das „Wie“ gaben die Unternehmenswerte als Leitbild Orientierung vor:

INNOVATION – Marktvorteile durch Innovation

Wir sind leidenschaftlich innovativ, um die zukünftigen Erwartungen und Bedürfnisse unserer Kunden jederzeit zu übertreffen. Wir sind die ersten am Markt, die sich mit kreativen und innovativen Lösungen den Herausforderungen unserer Kunden jederzeit stellen. Gleichermaßen kreativ und innovativ sind wir bezüglich der erfolgreichen Weiterentwicklung unseres Business Modells und nutzen alle Möglichkeiten.

Wir feiern und belohnen unsere Erfolge, nehmen kalkulierte Risiken in Kauf und sind bereit, von unseren Fehlern zu lernen, um in Zukunft weiterhin innovativ zu sein.

SIMPLICITY – Erfolg durch Einfachheit

Wir glauben an die Kraft der Einfachheit – Simplicity! Unsere gesamte Produktpalette ist für unsere Kunden einfach zu verstehen und daher einfach zu nutzen. Deshalb können Sage-Kunden ihre Geschäftsprozesse ohne große Anstrengung einfach optimieren und erfolgreich managen.

Darüber hinaus arbeiten wir konstant daran, die Beziehungen zwischen Endkunden, Businesspartnern und Sage weiter zu vereinfachen. Wir haben ein pragmatisches Verständnis und glauben an einfache, innovative und qualitativ hochwertige Lösungen für komplexe Probleme.

AGILITY – Wettbewerbsvorteil durch Agilität

Wir sind kompromisslos agil, um anderen immer mindestens eine Nasenlänge voraus zu sein! Diese Agilität oder Beweglichkeit führt dazu, dass unsere Produkte und Dienstleistungen konstant an die Marktbedürfnisse angepasst werden, um so den wechselnden Bedürfnissen unserer Kunden gerecht zu werden.

Unsere Flexibilität und Agilität ist die Voraussetzung für unser erfolgreiches Bestehen am Markt – denn nicht grundlos ist die Sage-Gruppe die Nummer eins im Mittelstand!

Unser dezentraler Geschäfts-Ansatz ermöglicht es uns, konstant auf die Marktanforderungen agil zu reagieren um somit weiterhin erfolgreich zu sein.

TRUST – Vertrauen in die Organisation

Man soll uns als Sage vertrauen. Das bedeutet auch, dass sich unsere Kunden darauf verlassen können, dass wir unsere Ziele jederzeit erreichen. Dabei sind wir konsistent in der Erfüllung unserer Versprechen, genauso bei Aussagen gegenüber Kunden, Mitarbeitern, dem Business-Partner und dem Gesellschafter.

INTEGRITY – Integrer Partner

> Wir achten nicht nur auf das Endergebnis, sondern auch darauf, wie wir es erreichen. Die Beziehungen zu unseren Kunden, Lieferanten, Aktionären und zu unseren eigenen Mitarbeitern – die auf Glaubwürdigkeit und gegenseitigem Respekt aufbauen – sind dabei das Fundament unseres Geschäfts. Wir teilen die Verantwortung und sind bereit, gegenüber allen unseren Geschäftsbeziehungen Rechenschaft abzulegen. Unser Verhalten ist verantwortungsvoll und angemessen.
>
> Wir erwarten von unseren Mitarbeitern, dass sie in allen Aktivitäten mit unseren Geschäftspartnern, Lieferanten und Aktionären mit Integrität, aus eigener Überzeugung, handeln und dass sie Business-Praktiken und Verhalten beanstanden, die unseren Namen gefährden könnten – ohne Rücksicht auf Auswirkung auf sich selbst.

Dieser Planungsprozess gliederte sich in folgende Teilschritte:

1. Festlegung der Wachstumsbereiche durch die Geschäftsleitung
2. Führungskräfte-Treffen und Workshop zur Ideensammlung
3. Evaluierung der Ideen in den jeweiligen Geschäftsbereichen
4. Abschlusspräsentation der Planungen und Konsistenz-Check

Zu Beginn des Jahres 2007 wurde der Fokus des Führungskräfte-Treffens auf „Wachstum und Innovation“ gelegt. Im Vorfeld wurden richtungsweisende Themenfelder durch die Geschäftsleitung formuliert. Neben der Betrachtung der aktuellen Geschäftsentwicklung waren die Führungskräfte aufgefordert, in Workshops Ideen für zukünftiges Wachstum zu entwickeln. Die Teams wurden aus Führungskräften der unterschiedlichen Geschäftsbereiche zusammengestellt. Anschließend mussten sie ihre ersten Ergebnisse präsentieren, so dass mit der gesamten Gruppe diskutiert und Meinungen eingeholt werden konnten. Am Ende des Workshops wurden die Führungskräfte in die Pflicht genommen, in ihrem Geschäftsbereich eine Machbarkeitsanalyse bezüglich der für sie relevanten Themen zu erstellen. Die Bereichsleiter waren dafür verantwortlich, diesen Prozess in Gang zu halten und die Ergebnisse in ihre strategische Bereichsplanung zu integrieren. Die daraus resultierenden Strategie- und Maßnahmenpläne wurden schließlich drei Monate später in der Führungskräfte-Sommerveranstaltung „Ziele und Strategien Sage Deutschland“ präsentiert und diskutiert, um bereichsübergreifendes Verständnis zu stärken.

Darüber hinaus sollten die geplanten Maßnahmen auf ihre Konsistenz hin in Bezug auf die neuen Leitprinzipien geprüft werden. In dieser zweitägigen Führungskräfteveranstaltung wurde nicht nur Transparenz über die Planung der jeweiligen Bereiche geschaffen, sondern auch Felder für interne Kooperationen und abhängige Schnittstellen identifiziert. Das Programm wurde mit entsprechenden Teambuilding-Bausteinen ergänzt, bei dem Kreativität und Spaß nicht zu kurz kommen sollten. Im Rahmen der Abendveranstaltung sollten die Führungskräfte in einem „Sage Song Contest“ ein entsprechendes Lied mit Sage-Bezug texten und choreografisch anspruchsvoll mit einer Live-Band zusammen vortragen. Bei den Texten musste man so über den einen oder anderen Bezug zum Geschäft schmunzeln. Nachdem die Unsicherheiten, nämlich auf der Bühne zu stehen und zu singen, überwunden waren, war die Party mit den neuen Pop-Stars ein voller Erfolg.

Im weiteren Planungsprozess stand der Anspruch, die Sage Principles bis hin zu den individuellen Zielvereinbarungen zu transportieren. Im parallel stattfindenden Budget-Prozess wurde darüber hinaus eine dedizierte Ressource für Business Development genehmigt und in Folge auch eingestellt.

Kontinuierliche Evaluation

Führt man einen solchen umfassenden Veränderungsprozess ein, muss sichergestellt sein, dass er nicht an der Umsetzung scheitert. Daher muss er begleitet und ständig am Leben erhalten werden. Genauso sind regelmäßige Reviews auf höchster Management-Ebene unabdingbar. Die übergeordnete Prozess-Verantwortung lag bei Human Resources, die der inhaltlichen Umsetzung bei den Bereichsleitern und Führungskräften. Zur Messung der erfolgreichen Umsetzung wurden:

- die jährliche Kunden- und Partnerbefragung um entsprechende Items erweitert,
- die Führungsleitlinien bzgl. Simplicity, Agility, Trust, Integrity und Innovation in ein 360-Grad-Feedback integriert,
- die Mitarbeiterbefragung entsprechend ergänzt und
- die dreimal im Jahr stattfindenden Führungskräfte-Events thematisch auf den Veränderungsprozess ausgerichtet, um regelmäßiges gegenseitiges Feedback zu erfahren.

Genauso finden interessierte Bewerber die fünf Unternehmenswerte als Leitmotive auf der Sage Homepage (www.sage.de) wieder.

Resümee

Die Integration in die Unternehmens- und Bereichsstrategien, die aktive Beteiligung der Führungskräfte und Mitarbeiter sowie ein integriertes Projektmanagement waren ausschlaggebend für den nachhaltigen Erfolg bei der Umsetzung der Werte. Eine breite und regelmäßige Kommunikation muss den Prozess und die Fortschritte begleiten. Den kritischen „Faktor" in diesem Veränderungsprozess bilden die Führungskräfte. Diese müssen sich zum einen dem gemeinsamen Ziel verpflichtet fühlen und zum anderen die Kompetenz besitzen, die verabredeten Maßnahmen top-down zu kommunizieren und auch umzusetzen. Nach knapp zweijähriger Laufzeit kann man behaupten, dass sich der sehr aufwändige Prozess ausgezahlt hat: Mitarbeiter erfahren ein sehr hohes Identifikationspotenzial, einen Kreativitätsschub und vor allem eine Orientierung bei ihrer tagtäglichen Arbeit. Es vergeht kaum ein Meeting, in dem nicht das Besprochene mit den vereinbarten Prinzipien abgeglichen wird, genauso entsteht kaum ein Konzept, in dem sich nicht diese widerspiegeln. Inzwischen sind weitere integrierte Maßnahmen geplant, um am „Ball zu bleiben" und den Veränderungsprozess somit am Leben zu erhalten.

Stiftungen als Pioniere des Gemeinsinns – Die Gemeinnützige Hertie-Stiftung als kreatives Unternehmen

Michael Knoll

Michael Knoll,
Jahrgang 1969, studierte Geschichte und Soziologie an der Universität Konstanz. Anschließend widmete er sich Interdisziplinären Frankreichstudien an der Albert-Ludwigs-Universität Freiburg. Beim Universitätsverlag Konstanz (uvk) machte er ein Volontariat.

Zwischen März 2002 und Dezember 2005 war er wissenschaftlicher Mitarbeiter von Joschka Fischer im Deutschen Bundestag. Seit Januar 2006 ist er Leiter des Berliner Büros der Gemeinnützigen Hertie-Stiftung. Die Hauptaufgabe des Büros besteht in der Vernetzung der Stiftung mit wesentlichen Akteuren im politischen und vorpolitischen Raum Berlins, um ein tragfähiges und nachhaltiges Beziehungsnetz zu spannen. Inhaltliche Schwerpunkte des Büros sind Integration und Bildung, Europäische Integration und Governance sowie Corporate Social Responsibility.

Die Stiftungslandschaft in Deutschland

Deutschland erlebt in den letzten Jahren einen wahrhaften Stiftungsboom. Von den rund 15.500 Stiftungen, die es in diesem Land gibt, wurden mehr als die Hälfte im letzten Jahrzehnt gegründet. Die Rekordjahre 2004, 2005 und 2006 (als 852, 880 bzw. 899 rechtsfähige Stiftungen bürgerlichen Rechts gegründet wurden) wurden 2007 noch einmal übertrumpft. Im letzten Jahr wurden sage und schreibe 1.134 Stiftungen ins Leben gerufen.

Als eine Ursache des Stiftungsbooms gilt die Tatsache, dass zunehmend große Vermögen vererbt werden: Allein bis 2010, so Schätzungen, werden in Deutschland mehr als eine Billion Euro vererbt.[1] Immer mehr Menschen haben allerdings wenige oder gar keine Nachkommen und möchten mit ihrem Geld eine gute Sache unterstützen. Positiv bemerkbar machten sich zudem die Liberalisierungen im Stiftungsrecht. So beschloss der Bundestag im Jahr 2000 das „Gesetz zur weiteren steuerlichen Förderung von Stiftungen" und zwei Jahre später das „Gesetz zur Modernisierung des Stiftungsrechts".

Zu dem deutschen Stiftungsboom tragen aber auch Unternehmen in Deutschland erheblich bei. Dies geht aus einer Studie über unternehmensnahe Stiftungen des Bundesverbands Deutscher Stiftungen hervor, die in Kooperation mit der Vodafone Stiftung entstanden ist.[2] So sind fast 40 Prozent der derzeit etwa 1.500 unternehmensnahen Stiftungen im vergangenen Jahrzehnt gegründet worden. Der Vorteil dieser Stiftungen: Sie sind in der Regel reicher als öffentliche Stiftungen bzw. als jene, die von Privatleuten gegründet werden. Insgesamt hat fast jede vierte Firmenstiftung ein Vermögen von mehr als zehn Millionen Euro, sieben Prozent sogar mehr als 100 Millionen. Bei öffentlichen Stiftungen hingegen ist eine so hohe Finanzausstattung ganz selten. Dementsprechend groß ist der Unterschied im jährlichen Fördervolumen.

Der Stiftungsboom erklärt sich also auch damit, dass die Bürgerinnen und Bürger in Deutschland eine größere gesellschaftliche Verantwortung von Unternehmen erwarten. Dies tun die Unternehmen jedoch nicht ohne Zweck. So fördern sie die Projekte, welche in ihrem sozialen, regionalen oder thematischen Umfeld stehen, und erhoffen sich davon einen positiven Imagetransfer. Neben Unternehmens-Stiftungen, deren Kapital aus dem Privatvermögen eines Firmeninhabers besteht, gibt es auch immer häufiger so genannte „Corporate Social Responsibility"-Stiftungen.

Der Bundesverband Deutscher Stiftungen veranschlagt das gesamte Stiftungskapital auf 60 bis 80 Milliarden Euro.[3] Das Fördervolumen, das sich aus Verzinsung des Kapitals, Spenden und Zuwendungen zusammensetzt, dürfte danach bei jährlich rund 15 Milliarden Euro liegen, so Schätzungen des Verbandes. Unklar bleibt, wie viel Geld genau gestiftet wird, weil es kein zentrales Register gibt und die Mitgliedschaft im Verband freiwillig ist.

Stiftungen verfügen nicht nur über ein Vermögen, sondern i. d. R. auch über einen guten Ruf. So ermittelte das Meinungsforschungsinstitut DIMAP im Jahr 2000 eine sehr hohe Reputation für Stiftungen: Über 80 Prozent der Befragten hielten gemeinnützige Stiftungen für richtig.[4] Diese hohe Wertschätzung genießen sie aber nicht nur als Geldgeber, sondern auch, weil ihnen ein hohes Innovations- bzw. Kreativitätspotenzial zugebilligt wird. Bundespräsident

Roman Herzog lobte Stiftungen daher als „Pioniere auf dem Weg zur unmittelbaren, spontanen, dezentralen, effizienten, vielfältigen Verbindung von unternehmerischer Dynamik und Dienst am Gemeinwohl".[5]

Kreativität – Hoffnung für eine blockierte Gesellschaft?

Deutschland steht vor signifikanten gesellschaftlichen und politischen Herausforderungen. Eine sich verändernde Arbeitswelt und der demographische Wandel bedrängen die Sozialversicherungssysteme. Strukturen auf dem Arbeitsmarkt, die aus Zeiten der Hochbeschäftigung stammen, wurden und werden des sozialen Frieden willens beibehalten, andere Probleme negierte man jahrzehntelang, wie etwa das Thema Migration und Integration. Und schließlich setzte man im Bildungsbereich darauf, dass die erfolgreichen Modelle des 19. Jahrhunderts auch im 21. Jahrhundert bestehen könnten. Einige Autoren bündelten diese Problemlagen und beschrieben Deutschland als „blockierte"[6] oder als „deformierte Gesellschaft"[7], manche sahen Deutschland scheitern[8], wieder andere bereits im Niedergang[9].

Jenseits dieser Krisenszenarien (welche von renommierten Publizisten und Wissenschaftlern veröffentlicht wurden), gibt es in Deutschland ganz offensichtlich gesellschaftliche und politische Schwierigkeiten. Die Arbeitslosenzahlen sprechen eine deutliche Sprache, ebenso die Verschuldung in diesem Land. Trotz aller Berichte über wachsende Steuereinnahmen ist es immer noch so, dass Deutschland Schulden aufnimmt, die Neuverschuldung hat sich lediglich verlangsamt. Eine deutliche Sprache sprechen ebenfalls die Bildungsberichte der OECD. Auch im jüngsten Bericht „Education at a Glance", der am 18. September 2007 in Berlin vorgestellt wurde, kritisiert die OECD die niedrige Abiturientenquote und den hohen Anteil der Studienabbrecher in Deutschland. Ein zu kleiner Teil eines Jahrgangs erreiche einen akademischen Abschluss. Des Weiteren bemängelte die OECD die Tatsache, dass es in Deutschland nach wie vor stark von der sozialen Herkunft abhängt, ob ein Hochschulabschluss erreicht wird.[10]

Der Bildungsbereich steht deshalb so im Fokus der Öffentlichkeit, weil Bildung in einer Wissensgesellschaft die Zukunftsfähigkeit eines Landes bedeutet. Angel Gurría, Generalsekretär der OECD, fasste dies bei der Vorstellung des oben genannten Berichts folgendermaßen zusammen: „Gute Bildung ist zum wertvollsten Kapital für die Gesellschaften geworden. In einer stark wettbewerbsorientierten globalisierten Wirtschaft sind die Kompetenzen des Humankapitals Schlüsselfaktoren für Produktivität, Wirtschaftswachstum und steigenden Lebensstandard. Eine effektive und innovative Bildungspolitik eröffnet dem Einzelnen enorme Chancen."[11]

Allerdings wird eine Gesellschaft nicht automatisch kreativ oder innovativ, auch wenn sie von höchster Stelle dazu aufgerufen wird. In seinem Buch „Kreativität – letzter Ausweg für die blockierte Gesellschaft?" geht Thomas A. Becker der Frage nach, was Kreativität eigentlich ist und was sie zur Mobilisierung einer blockierten Gesellschaft beitragen kann. Grundsätzlich beantwortet der Autor seine rhetorisch gestellte Frage positiv, fordert aber einen Mentalitätswechsel. Becker versteht unter Kreativität eine Fähigkeit, Zufälle zu verwenden, um Strukturen aufzubauen. Er setzt also auf einen kognitiven Erwartungsstil, der sich seines eigenen transitorischen Zustands jederzeit bewusst ist. So zieht er folgendes Resümee: „Kreativität kann nur dort entstehen, wo hinreichend Intelligenz und Mut zu Renitenz, Anpassungsverweigerung und Grenzüberschreitung vorhanden ist."

Mit den Begriffen Renitenz, Anpassungsverweigerung und Grenzüberschreitung werden Stiftungen nur selten in Verbindung gebracht. Und dennoch hat Becker recht: Wenn eine Stiftung es nicht wagt, auf gesellschaftliche Defizite hinzuweisen, wenn sie sich nicht anmaßt, sich in Dinge einzumischen, die sie eigentlich nichts angehen, und wenn sie sich nicht traut, für bessere Modelle zu werben, dann ist eine Stiftung weniger Reformmotor als vielmehr Bewahrerin des Bestehenden. Dem Anspruch, Pionierin, also Vorkämpferin, zu sein, wie Bundespräsident Roman Herzog die Rolle der Stiftungen definiert hat, wird sie damit nicht gerecht. Darin liegt aber gerade das „interessanteste Betätigungsfeld von Stiftungen überhaupt", wie es der Geschäftsführer der Robert Bosch Stiftung, Dieter Berg, ausdrückt. Und er macht den Anspruch von Stiftungen klar: „Wir wollen gesellschaftliche Defizite identifizieren und Lösungsansätze ins Gespräch bringen."[12]

Die Gemeinnützige Hertie-Stiftung als kreatives Unternehmen

> „Die Gemeinnützige Hertie-Stiftung baut auf dem Lebenswerk des 1972 verstorbenen Stifters Georg Karg, Inhaber der Hertie Waren- und Kaufhaus GmbH, auf. Neben seinem Unternehmen und dessen Mitarbeitern fühlte er sich vor allem dem Allgemeinwohl verpflichtet. Mit ihrem Vermögen von rund 830 Millionen Euro und einem jährlichen Fördervolumen von durchschnittlich rund 25 Millionen Euro gehört die Hertie-Stiftung zu den größten privaten Stiftungen Deutschlands. In ihren drei Förderbereichen Neurowissenschaften, Europäische Integration sowie Erziehung zur Demokratie will die Stiftung neue, intelligente Lösungen aufspüren und zu deren praktischer Umsetzung beitragen. Sie will ihr Privileg nutzen, abseits politischer Interessen sinnvollen Neuerungen zum Durchbruch zu verhelfen und langfristig Perspektiven aufzuzeigen."[13]

Dies ist das Selbstverständnis der Gemeinnützigen Hertie-Stiftung, die interessierte Internetbenutzer auf der Homepage der Stiftung finden können. Der Anspruch der Stiftung findet sich im letzten Satz wieder: „Sie will ihr Privileg nutzen, abseits politischer Interessen sinnvollen Neuerungen zum Durchbruch zu verhelfen und langfristig Perspektiven aufzuzeigen." Wie sie das tut, erkennt man, wenn man einen Blick in ihre Geschichte wirft. So kann die Gemeinnützige Hertie-Stiftung auf eine über dreißigjährige Geschichte zurückblicken. Eine Geschichte, die mit dem Tod von Georg Karg, dem einstigen Inhaber der Hertie-Waren- und Kaufhaus-GmbH, begann. Zwei Jahre nach dessen Tod gründeten seine Kinder im Dezember 1974 die „Gemeinnützige Hertie-Stiftung zur Förderung von Wissenschaft, Erziehung, Volks- und Berufsbildung".

Brigitte Gräfin von Norman und Hans-Georg Karg setzten ihrem Vater damit ein Denkmal und führten somit dessen Wunsch und Willen fort, dass das Vermögen auch dem Gemeinwohl dienen solle. Hohe Priorität wurde, so wollte es der Vater, der medizinischen Forschung eingeräumt. So entschied der Stiftungsvorstand, zunächst alle zur Verfügung stehenden Mittel auf die Neurowissenschaften, vor allem auf die Erforschung der Ursachen der multiplen Sklerose, zu konzentrieren. Bis zum Jahre 1994 wurden ausschließlich wissenschaftliche Vorhaben gefördert, die sich mit den Fragen der Entstehung, der Diagnostik und der Therapie der multiplen Sklerose beschäftigten; zusätzlich flossen beträchtliche Mittel in die sozialmedizinische Nachsorge der MS-Betroffenen. Für den Schwerpunkt multiple Sklerose stellte die Gemeinnützige Hertie-Stiftung in den Jahren 1978 bis 1999 insgesamt 46,3 Millionen DM bereit. Mit diesem kontinuierlichen Engagement war und ist sie sowohl in der Forschung als auch in der sozialmedizinischen Nachsorge die aktivste Stiftung auf dem Gebiet der multiplen Sklerose in Deutschland. Ab 1994 weitete die Gemeinnützige Hertie-Stiftung ihre Projektarbeit auf weitere Themengebiete aus, insbesondere im Bildungswesen, im sozialen Bereich und im Themenfeld Beruf und Familie. Das Präventionsprojekt KOMM, das Kinderschutzprojekt AURYN und das Projekt „Da sein – Lebensbegleitung bis zum Tod“ waren frühe Beispiele für das Engagement der Stiftung in diesem Bereich.

Man kann die Geschichte der Gemeinnützigen Hertie-Stiftung aber auch anders erzählen: Denn in der Form, wie die Stiftung sich heute präsentiert, blickt sie auf eine nur knapp achtjährige Geschichte zurück. Um die Jahrtausendwende standen Jahre des Umbruchs und der Neuorientierung bevor. Dieser Umbruch zwischen 1998 und 2001 begann mit der Loslösung von der Hertie-Familienstiftung, mit der seit 1974 eine enge Verbindung bestand. So kam es zu einer vollständigen personellen, rechtlichen und organisatorischen Trennung der beiden Stiftungen. Aus der Unternehmensstiftung war quasi über Nacht eine der größten privaten Stiftungen geworden. Davon betroffen waren auch die Vermögensverwaltungen der beiden Stiftungen. Die Hertie-Familienstiftung, die sich fortan Karg´sche Familienstiftung nannte, war ebenso wie die Gemeinnützige Hertie-Stiftung nun auf eigene Füße gestellt. Beide mussten sich neu erfinden.

Dabei trifft der Begriff „Neuerfindung“ nicht wirklich den Kern der Veränderungen. Ein paar Zahlen zur Illustration: In den Jahren bis 1999 gab die Stiftung jährlich ca. 8,5 Millionen DM aus, im Jahr 2000 waren es allein 42,4 Millionen DM.[14] In ihren ersten 25 Jahren war die Stiftung ein 3-Mann-Betrieb mit passiver Fördertätigkeit, heute arbeiten um die fünfzig Frauen und Männer dort, studentische Hilfskräfte, Praktikanten etc. nicht mitgezählt. Es war weniger eine Neuerfindung, als vielmehr ein Neuanfang.

Dies galt weniger für den Stiftungszweck, der lediglich sprachlich modernisiert wurde. Geblieben sind die Förderung der Wissenschaft in Forschung und Lehre, insbesondere auf den Gebieten der Neurowissenschaften, die Förderung der Erziehung, Volks- und Berufsbildung, die heute den Begriff „Erziehung zur Demokratie“ trägt, sowie die Europäische Integration. Darüber hinaus verfolgt die Stiftung weiterhin mildtätige Zwecke. Einen ähnlich weit gefassten Stiftungszweck wird man auch bei anderen Stiftungen finden können. Was macht aber den spezifischen Charakter der Gemeinnützigen Hertie-Stiftung aus?

Es sind weniger die verfassten Ziele als vielmehr die Wege, diese umzusetzen, und das Selbstverständnis, das heute den Charakter der Gemeinnützigen Hertie-Stiftung prägt. Im

Tätigkeitsbericht für das Jahr 2003 wird das Selbstverständnis der Stiftung klar formuliert. In der Rubrik „Bericht des Vorstands“ schreibt der Vorstandsvorsitzende Dr. Michael Endres: „Die Stiftung versteht sich als Reformstiftung, d.h. sie will ihren Beitrag zur Erneuerung des Landes leisten. Sie investiert in die Zukunft“ und weiter: „Stifter stiften nicht nur Geld, sondern bewegen auch Veränderung“.[15]

Die vier folgenden Beispiele zeigen, was dies konkret für die Arbeit der Gemeinnützigen Hertie-Stiftung bedeutet.

Neurowissenschaften: Das Hertie-Institut für Klinische Hirnforschung

Dem Willen Georg Kargs folgend, bildeten die Neurowissenschaften seit Anbeginn einen Schwerpunkt der Stiftung. Nicht ohne Grund: Das Gehirn ist das faszinierendste Organ des menschlichen Körpers. Es steuert nicht nur Körperfunktionen wie die Atmung oder die Muskelbewegungen, sondern vermittelt oder erzeugt auch Gefühle, Denkvorgänge und das Bewusstsein. Mit seinen mehreren Milliarden Nervenzellen, den in die Billionen gehenden Kontaktstellen und dem permanenten Umbau der Informationsbahnen ist es das komplizierteste System, das die Menschheit kennt. Leider wie jedes Organ ein störanfälliges, gerade wenn es in die Jahre kommt.

Die zunehmende Überalterung unserer Gesellschaft macht es evident. Neurodegenerative Erkrankungen wie Alzheimer oder Parkinson erfahren einen enormen Anstieg. Dazu ein paar Zahlen: Bis zum 65. Lebensjahr erkrankt ungefähr ein Prozent der Bevölkerung an Alzheimer. Danach kommt es alle fünf Jahre zu einer Verdoppelung der Betroffenen. D. h. bei 70-Jährigen beträgt die Wahrscheinlichkeit, an Alzheimer zu erkranken, 2 Prozent, bei 75-Jährigen 4 Prozent, bei 90-Jährigen 32 Prozent und so weiter.

Ziel des Hertie-Institutes für Klinische Hirnforschung in Tübingen ist es, Lücken zu schließen: Es wurde eine Einrichtung geschaffen, die klinische Hirnforschung, medizinische Behandlung und Ausbildung auf internationalem Spitzenniveau praktiziert. Ausschlaggebend waren aber vor allem die neuen Wissenschaftsstrukturen am Institut. So wurde die klassische Ordinarienstruktur an deutschen Universitäten aufgehoben und durch ein angelsächsisches Department-Modell ersetzt. Folge: Das HIH wird kooperativ und gemeinschaftlich geleitet. An Stelle der üblichen, hierarchischen und partikularistischen Struktur mit separaten Forschungsabteilungen ist in Tübingen ein die Ressourcen bündelndes Zentrum für Neurologie entstanden.

Die Leiter der bisher vier Abteilungen bilden paritätisch den Vorstand des Hertie-Instituts für klinische Hirnforschung. Der Vorsitzende dieses Vorstandes vertritt das Hertie-Institut nach außen und koordiniert verantwortlich die Krankenversorgung, entscheidet ansonsten jedoch nur bei Stimmengleichheit im Vorstand. Damit wird das Department-Modell einer kooperativen und gemeinschaftlichen Leitung erstmalig in Deutschland in einem klinischen Zentrum realisiert.

Gemeinschaftlich verwaltet werden auch die Forschungsmittel. Die bisher vier Abteilungen des Hertie-Institutes bringen jährlich Mittel in Höhe von insgesamt mindestens einer Million Euro in einen Pool ein, der nicht spezifiziert ist und aus dem Forschungsprojekte finanziert werden, die dem gesamten Vorstand förderungswürdig erscheinen. Damit geht keine Zeit in sachfremden Budgetkämpfen verloren und das Institut gewinnt an Flexibilität für die Umsetzung aktueller, besonders Erfolg versprechender Forschungsvorhaben.

Die Erfolge des Institutes lassen sich sehen: Nach fünfjährigem Bestehen zählt das Hertie-Institut für Klinische Hirnforschung zu den vier neurologischen Topinstituten in Europa. Es ist ein internationales Institut, das europäische und außereuropäische Spitzenforscher anzieht. Und das Modell findet Nachahmer. Andere universitäre Forschungseinrichtungen, die von der Gemeinnützigen Hertie-Stiftung gefördert werden, planen ein gemeinsames MS-Institut nach dem Vorbild des Hertie-Institutes für Klinische Hirnforschung in Tübingen zu gründen. Sollten sich diese Pläne realisieren, wäre dies ein großer Erfolg des HIH, aber auch der Gemeinnützigen Hertie-Stiftung, die dieses innovative Modell auf den Weg brachte und mit einer finanziellen Förderung von 21,5 Millionen Euro möglich machte.

Europäische Integration: Hertie School of Governance

Bereits Ende der 90er Jahre gab es innerhalb der Stiftung die Überlegungen, ein Institut zu gründen, das insbesondere die Aus- und Weiterbildung von osteuropäischen Führungs- und Nachwuchskräften in Wirtschaft und öffentlichem Sektor verbessern sollte. Bei Planungen von Programmen zur Verwaltungsreform in den Transformationsstaaten entstand die Idee, ein Hertie-Institut für Europäische Integration aufzubauen.

Dieses Institut sollte eine Stätte der Begegnung zwischen Ost und West und ein Institut zur wissenschaftlichen Unterstützung des Integrationsprozesses sein. Zur Konkretisierung dieser Idee veranstaltete die Stiftung im Juni 2000 einen Workshop, an dem führende Mitglieder der deutschen Wirtschaft und Wissenschaft sowie Persönlichkeiten aus dem Bereich des Ost-West-Transfers teilnahmen.

Die Gemeinnützige Hertie-Stiftung legte bei der Konzeption des Institutes besonderes Augenmerk auf die Stärkung und Reform des Public Management in Europa. Das Schengener Abkommen, eine gemeinsame Währung und die sich abzeichnende Erweiterung um bis zu zwölf weitere Staaten markierten die rasante Erweiterung und Vertiefung der Europäischen Union. Die Spielregeln des Miteinanders in Europa unterlagen damit großen Veränderungen und stellten allerhand gewichtige Fragen: Welche Eigendynamik entfaltet sich im komplizierten Mehrebenensystem europäischer Staatlichkeit? Was und wie weit tragen noch nationale Politikansätze? Welche Konsequenzen ergibt die Ausbildung parastaatlicher Strukturen in Politik, Wirtschaft und in den Zivilgesellschaften Europas? Welche Rolle spielt persönliche Verantwortung und privates Engagement in der bürgerfernen Brüsseler Bürokratie? Diesen Fragen sollte nun das zu gründende Hertie-Institut nachgehen, dessen Name nun Hertie Institute for Public Management lauten sollte, da der Aspekt der Europäisierung Deutschland nur eine Dimension der sich verändernden Staatlichkeit am Anfang des 21. Jahrhunderts bildete.

Im Herbst 2003 folgte die Gründung der Hertie School of Governance. Für dieses Projekt stellte die Hertie-Stiftung 25,6 Millionen Euro bereit. Der School war das Anliegen mit auf den Weg gegeben, den Wandel der Staatlichkeit und seine Auswirkung auf die Gesellschaft im europäischen Raum zu untersuchen und ihn durch die entsprechende Ausbildung von Führungskräften mitzugestalten.

Ihren Lehrbetrieb nahm die Hertie School of Governance im September 2005 auf. 29 Studenten aus 16 Ländern begannen damals ihr Master of Public Policy Studium. Heute studieren ungefähr 110 Studenten aus aller Herren Länder an der Hertie School of Governance. Neben einer starken Gruppe aus Osteuropa finden sich auch etliche Studenten aus Nordamerika in Berlin. Für eine Hochschule, die dem Vorbild John F. Kennedy School of Governance nacheifert, ist dies ein kleiner Erfolg.

In der Zwischenzeit sind auch die ersten Studenten graduiert. Und ihre Aussichten auf dem Arbeitsmarkt sind so, wie die Stiftung sich das vorgenommen hatte, nämlich sehr vielversprechend.

Erziehung zur Demokratie

Der dritte inhaltliche Bereich der Gemeinnützigen Hertie-Stiftung ist mit „Erziehung zur Demokratie“ überschrieben. Damit ist der Bereich der Erziehungs-, Bildungs- und Sozialprojekte der Stiftung programmatisch ausgerichtet. So heißt es im Tätigkeitsbericht für das Jahr 2005: „Die demokratische Ordnung ist auf Bürger angewiesen, die es verstehen, Meinungsunterschiede mittels des freien Wortes auszutragen. Das verlangt frühe und lange Übung. Wir tragen mit unserer Arbeit dazu bei, dass dies praktisch geübt wird, und zwar bereits in der Schule. Dass man dazu auch die eigene Sprache pflegen muss, versteht sich eigentlich von selbst – wir machen trotzdem mit einem großen Projekt darauf aufmerksam. Demokratie heißt auch, dass Zuwanderer als Neubürger akzeptiert, ja willkommen geheißen werden und ihre Chance zum Erfolg bekommen. Mit unserem Projektzyklus zur Integration von Zuwanderern zeigen wir modellhaft, wie die Integration aus der Mitte der Gesellschaft unterstützt werden kann.“[16]

Demokratie heißt Partizipation, heißt die Möglichkeit mitzumachen. Mitmachen kann aber nur der, der sich einbringen kann. In einer derart komplexen Gesellschaft wie der unseren heißt Partizipation in erster Linie Kommunikation. Nur wer sich äußern kann, wird wahrgenommen. Deshalb unterstützt die Stiftung die Projekte „Jugend debattiert“, „Kinder lernen mitzureden mit Tabaluga tivi“ oder „Deutsch-Olympiade“. Die Möglichkeit mitzumachen bedeutet für die Stiftung aber auch, dass sich alle daran beteiligen dürfen, egal, wo sie oder ihre Eltern gesellschaftlich „herkommen“.

Der Schülerwettbewerb „Jugend debattiert“

Spätestens seit dem so genannten PISA-Schock steht die Erneuerung und Qualitätssteigerung des deutschen Schulwesens auf der Agenda. Auch die Gemeinnützige Hertie-Stiftung engagierte sich früh und fördert innovative Projekte zur Sprachkultur und zur beruflichen Bildung. Die Förderung der sprachlichen Bildung ist der Stiftung deshalb so wichtig, weil die Befähigung zum freien Wort eine wesentliche Voraussetzung im Prozess der demokratischen Meinungsbildung und für die Persönlichkeitsbildung des Einzelnen ist. Leider ist es so, dass die Sprachkultur und insbesondere die Kunst des fairen und sachgerechten Debattierens im deutschen Bildungswesen vernachlässigt werden.

Mit dem Slogan „Rhetorik in die Schule!“ begann die Erfolgsgeschichte des Schülerwettbewerbs „Jugend debattiert“. In Zusammenarbeit mit dem hessischen Kultusministerium und dem Hessischen Landesinstitut für Pädagogik (HeLP) veranstaltete die Gemeinnützige Hertie-Stiftung erstmalig 2001 für 354 Frankfurter Schülerinnen und Schüler im Alter von 16 bis 19 Jahren diesen Wettbewerb. Was mit 340 Schülern und 90 Lehrern begann, hat sich mittlerweile zum größten privat finanzierten Projekt zur sprachlichen und politischen Bildung in Deutschland entwickelt. Im Schuljahr 2006/07 nahmen über 60.000 Schülerinnen und Schüler an über 550 Schulen an diesem Wettbewerb teil.

In der Zwischenzeit findet dieser Wettbewerb auch international statt. Inzwischen debattieren Schüler in Tschechien, Polen, Estland, Lettland, Litauen sowie in der Ukraine in deutscher Sprache. 670 Schüler haben 2006 an „Jugend debattiert“ international teilgenommen. Die Schüler verbessern dabei nicht nur ihre Deutschkenntnisse, sondern lernen auch ein zeitgemäßes Deutschlandbild kennen.

Die Stiftung wirkt mit dem Projekt „Jugend debattiert“ ebenfalls darauf hin, dass neue Bildungsstandards auf einem erweiterten Lernbegriff basieren. Das Projekt zielt auf Persönlichkeit des Kindes und die Förderung seiner Entwicklung. Daher steht neben der Vermittlung von Fähigkeiten, wie Informationen beschaffen und verarbeiten und Themen präsentieren, die Kompetenz „Kommunizieren und Kooperieren“ im Vordergrund von „Jugend debattiert“.

Die Integrationsprojekte der Stiftung

Die Hertie-Stiftung hat als eine der ersten großen Stiftungen das Thema Integration aufgegriffen. Zugute kam ihr die Zusammenarbeit mit einigen Brennpunktschulen in Frankfurt am Main. An diesen Schulen stammt ein Großteil der Schüler aus sozial schwachen und/oder bildungsfernen Familien. Zusätzlich haben viele Kinder dort einen Migrationshintergrund. Die Klage der Lehrer war, dass sie in ihren Klassen zu viele stumme Kinder hätten, die bereits in der ersten Klasse durchfielen. Stumm deshalb, weil sie nur mangelhaft die deutsche Sprache verstanden. Zusammen mit Vertretern dieser Schulen entwickelte die Gemeinnützige Hertie-Stiftung für diese Kinder einen besonderen Deutsch-Unterricht, der in spielerischer Form im Wesentlichen am PC stattfindet. Daher auch der Name „Deutsch & PC“. Das Programm war so erfolgreich, dass das Land Hessen es an allen Schulen mit hohem Ausländeranteil einführte. Die Länder Nordrhein-Westfalen, Bremen und Berlin übernahmen dieses Modell und führten es im Schuljahr 2007/08 ebenfalls ein.

Das wichtigste Projekt in der Frage der Integration ist START, ein Programm zur Förderung begabter Zuwandererkinder. Die Grundüberlegung speiste sich aus Zahlen: Weniger als 5 Prozent aller Jungendlichen mit Migrationshintergrund machen ein Abitur, während der Anteil sonst bei deutschen Schülern zwischen 20 und 30 Prozent liegt.

Dabei belegt etwa der Bericht „Bildung in Deutschland", dass Schüler mit Migrationshintergrund oft eine hohe Lernmotivation und eine positive Einstellung zur Schule haben.[17] Das heißt aber, dass die Gesellschaft in Deutschland auf viele Talente, auf viele Begabungen, auf viel Verstand im Land verzichtet. Deshalb versteht die Stiftung das Projekt START als „Investition in Köpfe". Denn die Stipendiatinnen und Stipendiaten zeigen mit ihren Lebensläufen, dass sie hochbegabte und außerordentlich leistungswillige Schülerinnen und Schüler sind, die ihren Lebens- und Berufsweg in Deutschland gestalten wollen und können!

Die Stiftung hat sich deshalb das Ziel gesetzt, in naher Zukunft rund 1000 Stipendiatinnen und Stipendiaten zu fördern. Aufgrund der herausragenden Wichtigkeit, wird START ausgegründet und erhält die juristische Rechtskörperschaft einer eigenen Gesellschaft innerhalb der Hertie-Stiftung.

Die Gemeinnützige Hertie-Stiftung setzt sich in diesem Kontext auch dafür ein, dass es mehr Migranten an entscheidende Stellen in Wirtschaft, Politik und Gesellschaft schaffen. Mit diesem Stipendienprogramm bereitet sie Zuwandererkarrieren in Deutschland den Weg, als Ansporn zur Integration, als „Investition in Köpfe" und als positives Signal in die Gesellschaft hinein.

Die Gemeinnützige Hertie-Stiftung als kreatives Unternehmen – ein Fazit

Wie passen die genannten Praxis-Beispiele der Gemeinnützigen Hertie-Stiftung zu der Idee einer kreativen Organisation"? Thomas A. Becker nannte folgende Aspekte für kreative Intelligenz als wesentlich: die Fähigkeit, Zufälle zu nutzen und Strukturen zu etablieren, und die Eigenschaften, renitent und aufständisch zu sein (s. a. Papmehl)[18].

Der Gemeinnützigen Hertie-Stiftung spielte in diesem Kontext auch der Zufall in die Hände, als sich im Jahr 2000 ihre finanziellen Mittel verfünffachten. Geld ist zwar kein Ideengeber, aber Ideen sind ohne Geld oft nicht viel wert. Die Macher der Stiftung hatten aber stets auch eine weitere, nicht zufallsbedingte Fähigkeit: Sie hatten ihr Ohr am Puls der Zeit. Dass die Stiftung das Thema Integration anpackte, als es „noch nicht chic" war, belegt dies beispielsweise. Der Autor der Wochenzeitung „Die Zeit", Martin Spiewak, lobte daher die Gemeinnützige Hertie-Stiftung erst kürzlich als „Pionier der Migrantenförderung" [19].

Eine gewisse Renitenz und Anpassungsverweigerung sowie ihre Hartnäckigkeit, nur das zu tun, was der eigenen Überzeugung entspricht, zeigt sich auch im Aufbau der Hertie School of Governance. Bei ihren Lösungsvorschlägen kam zudem ihre Weltoffenheit zur Geltung. Sie scheute sich nicht, über Grenzen zu blicken und von anderen zu lernen. Die Hertie School of Governance ist nach US-amerikanischem Vorbild konzipiert, aber auf die Traditionen und die Ansprüche europäischer Verhältnisse zugeschnitten. Und schließlich zeigt der Erfolg des Hertie-Institutes für Klinische Hirnforschung, dass sie sich nicht auf die „nostalgische Suche nach der verlorenen Sicherheit" machte, sondern veraltete Strukturen aufbrach und ein neues, zeitgemäßes Wissenschaftsmodell etablierte.

Erfolgreiche Stiftungen sind an den Problemen der Gesellschaft von morgen interessiert. Sie gehen dem Zeitgeist voran. Nicht zu weit, um nicht die Gesellschaft, deren Teil sie sind, aus den Augen zu verlieren, aber so weit, um Orientierung zu geben. Stiftungen bieten Lösungsvorschläge für die Probleme von morgen an; das ist unter dem Begriff „Reformstiftung" zu verstehen und dieses Verständnis prägt die Arbeit der Gemeinnützigen Hertie-Stiftung. Was die Gesellschaft, was die Verantwortlichen in der Gesellschaft aus diesen Vorschlägen machen, hängt von deren Überzeugungen, Lernbereitschaft und Kreativität ab. Aber das ist ein anderes Kapitel ...

Anmerkungen

1 SCHEFFER, ULRIKE: *„Seliger ist Geben. Staatsprogramme und Politiker haben nichts bewirkt. Das Elend der Welt mindert sich nicht. Nun nehmen sich Prominente und Reiche der Sache an"*, in: Tagesspiegel vom 28. Juli 2007.

2 Vgl. JUNCK, SYBILLE: *Unternehmensnahe Stiftungen*. Herausgegeben vom Bundesverband Deutscher Stiftungen, Berlin 2007. Die Studie ist unter folgendem Link abrufbar (letzter Zugriff des Autoren am 16. 9. 2007): www.vodafone-stiftung.de/upload/pdf/Studie%20-%20Unternehmensnahe%20Stiftungen.pdf

3 SCHÄUBLE, JULIANE: *„Wenn Bürger Gutes tun. Zahl der Stiftungen in zehn Jahren verdoppelt"*, in: Tagesspiegel vom 25. April 2007.

4 Vgl. BRÖMMLING, ULRICH: *Die Kunst des Stiftens. 20 Perspektiven auf Stiftungen in Deutschland*, Berlin 2005, S. 8.

5 HERZOG, ROMAN: *Geleitwort. Zur Bedeutung von Stiftungen in unserer Zeit*, in: Handbuch Stiftungen. Ziele, Projekte, Management, rechtliche Gestaltung. Herausgegeben von Bertelsmann Stiftung, Wiesbaden 1998, S. V.

6 HEINZE, ROLF G.: *Die blockierte Gesellschaft. Sozioökonomischer Wandel und die Krise des „Modell Deutschland"*, Opladen 1998.

7 MIEGEL, MEINHARD: Die deformierte Gesellschaft, Berlin und München 2002.

8 BARING, ARNULF: *Scheitert Deutschland? Abschied von unseren Wunschwelten*, Stuttgart 1997.

9 KROCKOW, CHRISTIAN GRAF VON: *Der Deutsche Niedergang. Ausblick ins 21. Jahrhundert*, Stuttgart 1998.

10 Die Zusammenfassung des Berichtes auf Deutsch findet sich unter folgendem Link: http://www.oecd.org/dataoecd/25/34/39315315.pdf.

11 GURRÍA, ANGEL: *Vorstellung der Ausgabe 2007, Bildung auf einen Blick*, Berlin, 18. September 2007. Nachzulesen unter folgendem Link (Abruf am 19. September): http://www.oecd.org/document/10/0,3343,en_2649_39263294_39319882_1_1_1_1,0 0.html

12 *„Stiftungen, Think-Tanks, Themenmotoren. Interview mit Dieter Berg"*, in: StiftungsReport 2007. Herausgegeben vom Bundesverband Deutscher Stiftungen, Berlin 2007, S. 156 – 159, hier S. 157.

13 GEMEINNÜTZIGE HERTIE-STIFTUNG: Wir über uns, http://www.ghst.de/index.php?c=1.

14 Vgl. die Tätigkeitsberichte der Gemeinnützigen Hertie-Stiftung der Jahre 1999 und 2000.

15 HERFRIED MÜNKLER: *„Anstifter, Unruhestifter. Wie Stiftungen Veränderungen bewegen"*, in: Merkur – Deutsche Zeitschrift für Europäisches Denken 61, 2007, S. 200 – 209, hier S. 206.

16 GEMEINNÜTZIGE HERTIE-STIFTUNG: *Tätigkeitsbericht 2005*, Frankfurt a. M., März 2006.

17 VGL. KONSORTIUM BILDUNGSBERICHTERSTATTUNG: *Bildung in Deutschland. Ein indikatorengestützter Bericht mit einer Analyse zu Bildung und Migration*, Bielefeld 2006, S. 137 – 179.

18 PAPMEHL, ANDRÉ/SIEWERS, RAINER (HG.): *Wissen im Wandel*, Wien/Frankfurt 1999.

19 SPIEWAK, MARTIN: „Integrationsförderung: Lehrer stiften", in: Die Zeit Nr. 37 vom 6. September 2007, S. 40.

Freie Gedanken über Kreativität und erfolgreiches Unternehmertum

Iren Dornier

Iren Dornier,
Jahrgang 1959, ist ein Enkel des Flugzeugkonstrukteurs und Dornier-Werke-Gründers Claude Dornier. Iren Dornier setzt sein Erbe mit Erfolg gezielt in der Luftfahrt ein. Er wuchs in Friedrichshafen auf. Als Modefotograf führte er Studios in München und in Madrid und erwarb im Alter von 20 Jahren sämtliche Pilotenscheine. 1995 gründete er auf den Philippinen seine eigene Fluggesellschaft South East Asian Airlines sowie sein Technologie-Unternehmen *BeDo* in Uhldingen-Mühlhofen, das seit 2005 auch das Flugboot Dornier S-Ray 007 für die Leichtsport-Kategorie entwickelt und baut. Die Idee dazu kam aus dem „Weltflug der Jugend“ mit seiner 2003 erworbenen Dornier Do 24 ATT.

Hinzu kommt eine eigene vierteilige Uhren-Kollektion, die er bald selbst in einer eigenen Uhren-Manufaktur in Uhldingen-Mühlhofen fertigen wird. In den Philippinen baut er derzeit ein Touristenresort auf Palawan auf. 2006 gründete er in Deutschland die Firma DOTAS (Dornier Technologie Aviation Services GmbH), welche Flugzeugersatzteile in alle Welt liefert. Insgesamt beschäftigt Iren Dornier derzeit rund 500 Mitarbeiter, beteiligt ist Iren Dornier auch am Aufbau des in Friedrichshafen geplanten Dornier-Museums, dessen Eröffnung für 2009 vorgesehen ist.

Für mich hat Leadership im Business oder Spitzenmanagement mit Kreativität zu tun. Es ist ein dynamischer Prozess und entsteht für mich aus Begeisterung, Herausforderung, Neugierde und Liebe zum Detail. Dazu gehört auch, in der Unternehmeraufgabe aufzugehen.

So zum Beispiel entstand damals unser Tourist Resort. Aus Begeisterung und Faszination für die Schönheit der Natur, mit all den freundlichen Menschen in ihrem Umfeld, und nicht unmittelbar aus betriebswirtschaftlichen Gründen – sicher hätte man damals viele Fehler vermeiden können. Aber wäre alles nicht genau so entstanden, hätten wir niemals einen Grund gehabt, auch andere Businesszweige weiterzuentwickeln.

Kreative Unternehmen

Jedes Unternehmen sollte kreativ sein. Wenn sich Vorgänge ständig wiederholen und Monotonie eintritt, ist es meist an der Zeit, sich für ein neues Projekt zu interessieren oder sich selbst in seinem Umfeld in Frage zu stellen. Wenn sich Anzeichen der Monotonie bei mir selbst abzeichnen, merke ich, dass ich als Mensch und Individuum nicht mehr gefordert bin und somit ein Wandel herbeigeführt werden muss.

Dynamische Unternehmen

Mit Interesse stelle ich fest, dass sich dynamische Unternehmen ständig ausweiten und verändern und dadurch neue Produkte oder ein verändertes Erscheinungsbild des Unternehmens entstehen. Eine Verbesserung der Performance und des Arbeitsumfeldes oder ein Wechsel oder Veränderung der führenden Person selbst kann hier ebenfalls angebracht sein. Eine sinnvolle Businesserweiterung stellt natürlich eine konstruktive Verknüpfung dar.

Know-how

Ein Teil Know-how sollte aus den bisherigen Erfahrungen mit eingebracht werden, um nicht als Greenhorn wieder neu anfangen zu müssen. So mache ich es meistens. Das bisherige Ziel muss dabei nicht unbedingt verloren gehen, eher wird eine Veränderung im Business zugelassen.

Dies ist für mich ein dynamischer Prozess und eigentlich eher eine sinnvolle Erweiterung, die neuen Schwung und Frische einbringt.

Eigennutzen

Das Grundprinzip eines gesunden Unternehmens und auch meiner Unternehmen dient nicht nur einem Eigennutzen. Ein gesundes Unternehmen schafft vielmehr eine Veränderung im Umfeld, welche meiner Meinung nach für beide Seiten positiv sein sollte.

Menschen

Dazu gehören selbstverständlich die Menschen im unmittelbaren Umfeld. Sich für den Kunden oder andere Businesspartner zu interessieren, öffnet Türen in eine andere Dimension. Ein Unternehmer sollte seine Wahrnehmungen und Ansichten als Feedback für eine Verbesserung der Performance immer wieder in die eigenen Abwicklungsprozesse mit einbringen. Nur so kann ein harmonischer Prozess und Austausch im industriellen Umfeld gegeben sein.

Konfliktbereich oder nicht

Dazu gehört natürlich ein ethisches Grundprinzip, welches für viele Personen und Businesspartner einen Konfliktbereich in ihrem System darstellt. Für mich ist dies allerdings nicht so. Man kann souverän sein Business betreiben, ohne dabei seine Eigenintegrität zu verletzen. Modernes Business hat nichts mit Egoismus, sondern mit Fortschritt und Erfahrung zu tun, die meiner Meinung nach mit anderen geteilt werden sollten. Flexibilität, Dynamik und Aggressivität stehen in keinem Konflikt zu den gesunden ethischen Grundprinzipien.

Corporate Identity

Ich habe mir viele Gedanken darüber gemacht, wie das Wort Business im heutigen Umfeld interpretiert wird. Geht es um das Unternehmen mit seinem Produkt, ist es die Qualität des Produktes, ist es der Umsatz oder ist es der Profit? Erfolg wird ebenso unterschiedlich gemessen wie unterschiedlich interpretiert. Die eigenen Businesspartner für ihr Umfeld zu begeistern, eine Corporate Identity zu schaffen, eine Harmonie innerhalb der Firma im Arbeitsumfeld zu erzeugen, ist eine fundamentale Grundlage, um ein gesundes Arbeitsklima herbeizuführen. Delegation und Teammanagement zu fördern, ein Vorbild für andere zu sein und ein cleveres Risikomanagement zu betreiben, gehören zu meiner täglichen Disziplin.

Erfolg teilen

Den Mut zum Ungewissen und die Einsatzbereitschaft, das Erdachte umzusetzen, gehören sicherlich zu meinen kreativen Stärken. Schon in früher Jugend musste ich schwierigste Situationen managen. Ich freue mich heute, meinen Erfolg mit anderen Menschen teilen zu dürfen. Nur so kann man auch andere Menschen für eine Sache begeistern und mitreißen. Unvergessen ist mir ein Zitat meines Großvaters, an das ich immer wieder denken muss: „Man sollte sich die Ziele immer höher stecken, als sie theoretisch zu erreichen sind. Nur so kann es einem gelingen, einen bestimmten Erfolg zu bekommen.“

Marketing

Zu den Erfolgsfaktoren gehören ebenfalls ein großes soziales Engagement sowie eine gute Öffentlichkeitsarbeit. Das könnte man gleichzeitig als Marketing bezeichnen. Marketing and Sales stellen einen gesunden Austausch zwischen Produkt, Produktinterpretation und Produktakzeptanz dar. Dies löst eine Symbiose emotioneller Art aus, wie z. B. Red Bull und Virgin.

Auch durch einen charismatischen Firmeninhaber und seine Begeisterung für eine Sache wird die Masse der Menschen emotional mitgerissen, wobei das Produkt eine untergeordnete Rolle spielt. So können Produkte durch das geschickte Einsetzen von Emotionen leichter verkauft werden.

Resource Management

Heutzutage ist es angesagt, eine andersartige Lebens- und Businesskultur zu betreiben. Hierfür ist ein kreatives und charismatisches Management erforderlich. Im Grunde genommen betreibe ich ein kontinuierliches Ressourcenmanagement, in dem meine eigene thematische Begeisterung sicherlich eine große Rolle spielt. Für mich hat Erfolg nicht unmittelbar mit Geldverdienen zu tun. Es ist mehr eine Integration und Begeisterung in einem Businessumfeld, welches quasi meine Spielwiese ist. Genau diese Spielwiese ist m. E. die Formel für Erfolg.

> Kreativität, Dynamik, Disziplin + Ethik
>
> Menschen = Interkulturelles & Global Business Culture

Marktposition

Gleichzeitig ist es unglaublich, wie sehr die Businesswelt von heute vom Konkurrenzdenken geprägt ist. Dies ist beinahe einer Modeerscheinung gleichzusetzen. Deshalb mache ich mir auch heute ständig Gedanken, ob meine Produkte nur die Erweiterung einer Produktpalette darstellen, ob sie tatsächlich gefordert sind oder eine Marktposition und einen guten Grund für ihre Existenz haben.

Eine konkrete Wegbeschreibung der einzelnen Projekte und Erfolge gab es nie. Vielmehr folge ich meinen Intuitionen und meiner Flexibilität im entscheidenden Moment. Im Nachhinein stelle ich fest, dass dies bei mir meistens zum Erfolg geführt hat und ich offensichtlich genau das Richtige getan habe.

„Rezept"

Erfolgsfaktoren im Businessumfeld sind einem guten Essen gleichzusetzen. Man braucht dazu die richtigen, frischen und jungen Zutaten im richtigen Mischungsverhältnis. Es macht mir am meisten Spaß, mit jungen Menschen zusammenzuarbeiten, weil sie unvoreingenommener und unverbrauchter an die Dinge herangehen. Gleichzeitig ist der Kern der Menschen oder deren Familien ebenso wichtig. Junge Menschen haben Träume und diese sollten gefördert werden. So sehe ich meine Aufgabe darin, diese Menschen zu fördern, zu inspirieren und ebenfalls erfolgreich zu machen.

Die Gewürze für dieses gute Essen sehe ich in den Lebenserfahrungen diverser Menschen bzw. meiner älteren Mitarbeiter. Analytisches Denken und strukturierte Abläufe repräsentieren die Zubereitungsart des Gerichtes.

Wenn es überhaupt ein Rezept für den Erfolg als Unternehmer geben sollte, hätte dies für mich gesprochen mit dem Interesse oder dem Spaßfaktor zu tun. In einem Gebiet aufzugehen und in einem interessanten Arbeitsumfeld eine Aufgabe gefunden zu haben, erhöht den Erfolgsfaktor. Ist man von Menschen umgeben, die ähnliche Emotionen in sich tragen, bringt das zusätzliche Motivation mit sich.

Die Psyche eines Menschen (basic needs of human factors) zu verstehen, sollte eigentlich genug sein, um in Folge ein Businessumfeld aufzubauen, welches nicht nur produktorientiert, ähnlich einer maschinellen Serienfertigung, sondern einem kreativen Spiel gleichzusetzen ist.

Je größer das Unternehmen, desto schwieriger ist es, einen autonomen Unternehmensstil beizubehalten.

Für mich war das mit South East Asian Airlines so: Als wir damals das Unternehmen gegründet haben, waren wir gerade einmal eine Hand voll Mitarbeiter. Die Kommunikation war damals kein Problem, eher das uns fehlende Know-how.

Einige Jahre später veränderte sich das jedoch drastisch. Das Unternehmen wuchs auf Hunderte von Mitarbeitern an, ein großes Know-how war plötzlich vorhanden. Doch die interne Kommunikation und der Wettbewerb wurden immer schwieriger. Jährlich mussten neue Flugzeuge angeschafft werden – ich werde niemals vergessen, wie groß wir uns damals fühlten, als ein neunsitziges Flugzeug endlich Passagiere befördern durfte. Heute, nur einige Jahre später, denken wir über zusätzliche Airbusse nach, über internationale Reiseverbindungen und die Beförderung von Tausenden von Menschen.

Wie soll es weitergehen?

Es gibt da leider kein sicheres Rezept. Denn alles, was einmal anfängt, hat ebenfalls ein Ende – wann das Ende kommt, ist ungewiss.

Ich habe mir sehr viele Gedanken gemacht und festgestellt, dass eine Zukunft des Unternehmens nur dann eine Chance hat, wenn das Unternehmen kreativ geführt oder kreativ konzipiert ist. Frühzeitig neu umzudenken und sich in andere Richtungen auszuweiten, hat sich bei meinen Unternehmen nur bestätigt.

Zum Beispiel: Aus dem Resort entstand eine Real Estate Company, durch die Airline wurde ein unabhängiges InFlight Magazine ins Leben gerufen, durch das Reservationssystem der Airline wurde ein Call Center aufgebaut und durch den Bedarf an Flugzeugwartungen eine Maintenance Facility. Aus der Welttour der Dornier Do-24 wurde ein neues Flugzeug konzipiert und fertiggestellt, mit der Ausrichtung einer Serienproduktionen für eigene Flugzeuge und einer Teilefertigung für neue Technologien usw.

Eigentlich ist es ein Asset Management. Es ähnelt einem Chamäleon, das sich den Veränderungen seiner Umwelt anpassen kann.

Moderne Unternehmenskultur

Das moderne Unternehmen sollte in seiner Gesamtkonfiguration beurteilt werden, ähnlich der ISO-Standards. So würde sichergestellt, dass nicht egoistisches und kapitalistisches Verhalten die Unternehmenskultur kennzeichnet, sondern dass das Unternehmen der Herausforderung seines Umfeldes, der Jugend und sozialen Verpflichtungen nachgeht. Für mein eigenes Umfeld nenne ich es Dornier Shui. Kurz gesagt, die Performance oder Stärke des besagten Unternehmens wird nicht hauptsächlich durch das Produkt oder durch rein betriebswirtschaftliche Aspekte beurteilt.

Das Business und deine Familie oder ‚Family Value'

Heutzutage wird oftmals vergessen, dass man im Durchschnitt mindestens 64.000 Stunden im Businessumfeld verbringt und so auch gleichzeitig 64.000 Stunden in einem dynamischen und harmonischen Umfeld verbringen kann. Ob man um zu arbeiten lebt, oder um zu leben arbeitet, hängt ausschließlich von den jeweiligen Personen und deren Lebenseinstellungen ab. Im Falle eines unglücklichen Businessumfeldes wird dies sicherlich nicht in konstruktive und erfolgreiche Energien umgesetzt werden können. Wenn man dies mit Performance vergleicht, hat man mit einer unterdurchschnittlichen Arbeitsleistung vielleicht nur noch 30 bis 40 Prozent konstruktive Leistung.

Jetzt stellt sich hier die Frage, ob demotivierte Mitarbeiter nicht eher einem Krankheitserreger gleichzusetzen sind. Natürlich mit der Gefahr, dass der Rest des Arbeitsumfeldes angesteckt und unter Umständen langfristig sogar ein ganzes Unternehmen dadurch lahm gelegt werden kann. So ergeht es vielen staatlichen Unternehmen und auch Airlines. Es liegt auf der Hand, dass gute dynamische Leistung in einem konstruktivem Team-Umfeld ein Unternehmen nach außen und innen positiv und professionell macht.

Deshalb sollte sich ein moderner Unternehmer heutzutage seinen Mitarbeitern verpflichtet fühlen und diese so gut wie die eigene Familie behandeln, damit positive Energien freigesetzt werden können.

Performance orientierte Unternehmen

Bei den meisten modernen Unternehmen wird leider hauptsächlich die Effizienz in den Vordergrund gestellt. Alles, was nicht unmittelbar mit Kostensenkung verbunden ist, wird auf Eis gelegt – also bloß keine Overhead Costs. Ein erstaunliches Phänomen ist, dass sogar Stiftungen diesen harten Unternehmenskurs einnehmen. Wurden sie nicht ursprünglich überwiegend einem sozialen Zweck gewidmet?

Aber es gibt natürlich auch positive Beispiele, siehe die Hertie-Stiftung in diesem Buch.

Effizienz ist nicht gleich Unternehmereffizienz

Der harte Wettbewerb hat Konsequenzen – erst leidet der Arbeitnehmer, dann leidet das Unternehmen! Weil z. B. Produkte aus China uns den Markt verderben, mussten sich Unternehmen mit der eigenen Effizienz (Preis/Produkt) auseinandersetzen und die eigenen Kosten auf effizientere Werte bringen. Also wurde alles, was nicht unmittelbar Geld einbringt, eingespart. Bei unzureichenden Betriebsergebnissen wurden die Manager entlassen (hire & fire), Kantinen, Clubs oder Vereine wurden eingestellt, Firmenwagen wurden zurückgezogen und Fremdarbeit wurde bei vorhandenem Bedarf eingekauft, um bloß keine Overheads oder Verpflichtungen einzugehen. Eine fragwürdige menschliche Unternehmenskultur mit Konsequenzen!

Dem Unternehmen wird damit die Seele geraubt. Das hat langfristig demotivierte Arbeitnehmer und Betriebsräte zur Folge und die Freisetzung negativer Energie.

Druck ist normal

Sicherlich wird mir oft nachgesagt, dass ich zu viel von meinen Mitarbeitern erwarte. Das mag schon stimmen. Auch das Unternehmen ist einem ständigen Druck ausgesetzt. Das hat sich auch bei unseren Unternehmen bestätigt.

Führung

Die Führung eines Unternehmens sollte meiner Meinung nach ein dynamischer Prozess sein. Ich versuche immer, meine Träume und Visionen auch dem einzelnen Mitarbeiter zu vermitteln. Es ist für mich sehr wichtig, dass man den Mitarbeitern eine Einsicht in das gewünschte Produkt oder Ergebnis gibt. Dies ist sehr hilfreich in Bezug auf die Optimierung des Entwicklungsprozesses und der Arbeitsabläufe. Eigene Führungsqualitäten der Mitarbeiter werden dadurch gefördert und freigesetzt. Ein teambezogenes Arbeiten ist unabdingbar. Ein gesundes Team übernimmt einen großen Teil der Führungsrolle innerhalb des Prozesses im Wettbewerb des Unternehmens.

Ethik und Moral

Ethik und Moral stehen für mich in allen meinen Aktivitäten an erster Stelle. Niemandem eine Falle zu stellen und dabei hart, aber fair im industriellen Umfeld zu kämpfen, ist für mich selbstverständlich.

Gleichzeitig sich selbst und sein eigenes Unternehmen mit allen Produkten in Frage zu stellen, ist ebenfalls wichtig. Nur so kann man einen unternehmerischen Fortschritt erzielen.

Die Verpflichtung meinem guten Namen gegenüber habe ich immer sehr ernst genommen.

Effektivität, Effizienz und Kreativität bei älteren Arbeitnehmern – ein Erfahrungsbericht

Peter Ribeaux

Peter Ribeaux
ist seit über 40 Jahren als Arbeitspsychologe und Lehrer der Alexander-Technik tätig. Er arbeitete viele Jahre an der Business School der Middlesex University in London, bevor er freiberuflich tätig wurde. Unter anderem in zahlreichen internationalen Einrichtungen mit Menschen aus unterschiedlichsten Berufsgruppen, etwa darstellenden Künsten und der Industrie. Mit der Alexander-Technik arbeitet er als Gasttrainer in Dänemark, Deutschland, Frankreich, Israel, der Schweiz und den USA und ist außerdem Co-Direktor des Zentrums für Alexander-Technik in London.

Hauptziel von Peter Ribeaux ist es, Menschen zu ermutigen, ihre *Work-Life-Balance* kreativ und aktiv zu gestalten. Schwerpunkte sind hier insbesondere die Themen Gesundheits-Management, Stressbewältigung und Rücken-Schmerzprävention.

Kurzfassung

Die Leistung einer Maschine lässt sich auf verschiedene Weise messen. Zwei bekannte Methoden umfassen die Konzepte Effektivität und Effizienz. Effektivität heißt, dass die Maschine die Arbeit verrichtet, für die sie konzipiert wurde. Effizienz bedeutet, dass sie für das Erreichen eines bestimmten Ergebnisses im Hinblick auf den Energieaufwand wirtschaftlich arbeitet. Ein ähnlicher Denkansatz kann auf den menschlichen Organismus übertragen werden. Die vorliegende Arbeit beschreibt Erfahrungen im Rahmen eines Umdenkprozesses, der darauf ausgerichtet war, den Bewegungsapparat zu stärken, um symptomatische Leistungsschwäche wie Schmerzen und eingeschränkte Leistungsfähigkeit zu mindern. Kreativität ist in zweierlei Hinsicht an diesem Prozess beteiligt: der Umdenkprozess erfordert einerseits ein Denken „über den Tellerrand hinaus", d. h. bisherige Denkweisen müssen abgelegt und durch ein neues Denken ersetzt werden. Andererseits ist ein in höherem Maße „effizient" funktionierender Körper auch in höherem Maße flexibel, so dass sich diese Art von Kreativität besser entfalten kann. Auf Grund der Untrennbarkeit von Seele und Körper sind mit diesem Prozess sowohl physische als auch psychologische Implikationen verbunden. Im Sinne der methodischen Ausgewogenheit schließt die vorliegende Arbeit mit einer eher wissenschaftlichen Betrachtungsweise, indem ein kurzer Überblick über die wenigen über diese Umdenkprozesse durchgeführten verbindlichen Studien gegeben wird. Obwohl zusätzliche Forschungsarbeit auf diesem Gebiet erforderlich ist, scheint sich diese Art der Schilderung des Alterungsprozesses und der Aufrechterhaltung von Kreativität einen Weg gebahnt zu haben.

Einleitung

Effektivität und Effizienz

In Fachkreisen – von Ingenieuren bis hin zu Psychologen – wird zwischen Effektivität und Effizienz grundlegend unterschieden. Die Organisationspsychologie geht von der Vorstellung aus, dass ein *effektiv* operierendes Unternehmen seine Ziele (Verkauf von Produkten, Erbringen von Serviceleistungen …) *effizienter* erreichen kann, wenn die Personal- und Kapitalkosten niedrig sind. Es ist weniger *effizient*, wenn diese Kosten zu hoch sind. Diese Kosten werden gemeinhin dem Finanzbereich zugeordnet. Sie können jedoch auch unter psychologischen und physischen Gesichtspunkten gesehen werden, wenn man Faktoren wie schlechte Mitarbeiterbeziehungen, interne Konflikte und Stress berücksichtigt.

Menschen können ihre Ziele ebenso effektiv erreichen, aber auf dem Weg dorthin mehr oder weniger effizient sein. Das Ziel wird entweder mit sehr viel Kraftaufwand erreicht, so dass man sich verausgabt, oder die Aufgabe wird problemlos und ohne Mühe bewältigt. Dies versteht man normalerweise als Rückgriff auf die Fähigkeiten, die man für die jeweilige Aufgabe benötigt. Es kann jedoch auch mit der Fähigkeit zusammenhängen, mit der wir unseren eigenen Körper und Organismus steuern. Letztere Überlegung gab Anlass zum vorliegenden Text. Unternehmerisches Denken basiert wohl eher auf dem Konzept der Effektivität (oder dem Erreichen von Zielen) als auf dem Konzept der Effizienz (Fokus auf die Mittel, mit denen das Ziel erreicht wird).

Mit zunehmendem Alter lassen einige Persönlichkeitsmerkmale nach, während andere unverändert bleiben oder sich möglicherweise sogar verstärken. In Abbildung 1 werden einige dieser (willkürlich der Literatur entnommenen) Merkmale aufgeführt. Bestimmte Fähigkeiten wie Kraft, Energie und Lernfähigkeit scheinen nachzulassen, während erlernte und eingeübte Fähigkeiten erhalten bleiben oder zumindest langsamer nachlassen.

Merkmale, die mit zunehmendem Alter stärker nachlassen	Merkmale, die mit zunehmendem Alter weniger nachlassen
Energie	Aus Erfahrungen gewonnenes Wissen
Reaktionsgeschwindigkeit	Eingeübte körperliche Fähigkeiten
Erholung nach einem Kraftaufwand	Eingeübte psychologische Fähigkeiten
Lernfähigkeit	Fachwissen
Gedächtnisspanne	Lösung bekannter Fragestellungen
Geistige Mobilität	Leseverständnis
Körperliche Mobilität	Wortschatz
Nonverbales Denken	Motivation (abhängig vom gesetzten Ziel)
Lösung unbekannter Fragestellungen	
Motivation (abhängig vom gesetzten Ziel)	

Abbildung 1: *Persönlichkeitsmerkmale*

In Abbildung 1 lässt sich vielleicht ein roter Faden erkennen, und das ist die Frage nach Flexibilität oder der Einstellung gegenüber Veränderungen. Ältere Arbeitnehmer tendieren dazu, auf Veränderungen langsamer, weniger gut und weniger kreativ zu reagieren. Muss dies zwangsläufig so sein? Kann man etwas tun um diese Tendenz zu verändern?

Ein persönlicher Bericht: Kontrolle über Körper und Leben übernehmen

Eine Art der Veränderung, die einem Menschen in jedem Lebensabschnitt scheinbar aus heiterem Himmel widerfahren kann, ist der Beginn chronischer Schmerzen, und es gibt viele Möglichkeiten, hiermit umzugehen. Einige sind mit persönlichen Veränderungen verbunden und andere nicht. Hier wird über eine dieser Möglichkeiten berichtet, die sowohl eine Änderung des Verhaltens als auch die Notwendigkeit mit sich brachte, auf kreative Art und Weise zu reagieren.

Als ich 19 Jahre alt war, verspürte ich eines Tages nach dem Squash-Spielen leichte Kreuzschmerzen. Nach einer Woche ging ich ebenso gebeugt, wie es auf den Verkehrsschildern zu sehen ist, die auf nahe gelegene Seniorenheime hinweisen (Abbildung 2). Die Frage sei erlaubt, warum die Verkehrsämter nach wie vor auf solchen Klischees beharren.

Abbildung 2: *Hinweis auf ein Seniorenheim*

Auch die Schmerzen nahmen zu, und obwohl ich verschiedene Ärzte (u. a. einen hervorragenden Arzt mit Praxis in der Nähe der Harley Street), Osteopathen, Physiotherapeuten und andere Spezialisten aufsuchte, hielten sie unvermindert an und verschlimmerten sich sogar. Eines Tages erfuhr eine Freundin meiner Mutter von meinem Zustand und gab mir ein Buch mit dem Titel „Inside Yourself" von Louise Morgan. Es hat mich nicht besonders beeindruckt, aber in dieser Phase war ich bereit, alles zu auszuprobieren. Und es stellte sich heraus, dass dies ein Wendepunkt in meinem Leben war.

Einige Tage später betrat ich ein viktorianisches Gebäude in London, wo sich das Büro eines etwa 50-jährigen, elegant gekleideten Mannes befand. Es war Patrick Macdonald, Lehrer der Alexander-Technik (Maisel, 1995). Nach sehr kurzer Einleitung bat er mich, auf einem Stuhl Platz zu nehmen – nicht aus Höflichkeit, sondern weil er beobachten wollte, wie ich mich bewege. Heute glaube ich, dass er das Problem bereits erkannt hatte, denn kurz darauf bat er mich erneut, mich hinzusetzen, diesmal sollte ich jedoch seinen Anweisungen folgen. Er legte seine Hände an meinen Hals, während ich mich bewegte, und unterbrach mich sofort. Nach einigen Versuchen schien es, dass ich vollkommen außerstande war, seinen Anweisungen zu folgen. Anstatt wie gewohnt meinen Körper nach vorne zu beugen und auf den Stuhl fallen zu lassen, verlangte er von mir, dass ich meine Wirbelsäule nach hinten und aufwärts richte, während er mich zum Stuhl führte. Wieder und wieder scheiterte ich, bis es mir gelegentlich gelang, diese Aufgabe zu seiner Zufriedenheit zu bewältigen. Das Aufstehen war noch schlimmer … Jedes Mal, wenn ich versuchte, vom Stuhl aufzustehen, wurden die „Rück- und Aufwärts"-Anweisungen durch meine fest eingeprägten Verhaltensmuster der „Vor- bzw. Abwärtsbewegung" aufgehoben. Ich scheiterte immer wieder. Um es zu schaffen, musste sich eindeutig etwas in mir ändern, aber ich konnte nicht dahinter kommen, was es war.

So ging es vier Wochen lang täglich weiter, bis ich zurück zur Universität musste. Warum quälten mich meine Misserfolge dennoch weiter? Dafür gab es drei Hauptgründe. *Erstens*, ich hatte das Gefühl, dass dieser Mann Recht hatte. Es war mir unterschwellig bewusst, dass ich mich nicht in allen Bereichen immer richtig bewegte. Als leidenschaftlicher Sportler bemerkte ich, dass meine Leistungen in einigen Bereichen, z. B. beim Hochsprung, in einem Alter nachließen, in dem eigentlich eine Verbesserung zu erwarten gewesen wäre. Bis dahin hatte ich jedoch die Möglichkeit nicht ernsthaft in Betracht gezogen, dass es einen Weg geben könnte, dies zu ändern. Vielleicht hatte Patrick Macdonald eine Antwort darauf … *Zweitens*, die Art und Weise, wie er sich selbst bewegte, glich eher den Bewegungen eines sehr viel jüngeren Mannes. *Drittens*, wollte ich dieses Problem unbedingt lösen, und ich ahnte, dass ich bei der Herangehensweise, wie ich Probleme anging, möglicherweise umdenken musste.

Nach weiteren Stunden in den Sommerferien begannen die Schmerzen nachzulassen. Ich bemerkte dies an der Tatsache, dass es tagsüber zunehmend später wurde, bis ich mich hinlegen musste. Morgens war der Schmerz normalerweise auszuhalten, aber mittags wurde das Stehen zur Strapaze, besonders nach längerem Sitzen, wozu ich an der Universität sehr häufig gezwungen war. Ich erinnere mich sehr gut an einen Abend, an dem ich schließlich bis Mitternacht aufblieb und an einen anderen, an dem ich viereinhalb Stunden in einer ausverkauften Vorstellung von „Krieg und Frieden" im hinteren Bereich des Kinos stehend verbrachte! Und dann kam endlich der Tag, an dem ich zum ersten Mal einen ganzen Tag auf meinem geliebten Cricket-Platz „stehend verbrachte". Ich hatte etwas Schmerzen, aber ich fühlte mich wohl. Und das Beste war: Es hatte den Anschein, dass ich die Kontrolle über die Art und Weise, wie ich mit meinem Körper umging, zurückgewonnen hatte. Ich hatte in Bezug auf meinen Körper ein neues Denken entwickelt, welches zwei Dinge beinhaltete: ein behutsamerer Umgang mit meinem Körper und das Gefühl, dass ich kontrollieren konnte, wie er funktionierte, und mich nicht von meinem Körper kontrollieren ließ.

Älterwerden, Kreativität und Leistungsfähigkeit

Nun, was hat all dies mit Älterwerden, Kreativität und Leistungsfähigkeit zu tun?

Für mich war es der Beginn eines lebenslangen Projekts. Die Tatsache, dass ich meinen Körper nicht veranlassen konnte, eine Reihe von Anweisungen durchzuführen, erweckte meine Neugierde. Ging es nur mir so, oder galt dies auch für andere und es wurde nur nicht darüber gesprochen? Mein Körper tat einfach nicht, was von ihm verlangt wurde, und – was noch schlimmer war – er verursachte mir Schmerzen. Nach etwa vierzig Jahren habe ich erkannt, dass ich nicht der Einzige war. Und dass es vielen Menschen so ergeht, wie es mir damals ergangen ist. Durch Schmerzen sind wir extrem eingeschränkt. Ihr Sinn liegt vermutlich darin, auf die Tatsache aufmerksam gemacht zu werden, dass irgendetwas nicht stimmt was

Beachtung verlangt. Leider beachten wir solche Signale für gewöhnlich nicht und behandeln die Symptome meistens mit Medikamenten oder ähnlichen Mitteln. Im Erfolgsfall wird dadurch natürlich verhindert, dass notwendige persönliche Veränderungen vollzogen werden. Es gibt jedoch eine alternative Strategie.

- Wenn Schmerzen durch einen ineffizienten Umgang mit dem Körper verursacht werden, während man sein Ziel erreicht („Effektivität"), liegt eine andere, möglicherweise bessere Lösung darin, an der Wiedererlangung seiner Effizienz zu arbeiten, anstatt mit einem ineffizienten Körper weiterzumachen.
- Dies war es, was ich an meinem Denken ändern musste, und zwar nicht, um Schmerzen vorzubeugen, sondern auch, um meine Leistungsfähigkeit im sportlichen Bereich und auch sonst zu verbessern.
- Anfangs habe ich die Alexander-Technik als Hilfsmittel zum Überleben angesehen, um in einigermaßen guter Verfassung älter zu werden. (In einem Gespräch mit einem meiner Freunde vom Cricket diskutierten wir über unsere unterschiedlichen Herangehensweisen bei Rückenschmerzen. Er ging zu einem Osteopathen, der ihm immer wieder weiterhelfen konnte. Fast spöttisch sagte dieser zu mir: „Ich kann nicht warten, bis ich vierzig bin und meine Rückenschmerzen besser werden!" (Vierzig ist alt für einen Neunzehnjährigen). Nach einigen Monaten lernte ich schließlich, die Technik so anzuwenden, dass ich ein gewisses Maß an körperlicher Ausgeglichenheit wiederherstellen konnte. Dadurch wurden die Schmerzen gelindert. Vielleicht könnte ich die Schmerzen irgendwann ganz beheben? Diese Fähigkeit galt es zu erlernen, zu verbessern und weiterzuentwickeln, wenn es über die gegenwärtigen Probleme hinaus wirklich einen Nutzen haben sollte. *Ich musste in Bezug auf meine Einstellung zum Leben sehr kreativ werden.* Ein Umdenken – weg vom Streben nach Effektivität (bestimmte Ziele erreichen) und hin zu einem Streben nach Effizienz (Mittel, mit denen diese Ziele erreicht werden sollen) – könnte den nötigen Sinneswandel hervorrufen.

Nach einiger Zeit bemerkte ich eine zunehmende Differenzierung meiner körperlichen Fähigkeiten. Mein Rücken blieb zwar eine Einheit, aber er wurde elastischer, so dass er sich nicht mehr anfühlte, als wäre er in einem einzigen Knoten eingeklemmt. Ich konnte meine Arme bewegen, ohne dabei meinen gesamten Hals und Schultergürtel zu benutzen. Meine Beine wurden leichter und gelenkiger. Das Stehen war weniger anstrengend und das Laufen wurde flüssiger. Ich fühlte mich einfach besser. Auf Grund erhöhter Flexibilität und der Entdeckung von beweglichen Gelenken, von denen ich noch nicht einmal wusste, dass sie existierten, entwickelte ich körperliche Fähigkeiten, die – wie der Lotussitz – bislang undenkbar waren. Ein differenzierterer Körper erhöht in hohem Maße die Möglichkeiten, die man körperlich hat. Es schien etwas damit zu tun zu haben, die Effizienz des Körpers zu steuern und das Zusammenspiel der Körperteile wieder in Balance zu bringen. Dies kam einem indirekten Ansatz gleich, Ziele zu erreichen und fokussierte auf die Frage: „Mit welchen Mitteln?" Es stand völlig im Gegensatz zur allgemein verbreiteten Auffassung des alltäglichen Lebens, ganz zu schweigen von zielorientierten Modellen des effektiven Managements, wie z. B. MBO (*Management durch Zielvorgaben*).

Nach meiner Pensionierung habe ich jetzt einen Beruf, der einen Teil meines Bedarfs an persönlicher Entwicklung deckt (und meine Rente in einer Weise aufstockt, wie ich es niemals für möglich gehalten hätte!). Es ist ein Beruf, der mir in Bezug auf Einfallsreichtum, Kreativität und Problemlösung das Äußerste abverlangt, wenn ich zufrieden bleiben will.

Und nicht zuletzt ist zu erwähnen, dass eine erhöhte körperliche Effizienz Auswirkungen auf andere physische Fähigkeiten hat. Hierzu zähle ich alle Bereiche des alltäglichen Lebens – vom Stehen, Sitzen, Gehen usw. bis hin zu besonderen Fähigkeiten im sportlichen Bereich.

Effizienz

Effizienz ist in jedem Lebensabschnitt zur Leistungsverbesserung und zur Erhaltung der Leistungsfähigkeit im Alter von Bedeutung. Das Thema Effizienz des menschlichen Organismus wird als solches selten angesprochen, absolute Leistungen stehen z. B. bei Sportwettbewerben im Vordergrund. Wir benutzen Begriffe wie Gesundheit, Krankheit, Leistungsgewicht, Kraft, Fähigkeit, Koordination. Für bestimmte Variablen in der Gleichung wurde viel getan, z. B. Krafttraining oder das Trainieren von Fähigkeiten für ein bestimmtes Endergebnis. Außer im sportlichen Bereich wurde der Steigerung der körperlichen Effizienz jedoch relativ wenig Beachtung geschenkt. Und selbst im Sport wird eine Methode angewandt, die normalerweise auf einzelne Variablen abzielt, wie Kraft, Schnelligkeit, aerobe Fitness, Ernährung usw.

Die Alexander-Technik befasst sich nicht direkt mit der Steigerung von Kraft oder anderen einzelnen Variablen, sondern damit, die Verzerrung und Reibung des Bewegungsapparates als Ganzes zu mindern. Diese Verzerrung und Reibung ist häufig die Folge einer Fehlfunktion der stützenden Tiefenmuskulatur, deren Aufgabe es ist, den Körper in koordinierter Stellung gegen die Schwerkraft abzusichern (vgl. Basmajian 1985). Wenn dieses System auf Grund von Stress oder anderer Ursachen nicht richtig funktioniert, übernimmt die weiter an der Oberfläche gelegene Bewegungsmuskulatur die Aufgaben. Die Folge ist eine extreme Verspannung der Bewegungsmuskulatur, was zu Gelenkproblemen, eingeschränkter Bewegungsfähigkeit usw. führt. Eine Verspannung der Bewegungsmuskulatur (die auf schnelle, nicht jedoch auf dauerhafte Aktivität ausgelegt ist) führt früher oder später entweder zu Anspannungen und Ermüdungserscheinungen oder schließlich zur Erschöpfung und Erschlaffung des betroffenen Körperteils. Die Gelenk- und Bewegungsfunktionen werden in jedem Fall beeinträchtigt und der betroffenen Person fällt es schwerer, sich zu bewegen. Sie wird schneller müde, hat Schmerzen im Bewegungsapparat, Kopfschmerzen und zeigt die verschiedensten Symptome. Die Leistungsfähigkeit nimmt vermutlich je nach Aufgabenstellung mehr oder weniger deutlich ab. Abhilfe kann durch einen speziellen Umschulungsprozess geschaffen werden. Bei extremer Verspannung erfolgt dies durch Spannungsabbau in der Bewegungsmuskulatur, so dass die Reibung in den Gelenken nachlässt. Bei Erschlaffung muss durch Umlernen die richtige Funktionsweise der Stützmuskulatur wiederhergestellt werden. Da die meisten Menschen jedoch gleichzeitig unter Muskelverspannung und -erschlaffung leiden, muss die Spannung in der Bewegungsmuskulatur abgebaut und der Muskeltonus wieder aufgebaut werden. Dies erfolgt mit der Hilfe eines erfahrenen Lehrers, der sich der Koordination des gesamten Systems und nicht nur bestimmter Bereiche annimmt. Darüber hinaus ist es erforderlich, dass die betroffene Person lernt, die Muskulatur bewusst zu steuern. Dies macht die Alexander-Technik zu einer einzigartigen Methode und unterscheidet sie z. B. von Physiotherapie und anderen Behandlungsweisen. Dies erfordert ein neues körperliches und mentales Konzept!

Zurück zum persönlichen Bericht

Als ich 1959 eine Partie Squash spielte, litt ich anscheinend genau unter dieser kombinierten Verspannung und Erschlaffung. Meine Schmerzen sind nicht durch eine bestimmte Bewegung ausgelöst worden. Es war einfach eine Verschleißerscheinung. Die Röntgenaufnahmen zeigten zwei abgenutzte Bandscheiben im Bereich der Lendenwirbelsäule, und mit der Zeit wurde mir klar, dass diese Abnutzung kein Zufall war.

Was habe ich also gelernt, und wie hat die Alexander-Technik mein Leben beeinflusst?

Erstens, ich lernte, dass ich Verantwortung für mein Leben übernehmen konnte. Anfangs bezog es sich nur auf meinen Körper, aber später auch auf psychologische Aspekte. Ich lernte, dass die direkte Methode, Einfluss auf meine Schmerzen zu nehmen, nicht funktionierte. Wirkung zeigte erst ein indirekter und kreativerer Ansatz. Die erste Veränderung ging einher mit der Abkehr von dem Glauben, dass die Schmerzen aus heiterem Himmel kamen, und mit der Überzeugung, dass ich einen Anteil an ihrer Entstehung hatte und daher auch einen Beitrag leisten konnte, sie zu lindern.

Zweitens, als ich anfing, die Technik auf alltägliche Handlungen anzuwenden, ließen die Schmerzen immer mehr nach. Zunächst konnte ich den Schmerzen nur Einhalt gebieten, nachdem sie eingesetzt hatten, aber später war es mir möglich, ihnen vorzubeugen. Ich lernte, die Alexander-Technik auf Tätigkeiten anzuwenden, wie Gehen, Stehen, Sitzen, Essen, Zähneputzen usw. Ja, es war Arbeit. Arbeit in Bezug auf die grundlegendsten Dinge des Lebens. Aber das Ergebnis war gut, auch wenn ich den Lohn nicht wöchentlich erntete, sondern erst nach ein paar Monaten und Jahren. Dadurch, dass ich mich als ein menschliches System betrachtete, an dem ich ganzheitlich, also körperlich und geistig arbeitete, erkannte ich, dass ich auf andere Art und Weise Einfluss auf das Funktionieren des gesamten Systems und die Wechselbeziehungen seiner Bestandteile nehmen konnte.

Drittens, es trat eine erkennbare Veränderung ein in der Art und Weise, wie ich mich bewegte. Diese sichtbare Veränderung war nicht etwa eine oberflächliche Änderung meiner Haltung, sondern meine körperliche Verfassung änderte sich tatsächlich und messbar. Doch hauptsächlich fühlte ich mich für einen Bereich meines Lebens verantwortlich, der vorher das Sagen über mich hatte. Mein Körper wurde athletischer, und ich begann, neue Bereiche zu entdecken. Späte Abende, Sport, Aufbaustudium, Arbeit, Heirat, Kinder und ein „normales" Leben.

Und schließlich hatte diese Veränderung meiner körperlichen Verfassung zur Folge, dass ich zufriedener war mit mir selbst und mich wohl fühlte. Es gab mir das Selbstvertrauen, Risiken in meiner Denkweise und meinem Verhalten einzugehen, was in meiner früheren Verfassung – erstarrt in einem sowohl körperlichen als auch geistigen Schmerzzustand – unmöglich gewesen wäre.

Heute bin ich davon überzeugt, dass meine relativ gute Verfassung mit siebenundsechzig Jahren auf die Anwendung dieser Technik zurückzuführen ist. Ich habe mir einen Lebensstil angeeignet, der zu mir passt, mit einem Hauptarbeitstag von 9:00 bis 16:00 Uhr und einer mich zufrieden stellenden zweiten Laufbahn, die mich um die ganze Welt geführt hat, um Menschen zu lehren, Schmerzen des Bewegungsapparates vorzubeugen, und ihnen zu zeigen, wie eine andere Denkweise ihr Leben verändern kann.

So viel zum persönlichen Bericht. Sind dies Spinnereien? Kann objektiv behauptet werden, dass meine verbesserte Verfassung auf die Alexander-Technik zurückzuführen ist? Um das Bild etwas weiter abzurunden, anbei einige wissenschaftliche Ergebnisse.

Wissenschaftliche Forschung

Wissenschaftliche Untersuchungen hinsichtlich der Gültigkeit dieser Art von Technik und der Komplementärmedizin im Allgemeinen wird durch mangelnde Finanzierung erschwert. Die Auswirkungen eines solchen Eingriffs in die Kreativität sind noch nicht erforscht. Das wissenschaftliche Beweismaterial aus anderen Bereichen nimmt jedoch langsam zu.

Die ersten Forschungsergebnisse von Jones (1965) und Barlow (1973) wiesen methodologische Schwächen auf, was bei Untersuchungen neuer Bereiche häufig zu beobachten ist. Aber die Ergebnisse waren vielversprechend.

Besser geplante Forschungsarbeiten (Austin/Ausubel 1992; Dennis 1999; Stallibrass/Sissons/Chalmers 2002) unterstützten diese Tendenz. Austin und Ausubel kamen zu der Schlussfolgerung, dass die Ausbildung des Bewegungsapparates unter Anwendung der Alexander-Technik die respiratorische Muskelfunktion bei gesunden Erwachsenen verbessern kann. Stallibrass et al. kommen zu dem Schluss, dass vieles darauf hinweist, dass die Unterweisung in die Alexander-Technik sich anhaltend positiv auf Personen auswirkt, die an der Parkinson-Krankheit leiden, so dass diese ihre Behinderung subjektiv weniger ausgeprägt wahrnehmen, eine bessere Einstellung sich selbst gegenüber entwickeln und weniger unter Depressionen leiden.

Die Forschungsarbeiten von Dennis befassen sich mit dem Gleichgewichtsproblem bei älteren Frauen. Es wurde beobachtet, dass die Alexander-Technik den so genannten „Functional Reach“ (*funktionelle Reichweite*, ein klinischer Test zur Beurteilung des funktionsbezogenen Gleichgewichts) verbessert. Dennis kommt zu dem Schluss, dass der Unterricht in der Alexander-Technik sich positiv auf eine Verbesserung des Gleichgewichts auswirkt und so dazu beiträgt, das Sturzrisiko bei gesunden, älteren Frauen zu verringern.

Eine Rezension der Fachliteratur (Ernst/Canter, 2003) kommt zu dem Schluss, dass die wenigen kontrollierten, klinischen Studien über die Alexander-Technik ermutigende, wenn auch nicht überzeugende Anhaltspunkte liefern und die Alexander-Technik daher noch ausführlicheren Untersuchungen bedarf.

Eine an der Southhampton-Universität in England durchgeführte Studie über Rückenschmerzen (Little, Webley et al.) wartet noch auf Veröffentlichung und wird in jedem Fall belastbare Ergebnisse liefern.

Effizienz kontra Effektivität als Management-Ziele

Die persönliche und die unternehmerische Effizienz lassen sich zu einer richtungweisenden Philosophie für das Management von Unternehmen weiterentwickeln.

Unternehmenskulturen werden entsprechend der vorherrschenden Management-Philosophie seit jeher auf vielerlei Arten klassifiziert. Eine geläufige Klassifizierung unterteilt Kulturen (mitunter bezeichnet als sozialer Zusammenhalt des Unternehmens) in Aufgaben, Mitarbeiter, Funktionen und Befugnisse, und zwar nach der Bedeutung, die ihnen innerhalb der sozialen Normen des Unternehmens beigemessen wird. Andere sprechen von zukunfts- und vergangenheitsorientierten Kulturen, wobei Erstere von einem unternehmerischen Geist geprägt ist, der den Wandel bereitwillig annimmt, und Letztere der Tradition verpflichtet ist. Zweifellos handelt es sich bei den meisten Unternehmen um Mischformen. In welchem Ausmaß diese Größen ihre Funktionen erfüllen, kann auf positive unternehmerische Initiativen zurückzuführen sein oder sich automatisch ergeben. In ähnlicher Weise kann ein Unternehmen danach beurteilt werden, inwieweit sich der Fokus auf Effektivität bzw. Effizienz sowohl auf unternehmerischer als auch auf individueller Ebene durchsetzt.

Wenn man die Alexander-Theorie auf unternehmerisches Management überträgt, kann ein Unternehmen als ineffizient angesehen werden, wenn die Mehrzahl seiner Mitarbeiter entweder überlastet oder unterbeschäftigt ist. Überlastung kann zu Krankheit, Stress und schlechten Leistungen sowie zu mangelnder Motivation führen. Und die mögliche Ineffizienz eines Unternehmens beschränkt sich offensichtlich nicht nur auf diese Faktoren ...

Schlussfolgerung

Was bleibt zu sagen? Ich habe eine bestimmte Form der Erzählung gewählt, um meine Einstellung zum Älterwerden und zur Kreativität zu schildern. Dies lässt sich auf bestimmte Ideen zurückführen, die mich bewegen. Ist es mehr als eine gute Geschichte? Wer will das beurteilen? Wenigstens ist es eine Geschichte, die hoffnungsvoll in die Zukunft blicken lässt. Mein kurzer Überblick über die qualitativ gute Forschungsarbeit, die hinsichtlich dieser Methode geleistet wurde, lässt darauf schließen, dass diese einen gewissen objektiven Wert hat.

Ich möchte schließen, indem ich mich auf die Grundsatzrede von Ken Pelletier berufe, die er 2001 auf dem 8. Symposium on Complementary Health Care in Exeter gehalten hat: Nachdem er eine Reihe von Faktoren aufgezählt hatte, durch die wir unsere Lebenserwartung verkürzen, wie schlechte Ernährung, Rauchen, übermäßigen Alkoholkonsum, mangelnde Bewegung, Umweltverschmutzung, Stress usw., spekuliert er, dass wir eine durchschnittliche Lebenserwartung von über 100 bis maximal 130 Jahren haben könnten, wenn wir diese Faktoren umkehren und zu unseren Gunsten nutzen würden.

Es könnten verhängnisvolle Zukunftsaussichten sein, wenn es bedeuten würde, dass eine Generation, die bis heute als „Angehörige der geburtenstarken Jahrgänge" bezeichnet wurde, umbenannt werden müsste in „Krankenhaushüter". Wenn wir unseren Körper so einstimmen, dass er effizienter funktioniert, könnte dieser Ausgang vielleicht verhindert werden, und mehr Menschen dieser Generation würden länger produktiv und kreativ bleiben. Es hat nicht nur erhebliche Auswirkungen auf die Beschäftigungs- und Rentenpolitik, sondern auch auf die Management-Philosophie. Das Augenmerk stärker auf Effizienz als auf Effektivität zu legen (sowohl auf unternehmerischer als auch auf persönlicher Ebene) und auf die Mittel, etwas zu erreichen, als auf das Ziel selbst, wäre vielleicht eine gute Lösung ...

Literatur

AUSTIN, J. H. M./AUSUBEL, P., *Enhanced respiratory muscular function in normal adults after lessons in proprioceptive musculoskeletal education without exercises,* Chest, 102: 486 – 90, 1992.

BARLOW, W., *The Alexander Principle,* London 1973.

BASMAJIAN, J. V., *Muscles Alive: Their Functions Revealed by Electromyography,* Baltimore: Williams/Wilkins 1985.

DENNIS, R. J., *Functional reach improvement in normal older women after Alexander Technique instruction,* Journals of Gerontology, Series A, 54: 1, M 8 – 11, 1999.

ERNST, E./CANTER, P. H., *The Alexander Technique: a systematic review of controlled clinical trials,* Forschende Komplementärmedizin und Klassische Naturheilkunde/ Research in Complementary and Classical Natural Medicine, 10:325 – 329, 2003.

JONES, F. P., *Method for changing stereotyped response patterns by the inhibition of certain postural sets,* Psychological Review, 72: 196 – 214, 1965.

LITTLE, P./WEBLEY, F./BEATTIE, A./EVANS, M./MIDDELTON, K./BARNETT, J./LEWITH, G./BALLARD, K./OXFORD, F./SMITH, P./YARDLEY, L./HOLLINGSHURST, S./SHARP, D., *The MRC ATEAM trial of Alexander Technique, exercise and massage for chronic and recurrent back pain: is there hope for chronic back pain sufferers?*, noch zu veröffentlichen.

MAISEL, E. (ED), *The Alexander Technique: the essential writings of F. Matthias Alexander,* New York 1995.

MORGAN, L., *Inside Yourself,* London 1955.

PAPMEHL, ANDRÉ, *Personal-Controlling*, 2. Auflage, Heidelberg 1999.

PELLETIER, K., *Healthy Ageing: challenges and new research directions,* 8th Annual Symposium on Complementary Health Care, Exeter Univesity, UK, 2001.

STALLIBRASS, C./SISSONS, P./CHALMERS, C., *Randomized controlled trial of the Alexander Technique for idiopathic Parkinson's disease*, Clinical Rehabilitation, 16: 7, 695 – 708(14), 2002.

Teil III

Perspektiven

Kreativität in Management und Märchen

Rolf Wunderer

Prof. em. Dr. Rolf Wunderer
war nach dem Studium der Wirtschaftswissenschaften und Psychologie an der Universität München und an der Uni der Bundeswehr als wissenschaftlicher Mitarbeiter und Lehrbeauftragter tätig. 1974 bis 1983 wirkte er als Ordinarius für BWL, insbes. Personalwesen und Unternehmensführung an der Universität Essen, von 1983 bis 2001 an der Universität St. Gallen als Professor für BWL, insbesondere Führung und Personalmanagement. Er gründete und leitete das Institut für Führung und Personalmanagement – heute ist er als Partner assoziiert.

Professor Wunderer publizierte über 40 Bücher sowie über 250 Artikel, unter anderem: *Führung und Zusammenarbeit* (7. Auflage 2007), *Personalmanagement – Quo vadis* (mit P. Dick – 5. Auflage 2007), *Personal-Controlling* (mit A. Jaritz – 4. Auflage 2007). *Corporate Governance – Zur personalen und sozialen Dimension 44 Statements aus Wissenschaft und Praxis* (Hrsg.), Köln 2008. Forschungs-, Beratungs- und Weiterbildungsschwerpunkte: Internes Unternehmertum, Entwicklungstendenzen im HRM, Personalentwicklung, Führung und Zusammenarbeit, Personalcontrolling. Neuste Publikation: *Der gestiefelte Kater – Lehren aus Management und Märchen* (Wiesbaden 2008).

Vorbemerkung

Die deutschsprachige Betriebswirtschaftslehre erweist sich nach Analyse bekannter Handwörterbücher und Stichwortverzeichnisse (vgl. Handwörterbücher zu Führung, Personalwesen, Marketing, Organisation sowie der Betriebswirtschaft) als eine „märchenfreie Disziplin“; gleiche Ergebnisse erbrachten Internetanalysen.

In der US-amerikanischen Managementliteratur werden von Beratern, Trainern und Erfolgsautoren zunehmend Helden (z. B. Odysseus, Herkules, Sisyphos) aus der Sagenwelt, aus Märchen (Cinderella, Dowling 1984 oder Alice in Wonderland, Carroll 2005) sowie aus der Tierwelt (vor allem Pinguine, Delphine, Wölfe, Hunde, Katzen) zur Illustration von Führungspersonen, -konzepten, -prozessen, -kulturen und -strategien verwendet. Dies geschieht meist über Metaphern oder über die dort – selbst in wissenschaftlichen Aufsätzen – unverzichtbaren und beliebten Case-Studies, jedoch nicht über systematische Märchenforschung. Die Psychoanalyse interpretiert seit S. Freud zahlreiche Märchen – noch mehr nach C. G. Jung und seiner Schule.

Wir haben uns im Rahmen eines kleinen Forschungsprojekts dieser Thematik schon aus verschiedenen Perspektiven angenähert (vgl. Wunderer 2008). Die Grundlage bildeten Publikationen zu unternehmerischer Führung und Kooperation (vgl. Wunderer 2007 – aus Kap. III stammen die Abbildungen 1 bis 4) sowie die weltweit bekanntesten und am meisten verbreiteten Kinder- und Hausmärchen (KHM) der Brüder Grimm (1999/1819, 1812; sowie Rölleke 1999).

Dieser Beitrag konzentriert sich im Rahmen des Kompetenzmanagements mit einem Portfolioansatz auf zwei unserer drei unternehmerischen Schlüsselqualifikationen: innovative und strategieorientierte mentale Problemlösungsfähigkeit sowie auf kreative Sozialkompetenz.

Unternehmerische Kreativität als innovative und strategieorientierte Problemlösung

Kompetenzen werden als Dispositionen verstanden, die von Individuen selbstorganisiert realisiert werden können. (Erpenbeck/Rosenstiel 2003, S.XVI). Man kann sie über Eigenschaften, Leistungshandeln oder Ergebnisse evaluieren. Dafür eignen sich Beobachtung, Interviews, Potential-, Verhaltens- und Leistungsbeurteilungen, Arbeitsproben, Tests bzw. Assessments.

„Kreativität“ wird meist mit originellem, phantasievollem, assoziativem, alternativem, lateralem, divergentem, fließendem, intuitivem wie eigenmotiviertem und selbstvertrauendem Denken und Problemlösen umschrieben. Neben diesen Qualifikationen und Prozessen zählen dazu auch anregende Visionen und Anreize, Strategien und Produkte sowie fördernde Strukturen, vor allem Organisationskultur, Prozess- und Projektorganisation (Goleman 2005, 1997, 1996, Saner 2001, Berndt 2000, Csikszentmihalyi 1997, Marr 1993, Hauschildt 1993, Peters 1988, Matussek 1989, 1974, de Bono 1986, Thom 1980, Witte 1973).

Für diesen Beitrag erweitern wir den Fokus von mental kreativer Problemlösungskompetenz um soziale Kreativität. Denn von beiden Dimensionen handeln gerade die Märchen.

Der Psychoanalytiker Matussek (1989, S. 34) erklärt, dass „Kreativität sich weder leicht definieren noch schnell erklären lässt. So viel dürfte aber sichtbar sein: Kreativität befindet sich an einer wichtigen Schnittstelle zwischen Gemüt und Intelligenz".

Matussek wie der Philosoph Saner betonen die Abtötung von Kreativität durch unkommunikative Erziehung („Eltern-Ich"), vor allem zu Gehorsam und Ordnung. Dagegen lässt sich „transaktionspsychologisch interpretiert" das phantasievolle „Kindheits-Ich" (Berne 1979) durch Märchen sehr anregen – und damit hoffentlich auch nachhaltig das „Erwachsenen-Ich" anreichern; denn Managemententwicklung muss darauf aufbauen.

Drei Ansätze zur Analyse kreativen Problemlösungsverhaltens

1. Eigenschaften

Die oben schon angeführten kreativen Begabungen oder sozial-kreative Verhaltensweisen enthalten fast alle Persönlichkeitsinventare der differentiellen Psychologie (vgl. Hossiep/Mühlhaus 2005). Meist werden diese aber nur über Selbsteinschätzungen ermittelt. Besonders valide sind Intelligenztests, die aber einseitig auf die mentale Kreativität abzielen.

2. Verhaltenskriterien

Diese werden bei Externen gerne über Assessments in simulierten Situationen ermittelt; im mentalen Bereich (z. B. bei Postkorbaufgaben) ist dies nicht so problematisch; bei internen Beurteilungen werden beispielsweise auch folgende Kriterien beobachtet:

- sich gegenüber Neuem offen zeigen, lateral denken und zusammenarbeiten
- sich chancenorientiert und kooperativ verhalten, soziale Werte vorleben
- neue Ideen suchen, finden, umsetzen, dabei auf Vorschläge anderer eingehen
- an Problemlösungen kreativ, sozial konstruktiv und konsequent arbeiten
- andere von den Vorteilen der eigenen Lösungen überzeugen oder sie dafür begeistern; dabei Netzwerke bilden und ausbauen

Auch standardisierte Personalbeurteilungen beziehen Kriterien zu Aspekten der Kreativität ein. Und im individuellen Mitarbeitergespräch kann man weitere berücksichtigen.

3. Ergebniskriterien

Sie erleichtern die Messung, erhöhen die Objektivität sowie die in Management wie Märchen erwünschte Resultatorientierung.

- die Anzahl und/oder die Qualität entwickelter Ideen und ihre Akzeptanz bei anderen

- die Anzahl und/oder Qualität von Verbesserungsvorschlägen – auch im Team
- die Anzahl und Qualität verbesserter Produkte, Dienstleistungen oder Prozesse
- die Zahl, Dauer und Qualität der Teamkultur und der Einbindung in Netzwerke
- die Gestaltung oder/und Anwendung neuer Verfahren, Methoden, Instrumente
- die Verwendung und nachhaltige Umsetzung der entwickelten neuen Ideen

Der Grad der Kreativität ist nicht leicht zu bestimmen. Oft fehlen dafür das objektive Wissen, z. B. die nötigen Kriterien, Standards und Instrumente sowie die Erfahrung der Beurteiler. Auch zeigen sich zwischen Sender und Empfänger oft erhebliche Diskrepanzen in der Beurteilung. Ebenfalls beeinflusst die aktuelle Situation die Akzeptanz wesentlich.

Rechtzeitiges „continuous improvement" ist ebenso wichtig wie fundamentale Produkt-, Sozial- oder Organisationsänderung, weil es auch überstürzte Restrukturierungen ersetzen bzw. verbessern kann.

Dazu Hauschildt (1993, S. 243): „Kreativität soll so zu einer Eigenschaft ‚normaler' Menschen werden, die in einer Gruppe bewusst zu neuartigen Assoziationen kommen – immerhin ein Versuch, den begnadeten Entdecker wenigstens in gewissem Umfang zu substituieren."

Nach einer in der Zeitschrift Personalführung (9/2007, S. 10 f.) publizierten Studie des deutschen Instituts für Betriebswirtschaft lieferten 2006 100 Beschäftigte 64 Verbesserungsvorschläge, die ca. 1,5 Milliarden Kosten sparten. Dabei beteiligten sich nur zwei von zehn am kreativen Ideenmanagement, in der Autoindustrie immerhin 41 Prozent; bei Toyota berichtet man von über 50 Vorschlägen pro Mitarbeiter – die meisten in Gruppensitzungen und mit Prämienbeteiligung auch der Vorgesetzten! Abbildung 1 zeigt dazu Leitsätze zur Förderung des Problemlösungsverhaltens durch Chefs.

- Schaffen Sie Denkräume für Ihre Mitarbeiter.
- Heben Sie Denkverbote auf.
- Erlauben Sie Fehler.
- Würdigen Sie Innovationsleistungen.
- Fördern Sie intensive Kommunikation.
- Werden Sie Coach für Innovation.
- Beziehen Sie wichtige Kunden ein.
- Innovationen können aus vielen Quellen kommen.
- Rechnen Sie mit Innovationshürden.

Abbildung 1: *Grundregeln für Führungskräfte von 3M*

Problemlösungsfähigkeiten als unternehmerische Schlüsselkompetenzen

Schon Joseph Schumpeter (1912) definierte den Unternehmer über die Kompetenz, neue Kombinationen auf dem Markt wie auch für die eigene Unternehmung zu entwickeln und durchzusetzen.

Wir beschreiben internes Unternehmertum über drei Schlüsselkompetenzen: kreative Problemlösungs-, Sozial- und Umsetzungskompetenz (vgl. Abbildung 2). Entscheidend ist für die unternehmerische Definition, dass Innovationen nachhaltig die Wertschöpfung sowie die Unternehmensstrategie fördern.

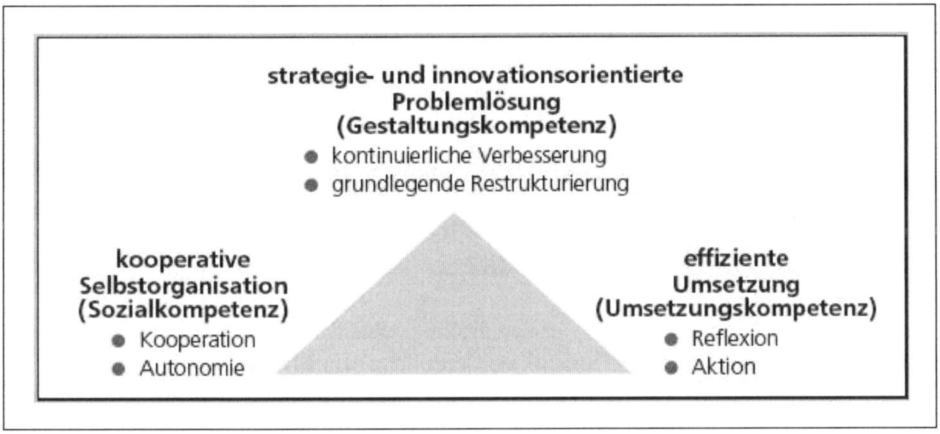

Abbildung 2: *Unternehmerische Schlüsselkompetenzen*

In Unternehmensbefragungen evaluierten wir Einschätzungen von direkten Chefs sowie von Personalverantwortlichen, inwieweit diese Qualifikationen und damit verbundene Motivationen in der Organisationseinheit bzw. im Unternehmen bei den Führungskräften und Mitarbeitern verteilt sind (vgl. Wunderer 2007). Die Ergebnisse zur mentalen Kreativität lagen in Groß- wie Kleinunternehmen bei immerhin 55 Prozent (vgl. Abbildung 3).

Der kritischste Schwachpunkt lag aber in der unzureichenden Umsetzung guter Ideen. Schon Schumpeter (1812, insbes. S. 116 f.) betonte, dass gute Ideen auch zum Tagträumen führen könnten und „Die neuen Kombinationen kann man immer haben, aber das Unentbehrliche und Entscheidende ist die Tat und die Kraft zur Tat“. Unternehmer ist deshalb erst einer, der „eine neue Kombination durchsetzt“.

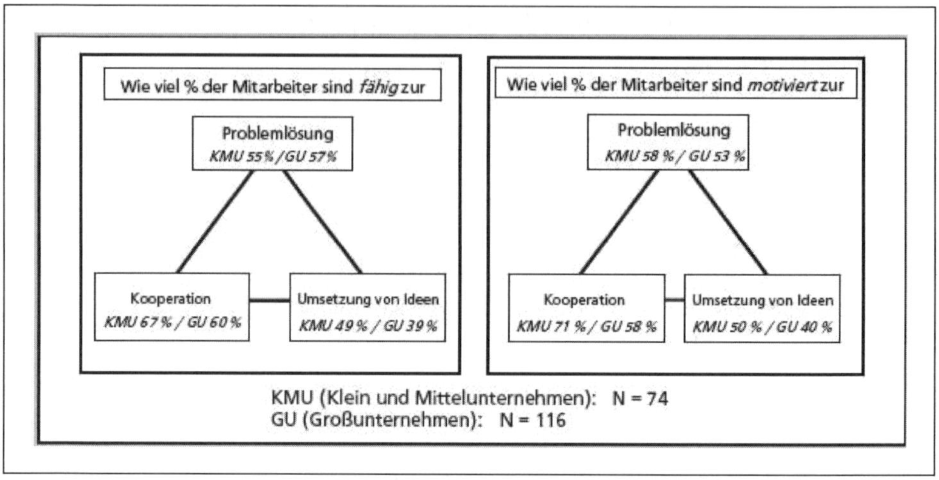

Abbildung 3: *Verbreitung unternehmerischer Fähigkeiten*

Kreative Problemlösungskompetenz als Basis für einen Portfolioansatz

Das Portfolio als Instrument des Personalcontrolling (Wunderer/Jaritz 2007) will für strategische Personalentscheide einen Überblick zur Verteilung von Mitarbeiterkompetenzen (z. B. bei Übernahmen, Fusionen, Auslandsengagements oder Restrukturierungen) sowie Gestaltungsempfehlungen zur Optimierung der qualitativen Personalstruktur geben, z. B. über Auswahl, Einsatz und Förderung. Qualifikation und Leistungsbereitschaft sind die dafür bevorzugten zwei Einfluss- bzw. Evaluationsgrößen.

Mit einem vereinfachten Portfolioansatz wurden von uns Führungskräfte und Personalverantwortliche von 240 Unternehmen zu groben und summarischen Prozenteinschätzungen ihrer Firmen bzw. Teams nach mitunternehmerischer Qualifikation und Motivation befragt. Danach ergaben sich folgende Verteilungen (vgl. Abbildung 4).

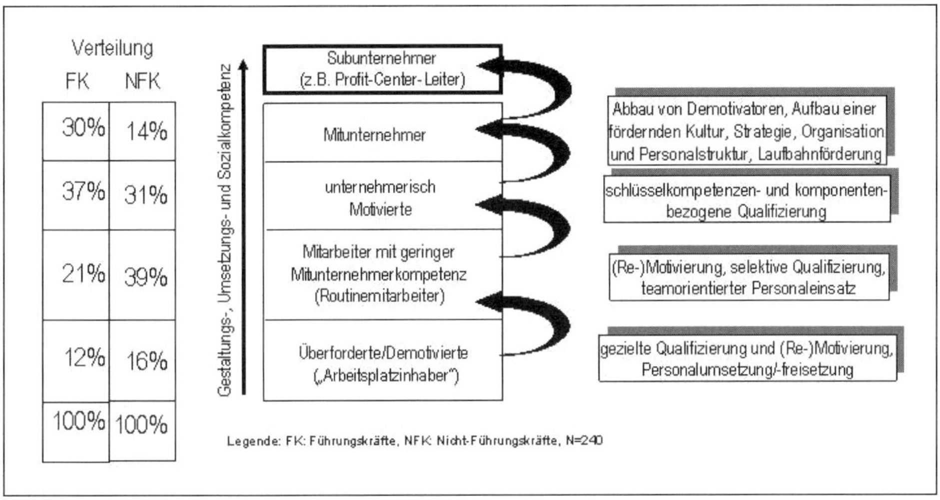

Abbildung 4: *Verbreitung unternehmerischer Kompetenzen und zielgruppenorientierte sowie stufenweise Förderung*

Kreativitätsanalysen von Märchenheldinnen und -helden mit einem Portfolioansatz

Portfolioansätze im Personalmanagement kombinieren meist die Dimensionen Qualifikation und Motivation nach ihrer Ausprägung.

Bei der Reduktion des Portfolios auf Kreativität bietet sich für die Märchenanalysen eine zweidimensionale Differenzierung nach mentaler und nach sozialer Kreativität an, denn beide Dimensionen erwiesen sich in den relevanten Erzählungen als wesentliche Erfolgsfaktoren. Danach analysieren wir nun Heldinnen und Helden der weltweit bekannten Kinder- und Hausmärchen (KHM) der Brüder Grimm (Grimm 1999/1819, 1812) in einem erweiterten Portfolio mit sechs Feldern und charakterisierten dazu auch sechs „Märchenrepräsentanten“: mental und sozio-emotional Kreative (kreativ Exzellente), mental Kreative (Superhirne), sozial Kreative (Netzwerker), sozial wie mental begrenzt Kreative (Routinemitarbeiter oder Bystander), Asoziale sowie mental Überforderte (Dummlinge).

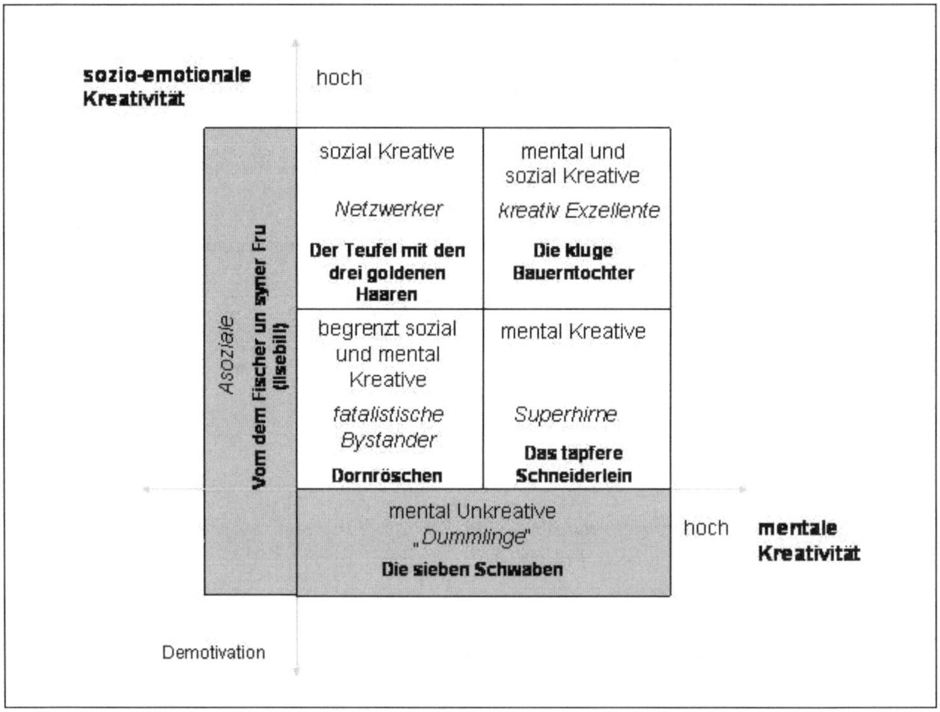

Abbildung 5: *Portfolioansatz zu kreativen Kompetenzen bei sechs Märchen*

Charakterisierung von sechs Portfoliorepräsentanten in Grimms Märchen

Die im Portfolio zitierten sechs MärchenheldInnen werden nun kurz charakterisiert, um weitere Beispiele ergänzt und – im Abschnitt Lessons Learned ausführlicher – mit der Managementrealität verglichen:

1. Mental und sozial Kreative – kreativ Exzellente

Die kluge Bauerntochter (KHM 94): Ein armer Bauer bekommt vom König ein Stück Land und findet beim Umgraben einen goldenen Mörser und will ihm diesen Fund bringen. Die Tochter rät ab, denn es fehle ja noch der Stößel. Sie prophezeit, der König würde dessen Unterschlagung vermuten. So geschieht es, der Vater kommt ins Gefängnis. Später erfährt der König vom Rat der Tochter und will sie kennen lernen. Nachdem diese ihm dann noch ein sehr schweres Rätsel löst, will er sie heiraten.

Nach einigen Jahren hilft die Königin einem Bauern im Geheimen, ein Fehlurteil ihres Mannes aufzudecken, worauf dieser sie als Treulose zurück in ihre frühere Bauernkate verstößt. Zum Abschied darf sie aber das ihr Liebste mitnehmen. Da versetzt sie mit einem Trunk den König in tiefen Schlaf und lässt ihn in die Kate bringen. Zum wieder Erwachten sagt sie: „Ich sollte das Liebste und Beste aus dem Schloss mitnehmen, nun habe ich nichts Besseres und

Lieberes als Dich …“. Die Antwort des tief Bewegten: „Liebe Frau, du sollst mein sein und ich dein“.

Die Bauerstochter zeigt mit des Rätsels Lösung ihre exzellente mentale Begabung. Noch stärker belegt sie dreimal ihre soziale Weitsicht, Klugheit und Findigkeit. Diese Fähigkeiten prädestinieren sie schon im Märchen für die Rolle als geschätzte Mitregentin. Auch in der Wirtschaftspraxis würde ihre (mit-)unternehmerische Begabung bald erkannt und gefördert.

Hohe Doppelbegabungen zeigen mit ähnlichen Erfolgen auch „Der gestiefelte Kater“ (KHM 33, 1812) oder das „Aschenputtel“ (KHM 21).

2. *Mental Kreative – Superhirne*

Das Tapfere Schneiderlein (KHM 20) macht eine steile Karriere. Kaum hat der Schneider sieben (Fliegen) auf einen Streich erlegt, soll dies gleich „die ganze Welt erfahren“. Und als er auf seiner Wanderschaft zwei Riesen mit List und Tücke in die Flucht schlägt, holt ihn ein ängstlicher König in seine Armee. Auch um den zu Starken wieder los zu werden, soll er gefürchtete Feinde (Riesen, Einhorn, Wildschwein) unschädlich machen und dafür mit seiner Tochter als Gemahlin sowie dem halben Königreich belohnt werden. All das erledigt er rasch, mutig, listig wie Odysseus, phantasievoll und sehr „cool“ („das ist ein Kinderspiel“). Sogar 100 vom König angebotene Reiter weist er zurück. Als er noch von einem Komplott seiner eben Angetrauten und des Schwiegervaters erfährt, ihn gefesselt außer Landes zu spedieren, findet er auch dafür ein intelligentes Gegenmittel. So „war und blieb das Schneiderlein sein Lebtag König“, ungeliebt, aber ebenso unangetastet. Aber: Wie lange kann das gut gehen?

Dieser Held zeigt extreme mentale Kreativität gepaart mit fast autistischer Selbstbezogenheit. In der Managementdiskussion ähnelt er dem Intrapreneur nach Pinchot (1988), v. a. in dessen Maximen: Umgehe alle Anordnungen, die deinen Traum stoppen könnten; Wette nie in einem Rennen, wenn du nicht selbst darin mitläufst; Halte deine Sponsoren in Ehren.

Weitere Beispiele finden sich bei „Vom klugen Schneiderlein“ (KHM 114), „Der Meisterdieb“ (KHM 192) oder dem Igelmann in „Der Hase und der Igel“ (KHM 187).

3. *Sozial Kreative – Netzwerker*

„Der Teufel mit den drei goldenen Haaren“ (KHM 29). Einem Jungen armer Eltern wird geweissagt, er werde im vierzehnten Jahr die Tochter des Königs heiraten. Dieser erfährt davon und setzt das Kind in einer Schachtel in einen Fluss, um es so zu ertränken. Wie Moses wird er gerettet. Aber der König erfährt wieder davon und schickt den inzwischen Heiratsfähigen mit einem verschlüsselten Todesurteil an seinen Hof. Auf seiner Wanderung dorthin helfen ihm mitleidige Räuber durch den Austausch des Briefes. So wird er mit der Königstochter verheiratet. Als der zurückgekehrte König das hört, verlangt er eine unmögliche Aufgabe, um den unerwünschten Schwiegersohn los zu werden. Er solle „aus der Hölle drei goldene Haare von dem Haupte des Teufels holen“. Auf seinem Wege dorthin verspricht der Prosoziale uneigennützig drei Bittstellern Hilfe. Endlich in der Hölle hilft ihm des Teufels Grossmutter mit viel List und Liebe, an die drei Haare und an die Antworten auf die Fragen der drei Bittsteller zu kommen. Die bedanken sich reichlich mit Gold, das ihn dann schließlich beim habgierigen König ehefähig macht. Das Glückskind löst alle seine Aufgaben nur mit Hilfe anderer, die es zuvor aus großer Not rettet oder die dem Sympathischen ungefragt beistehen. So führt schon seine selbstgewisse, vertrauende sowie hilfsbereite Sozialkompetenz ebenso zum Erfolg wie sonst mentale Kreativität.

Weitere Beispiele finden sich bei „Die Bremer Stadtmusikanten“ (KHM 27), „Sechse kommen durch die ganze Welt“ (KHM 71) oder der jüngste Bruder in „Das Meerhäschen“ (KHM 191).

Im Management agieren so kontaktfreudige, kooperative und vorleistungsbereite „Netzwerker“, die nicht nur in südlicheren Ländern auch ohne hohen IQ Erfolg haben.

4. Begrenzt mental oder sozial Kreative – Routinemitarbeiter oder fatalistische Bystander

„Dornröschen“ (KHM 50) wird von einer missgünstigen Fee zum späteren Tode verwünscht, was von einer anderen Fee auf 100 Jahre Schlaf reduziert werden kann. Im 15. Jahr schlägt das Schicksal unbarmherzig zu, im 115. Jahr erwacht die Schöne mit dem Kuss eines reizenden Prinzen. Nach ihrer Hochzeit „lebten (sie) vergnügt bis an ihr Ende“.

Auch solche vom Schicksal Verfolgte erringen viel Sympathie, selbst wenn jene weder mentale noch soziale Kreativität einsetzen. Sie bieten vor allem Projektionsflächen für Empathische und Prosoziale sowie alle mit einem mitfühlenden Helfersyndrom.

Ähnliches bewirken z. B. beliebte Märchen wie „Schneewittchen“ (KHM 53) oder Das Mädchen in „Die drei Spinnerinnen“ (KHM 14).

Im Management haben aber – das zeigten auch empirische Untersuchungen zu „Managing the Boss“ – sympathische Einfältige und Bequeme die geringsten Chancen für Erfolg und Akzeptanz.

5. Asoziale

„Von dem Fischer un syner Frau“ (KHM 19). Ilsebill ist das Abbild eines herrsch- und karrieresüchtigen Hausdrachens, dem ihr gut- und barmherziger Mann nichts entgegensetzen kann, denn: „Myne Frau de Ilsebill will nich so, as ik wol will“. Der sonst erfolglose Fischer fing nämlich einen Butt. Und als der sich als Prinz outet, nimmt er ihn wieder von der Angel, ohne dafür etwas zu verlangen. Ilsebill aber will gleich aus ihrem „Pisspott“ in eine Hütte ziehen, der Butt gewährt diesen Wunsch wie auch immer größere (Schloss, Königin, Kaiserin, Päpstin). Als „se will warden as de lewe Gott“ schickt der Butt die Unersättliche von ihrer Karriere- und Statusleiter zurück in den Pisspott. „Door sitten se noch bet up hüüt düssen Dag“. Ilsebill hat es sehr weit gebracht, aber gerade daran geht sie zugrunde.

In anderer Weise asozial verhalten sich in den Märchen viele Stiefmütter, die ihre Stiefkinder in übler Weise mobben, wie z. B. in „Aschenputtel“ (KHM 154), in „Frau Holle“ (KHM 64) oder „Schneewittchen“ (KHM 53).

Asoziales Mobben findet man auch in Organisationen. Und manche zunächst erfolgreiche Topmanager – auch weil mental gewitzt bis raffiniert wie der „Gestiefelte Kater“ – haben wie Ilsebill ihre ehrgeizigen Karriereträume inzwischen gründlich ausgeträumt und sitzen nun z. B. auf dem Pisspott eines Bezirksgefängnisses in den USA. Übrigens zeigten Forschungen negative Korrelationen zwischen extrinisch motiviertem Karrierestreben und Kreativität (Matussek 1989).

6. *Mental Unkreative – "Dummlinge"*

„Die sieben Schwaben“ (KHM 199) glauben alles zu können – außer vielleicht Hochdeutsch. So gehen sie mit viel Elan, hehren Visionen und noch grösseren Sprüchen auf Drachenjagd – alles gepaart mit niedrigster mentaler und sozialer Intelligenz. So vermuten sie beim Anblick der Ohren eines Hasen hinter dem Hügel in trügerischem „groupthink“: „Es wird nit fehle um ein Haar, so ischt es wohl der Teufel gar“ oder „Ischt er es nit, so ischts sei Muter oder des Teufels Stiefbruder“. Und so stolpern sie von einer in die andere Katastrophe bis in ein reißendes Wasser, weil sie das Quaken eines Frosches falsch dechiffrieren. Sie „ertranken, also dass ein Frosch ihrer sechse ums Leben brachte und niemand aus dem Schwabenbund wieder nach Haus kam“. Ähnliche mentale und zum Teil soziale Qualitäten zeigen „Der gescheite Hans“ (KHM 32) oder „Die Kluge Else“ (KHM 34).

Da solche Schwankmärchen die dort so genannten „Dummlinge“ überzeichnen, sind direkte Vergleiche mit der Wirtschaftspraxis erschwert. Aber wie „Finanzdummlinge“ wieder in letzter Zeit – trotz globaler Erfahrungen mit „Immobilienblasen“ erst vor wenigen Jahren – hunderte Millionen ihrer gutgläubigen Kunden verspekulierten oder oberste Chefs bekannter Konzerne die gleichen Fehler mit Milliardenverlusten wiederholten und dann noch mit strategischen Visionen verbrämten, das belegt doch vergleichbare mentale Inkompetenzen – nur auf höherem Niveau (vgl. Wunderer 2008a). Ebenso zeigen sich in Märchen wie Management die Gefahren von höchst kooperativem groupthink und damit auch Grenzen der Teamarbeit.

Lessons Learned

Kreativität wird gerade in Märchen nicht nur als mentale Kompetenz verstanden, sondern um soziale Kreativität erweitert. Diese Dimension findet man aber bei Kreativitätstests nicht.

In den letzten zwanzig Jahren wurde die Rolle von emotionaler Intelligenz und Führung in der Managementforschung und -lehre zunehmend thematisiert. Deshalb bietet sich auch für sie ein zweidimensionaler Portfolioansatz an, welcher die individuellen Ausprägungen von mentaler und sozialer Intelligenz sowie ihre Kombination gleichermaßen misst. MärchenheldInnen sind meistens wegen einer der beiden Dimensionen sehr erfolgreich.

Erst die Umsetzung bringt kreative Ideen zu Leben und Wirkung. Diese Kompetenz ist in Unternehmen aber schwächer ausgeprägt als die mentale respektive die soziale Kreativität.

Märchenerfolge leben dagegen immer von der mutigen, raschen – aber auch oft unreflektierten Umsetzung. Management wie Märchen können hier also voneinander lernen.

Der Portfolioansatz ist im Finanzbereich und Marketing heute ein Standard. In der Märchendiskussion wird er bisher nicht verwendet, aber auch in der Personalpraxis findet man ihn bisher noch selten – z. B. bei der HypoVereinsbank in München für die Evaluation ihrer qualitativen Personalstruktur.

Wenn in Märchen (oft altershalber) weiter entwickelte geistige Fähigkeiten mit asozialem Verhalten (v. a. Neid, Hochmut, Egozentrik, Egoismus; Mobbing) kombiniert auftreten, ist Scheitern programmiert; oft sind es die Stiefmütter bzw. älteren Geschwister.

Auch die Führungsforschung belegt, dass primär negative soziale Verhaltensweisen den Misserfolg von Führungskräften am häufigsten bewirken.

Könige oder Eltern halten sich in den Erzählungen sehr häufig nicht an ihre Versprechungen. Deshalb müssen die Betroffenen eben oft mehr als die vereinbarten Proben bestehen, was meist kommentarlos hingenommen wird.

In der Managementdiskussion ist „Walk Your Talk“ zu der in Führungsgrundsätzen am häufigsten eingebrachten Forderung avanciert (vgl. Wunderer 2008, Kap. 7). Und zugleich wurde es von befragten mittleren Managern an die Spitze von potenziellen sowie auch aktuellen Demotivatoren rangiert. Da es sich in Unternehmen im Gegensatz zu Märchen aber um so genannte „unendliche Spiele“, also langfristige Kooperationen handelt, vermeiden sozial Kluge möglichst Vertrauensbrüche.

Wenn körperlich oder machtbezogen Schwächere gegenüber Stärkeren mentale oder soziale Listen anwenden, ist hier auch unethisches Verhalten akzeptiert und erfolgreich. Die Forschung zum Thema „Managing the Boss“ (vgl. Wunderer 2007, S. 253 – 267) zeigt teils ähnliche Ergebnisse.

Jüngere Geschwister sind in Märchen wegen ihrer emotionalen und sozialen Intelligenz erfolgreicher; mentale Defizite werden durch Beistand von (über-)irdischen Helfern kompensiert, die teils als stete Netzwerke unterstützen. Nicht nur in südlichen und asiatischen Ländern ist auch im Management „networking“ oft erfolgreicher als ein hoher IQ. Jedoch ist „Welpenschutz“ (z. B. bei Auszubildenden) gegenüber Schwächeren im Management nicht die Regel – außer ein Gesetzgeber schreibt dazu etwas vor.

Im Management wird in jüngster Zeit die ergebnisorientierte Entlohnung extrem forciert. Selbst im Tarifbereich zeigen sich Ansätze – trotz starker Widerstände der Gewerkschaften. In Märchen gibt es dagegen ausschließlich erfolgsbezogene Gratifikationen – und die werden oft erst nach der dritten bestandenen Probe gewährt. Dass sich in Märchen das „obere Management“ im Familien- wie im Staatsbetrieb (Königreich) nicht an Versprechungen hält, gilt nahezu als Gewohnheitsrecht. Solche Enttäuschungen erleben heute auch viele in Unternehmen, aber jetzt gibt es zumindest Schutzbestimmungen und -vertreter.

In Märchen werden Misserfolge streng bestraft, schon bei nicht gelösten Rätseln mit dem Leben. Im Management wurden dagegen gerade in den letzten Jahren auch offensichtlich erfolglose obere Führungskräfte geschont oder mit fürstlichen Abfindungen entlohnt.

Schon diese ausgewählten Beispiele könnten die nähere Beschäftigung mit Märchen anregen, also nicht nur, weil es sich hier um Archetypen des Umgangs mit Kreativität und Musterbrechern (Wüthrich 2006), Chancen und Risiken, mit Stärkeren oder Schwächeren handelt.

In der Personalentwicklung werden Märchen schon eingesetzt, so als Fallbeispiele oder über „Storytelling" sowie Unternehmenstheater. Aber all das sind noch zarte und seltene Pflänzchen. Eigene Erfahrungen dazu – auch in der Aus- und Weiterbildung – zeigen aber, dass Angebote dazu interessiert angenommen werden – oft mit hohem Erinnerungs- und Reflexionswert.

Literatur

BERNE, E., *Struktur und Dynamik von Organisationen und Gruppen,* München 1979.

BERNDT, R. (HRSG.), *Innovatives Management,* Berlin, Heidelberg 2000.

BRÜDER GRIMM, *Kinder- und Hausmärchen,* Gesamtausgabe 1819, 19. Auflage, München 1999/1819.

BRÜDER GRIMM, *Kinder- und Hausmärchen,* 1. Band, Berlin 1812.

CAROLL, L., *Alice in Wonderland,* 9. Auflage, München 2005.

BONO, E. DE, *Laterales Denken für Führungskräfte,* Hamburg 1986.

DOWLING, C., *Der Cinderella-Komplex,* Frankfurt 1984.

ERPENBECK, J./ROSENSTIEL, L. V., *Handbuch Kompetenzmessung,* Stuttgart.

GOLEMAN, D., *Emotionale Führung,* 3. Auflage, Berlin 2005.

GOLEMAN, D., *Emotionale Intelligenz,* München 1996.

GOLEMAN, D., *Kreativität entdecken,* Wien 1997.

HAUSCHILDT, J., *Innovationsmanagement,* München 1993.

HOSSIEP, R./MÜHLHAUS, O., *Personalauswahl und -entwicklung mit Persönlichkeitstests,* Göttingen 2005.

KOTTER, J./RATHGEBER, H., *Das Pinguin-Prinzip,* München 2005.

MARR, R., *Innovationsmanagement,* in: Wittmann, W. et al.(Hrsg.): Handwörterbuch der Betriebswirtschaft, Sp. 1796 – 1812.

MATUSSEK, P., *Was ist Kreativität,* in: Durisch, W. et al. Kreativität, Baden, S. 31 – 35, 1989.

MATUSSEK, P., *Kreativität als Chance, Der schöpferische Mensch in psychodynamischer Sicht,* München 1974.

O. V., *Zahlen zum Ideenmanagement,* in: Personalführung 9/2007, S. 10 f.

PINCHOT, G., *Intrapreneuring, Mitarbeiter als Unternehmer,* Wiesbaden 1988.

PETERS, T., *Kreatives Chaos,* Hamburg 1988.

RÖLLEKE, H., *Entstehungs- und Veröffentlichungsgeschichte der Grimmschen Märchen,* in: Brüder Grimm (1999/1812) a. a. O. S. 827 – 878, 1999.

SANER, H., *Geburt und Phantasie, Von der natürlichen Dissidenz des Kindes,* Basel 1995.

SCHUMPETER, J., *Theorie der wirtschaftlichen Entwicklung,* Leipzig 1912.

THOM, N., *Grundlagen des betrieblichen Innovationsmanagements,* Königstein 1980.

WITTE, E., *Organisation für Innovationsentscheidungen,* Göttingen 1973.

WÜTHRICH, H./OSMETZ, D./KADUK, S., *Musterbrecher, Führung neu leben,* Wiesbaden 2006.

WUNDERER, R., *Führung und Zusammenarbeit, eine unternehmerische Führungslehre,* 7. Auflage, Köln 2007.

WUNDERER, R., *Der gestiefelte Kater als Unternehmer, Lehren aus Management und Märchen,* Wiesbaden 2008.

WUNDERER, R. (HRSG.), *Corporate Governance – Zur personalen und sozialen Dimension 44 Statements aus Wissenschaft und Praxis,* Köln 2008a.

WUNDERER, R./DICK, P., *Personalmanagement Quo vadis?, Analysen und Prognosen zu Entwicklungstrends,* 5. Auflage, Köln 2007.

WUNDERER, R./JARITZ, A., *Personal-Controlling, Evaluation der Wertschöpfung im Personalmanagement,* 4. Auflage, Köln 2007.

Innovatives Change Management

Klaus Doppler

Dr. Klaus Doppler,
Jahrgang 1939, studierte Theologie an der Päpstlichen Universität Gregoriana in Rom. Er erfuhr eine psychoanalytische Ausbildung im Innsbrucker Arbeitskreis für Tiefenpsychologie. Dr. Doppler ist ausgebildeter Trainer für Gruppendynamik (DAGG). Darüber hinaus studierte und promovierte er in Psychologie an der Universität Salzburg.

Dr. Klaus Doppler ist seit 1972 selbstständiger Management- und Organisationsberater und Trainer für Gruppendynamik. Seine Trainings- und Beratungsschwerpunkte sind Change Management, Führung und Zusammenarbeit, Coaching von Führungskräften und schwierigen Projekten sowie Organisationsentwicklung.

Er ist Autor zahlreicher Publikationen zu den Themen Kommunikation, Führung und Change Management und Mitbegründer der Zeitschrift *„OrganisationsEntwicklung"*.

„Der Ausgang ist oft dort, wo der Eingang war."

Stanislaw Lec

Entwicklungen können sich verselbständigen und schließlich in einer Richtung enden, die so nicht beabsichtigt war. Man nennt das dann „historisch gewachsen". Doch beginnen wir am Anfang.

Wie alles anfing ...

Etwa Mitte der siebziger Jahre begann sich im deutschen Sprachraum eine spezielle Form der Unternehmensberatung zu etablieren, die als Organisationsentwicklung bezeichnet wurde. Es ging im Wesentlichen darum, bei der Analyse und daraus abgeleiteten Entwicklungsprozessen von Unternehmen und Organisationen nicht nur die betriebswirtschaftliche Dimension zu beachten, sondern in gleicher Weise die Mitarbeiter mit ihren Bedürfnissen als die eigentlichen Träger und Treiber von Entwicklungsprozessen. Die damals gegründete einschlägige Fachgesellschaft GOE e.V. bezeichnete diesen Ansatz als *„einen längerfristig angelegten, organisationsumfassenden Entwicklungs- und Veränderungsprozess von Organisationen und der in ihr tätigen Menschen. Der Prozess beruht auf Lernen aller Betroffenen durch direkte Mitwirkung und praktische Erfahrung. Sein Ziel besteht in einer gleichzeitigen Verbesserung der Leistungsfähigkeit der Organisation (Effektivität) und der Qualität des Arbeitslebens (Humanität)*".

Weder die Praktiker noch die Wissenschaftler konnten sich damals auf eine gemeinsame Definition einigen. Je nach Herkunft und Arbeitsperspektive wurden unterschiedliche Schwerpunkte gesetzt. Über drei Kernelemente war man sich allerdings einigermaßen einig:

- längerfristiger ganzheitlicher Ansatz,
- Betroffene beteiligen,
- Hilfe zur Selbsthilfe.

Die Organisationsentwicklung verfolgte eine doppelte Zielsetzung, nämlich *Produktivität und Menschlichkeit* (vgl. Becker/Langosch 1987).

In diesem Kontext war Veränderung ein ganz zentrales Thema, aber nicht isoliert, sondern in dreifacher Weise eingebunden: *Erstens*, als integrierter Bestandteil von generellen längerfristigen Entwicklungsprozessen, *zweitens*, auch die betroffenen Menschen als verantwortliche Mitgestalter mit einbeziehend, nicht nur auf Strategien, Strukturen, Geschäftsprozesse und finanzielle Ressourcen fokussiert, *drittens*, nicht einseitig auf Produktivität und damit auf die Interessen der Unternehmer (shareholder) zentriert, sondern auch auf das Wohlergehen und damit die Interessen der betroffenen Mitarbeiter (stakeholder).

Nicht Werkzeuge standen im Vordergrund, sondern eigentlich war dieser Ansatz eine Philosophie, wie man auch im Wirtschaftsleben so miteinander umgehen kann, dass sowohl das Gewinnstreben des Unternehmers als auch die sozialen Bedürfnisse der Mitarbeiter im Hinblick auf Wertschätzung und Lebensqualität zu ihrem Recht kommen können.

Beschleunigungen und Verschärfungen

In den neunziger Jahren verschärfte sich die wirtschaftliche und damit auch die gesellschaftliche Lage: Die Märkte wurden enger, die Ressourcen insgesamt knapper, das Spiel wurde zunehmend global gespielt. Alte Firmen gingen häufiger unter, sahen sich, um dem drohenden Untergang zu entkommen, genötigt, durch Fusionen, Aufgliederung in selbständige Geschäftsfelder, Allianzen immer schneller und radikaler ihre Form zu ändern. Neue Unternehmen versuchten, die Fehler der alten zu vermeiden und als so genanntes *start up* neue Modelle der Organisation und Führung auszuprobieren. Die Halbwertzeit von Unternehmen nahm insgesamt drastisch ab. Mitarbeiter und solche, die es werden wollten, mussten um Arbeitsplätze und um den Erhalt der bis dato errungenen Arbeitsbedingungen kämpfen. Besitzstandwahrung wandelte sich von einer mit Stolz vorzeigbaren Errungenschaft zunehmend zum Vorwurf der Inflexibilität. Dieser Kampf spielte sich nicht nur international ab, sondern auch über alle Branchen hinweg.

Wesentliche Elemente dieser Veränderungen waren und sind nach wie vor u. a.:

- immer stärkere Individualisierung von Produkten und Leistungen an der Verkaufsoberfläche mit gleichzeitiger größtmöglicher Standardisierung in der Produktion und in der logistischen Abwicklung;
- immer kürzere Produktlebenszyklen, dadurch steigender Bedarf nach immer schnelleren Veränderungen;
- Veränderungen in den Rahmenbedingungen bei Projekten: statt klar voneinander abgrenzbare, aufeinander abgestimmte Phasen, kaum steuerbare simultane Überlappungen und Überschneidungen. Das eine Projekt ist noch nicht abgeschlossen, da startet bereits ein neues, Ziele und Prämissen ändern sich zum Teil mitten im Handeln;
- radikal neue Möglichkeiten der Informationstechnologie, die es möglich machten, die Geschäftsprozesse und in der Folge die Unternehmensstrukturen ohne großen finanziellen Aufwand radikal zu vereinfachen – und auch den globalen Herausforderungen gerecht zu werden;
- durch den schnellen Wandel und die Vielzahl scheinbar unterschiedlicher Angebote steigende Unverbindlichkeit auf Seiten des Kunden, der sich kaum noch längerfristig binden lässt, weder an Marken, noch an Unternehmen, und über Internet in der Lage ist, sich immer besser und zeitnah selbst zu informieren.

Echte oder inszenierte Krisen?

Es gab schon immer Manager, die sich als Krisenmanager inszenierten – auch wenn es gar keine echte Krise gab. Ihr Leitbild: Held, Antreiber, Retter. In ihrem Gefolge oder Hofstab gab es auch schon immer Berater, die regelmäßig alles durcheinander wirbelten, das Unterste zu oberst kehrten, die ohne Rücksicht auf ihre Empfehlungen von gestern in immer kürzeren Abständen jeweils „eine neue Sau durchs Dorf trieben". Hauptsache Veränderung – durch die sich die einen profilieren und an denen die anderen verdienen konnten.

Wenn es keine Krise gab, wurde eine solche herbeigeredet, damit auf jeden Fall radikales Krisenmanagement mit der einhergehenden „absoluten Durchgriffsmacht" proklamiert werden konnte. Wobei bei den Betroffenen eine kaum zu behebende Unsicherheit herrschte, inwieweit dies als manipulative Inszenierung abgetan werden könnte oder eben doch ernst zu nehmen wäre. Damit waren einige wesentliche Fragen gestellt, die nicht ohne weiteres zu beantworten waren:

Gibt es eine echte Krise oder wird diese herbeigeredet, um unter ihrem Deckmantel die in langen Jahrzehnten erkämpften Sozialleistungen abzubauen und ungeniert das alte Spiel „Kapitalismus pur" zu spielen?

Falls wir in einer echten Krise sind, stimmen dann unsere Heilmittel, die wir bislang anwenden – und wie können wir das eine vom anderen unterscheiden, um der Gefahr verdeckter Instrumentalisierung zu entgehen?

Von der Organisationsentwicklung zum Change Management

In dieser heiklen Lage sprach einiges dafür, die zentralen Basiswerte der Organisationsentwicklung zu hinterfragen und nach Wegen zu suchen, Entwicklungsprozesse zu beschleunigen und zu intensivieren.

Kreative Weiterentwicklung auf Basis der Organisationsentwicklung

Diejenigen Manager und Berater, die nach wie vor von der Basisphilosophie der Organisationsentwicklung überzeugt waren, haben in unterschiedlicher Weise und Intensität Wege gefunden, in ihrem Vorgehen folgende Aspekte stärker zu akzentuieren:

Erstens, bislang von vorne herein längerfristig und teilweise eher unspezifisch angelegte offene Entwicklungsprozesse in gezielte Veränderungsprozesse umwandeln und dies in Form von überschaubaren Projekten zu organisieren;

zweitens, Entwicklungsprozesse nicht nur am Vorgehen in Form eines offenen Prozessdesigns beurteilen (Motto: „der Weg ist das Ziel"), sondern das Vorgehen am angepeilten wahrnehmbaren Ergebnis ausrichten und messen;

drittens, viel stärker als bislang das Umfeld berücksichtigen, das durch seine Einflüsse die Chancen und Risiken jedes bestehenden Systems maßgeblich bestimmt, ob Unternehmen oder Menschen mit ihren Bedürfnissen;

viertens, die Betroffenen von vorneherein darauf einstimmen, dass Entwicklungs- und Veränderungsprozesse nicht per se lustvolle Entdeckungsreisen sind, sondern zunehmend mit Schmerzen, Zumutungen und Angst einhergehen;

fünftens, das vertraute Prinzip „Hilfe zur Selbsthilfe" verschärfen beziehungsweise ergänzen mit dem „Prinzip Selbstverantwortung".

Wegen der stärkeren Fokussierung auf vorher definierte Ziele und erwartbare Ergebnisse im Rahmen ebenso definierter Zeitfenster wurden derartige Entwicklungs- und Veränderungsprozesse immer häufiger als „Change Management" bezeichnet, nämlich als Kunst, den Unternehmenswandel zu gestalten; dies war mehr als eine modische Umfirmierung. Der ursprüngliche Ansatz der Organisationsentwicklung wurde zu einem ganzheitlichen integrierten Ansatz von Change Management weiterentwickelt, um den veränderten, härteren aktuellen Herausforderungen gerecht zu werden. Allerdings, um es nochmals zu betonen, unter Beibehaltung der ursprünglichen Philosophie, Produktivität und Menschlichkeit in gleicher Weise zu verfolgen, um dadurch die grundsätzlichen Bedingungen der Möglichkeit zu verstärken, Unternehmen und Mitarbeiter zukunftsfähig zu machen.

Dieses Vorgehen war zunächst nicht einmal im Ansatz als vorgefertigtes Menü erhältlich, sondern musste in eigener Kreativität entworfen und dann nach dem Prinzip „Versuch und Irrtum" Schritt für Schritt ausprobiert und auf seine Wirksamkeit getestet werden. Es gab zwar einige Fachartikel, aber erst nach und nach gab es so etwas wie Kochbücher, aus denen man das ein oder andere Rezept übernehmen und unverändert oder mit speziellen Modifikationen nachkochen konnte (vgl. Doppler/Lauterburg, 1994).

Mit Erleichterung zurück zum Ausgangspunkt

Wem dieser Ansatz wegen seiner Ganzheitlichkeit und der für das Vorgehen unverzichtbaren psychologischen und gruppendynamischen Dimension zu komplex, im Grunde eigentlich suspekt war und wem diese Methode sowieso nie so richtig in das eigene Denkkonzept gepasst hatte, nahm den ins Haus stehenden Umbau zum Anlass, sich ganz davon zu verabschieden beziehungsweise sich schon gar nicht erst ernsthaft damit zu befassen. Die unverkennbar härteren Rahmenbedingungen lieferten eine vermeintlich gute Legitimation, auf die ursprünglichen sachlogischen Ansätze zurückzugreifen, allerdings mit zeitgemäßer Change-Management-Sprache ummantelt und somit entsprechend modern umetikettiert. Die gleichen Benennungen waren aber nur für den naiven Laien irreführend, erfahrenere Laien oder Fachleute waren sehr schnell in der Lage, die Spreu vom Weizen zu trennen. Im Wesentlichen wurden in diesem restaurativen Ansatz die Akzente (wieder) auf folgende Aspekte gesetzt:

- Veränderungen von oben (durch den Vorstand) und/oder von außen (durch Berater) im wahrsten Sinn des Wortes durch„drücken", mit so genannten „Abmelkworkshops" als

Scheinbeteiligung, wie es in einem privaten Gespräch ein wenigstens ehrlicher Berater der alten Zunft treffend bezeichnete;

- sich auf eine einzige Dimension fokussieren, natürlich diejenige, die man beherrscht, z. B. Strategie, Strukturen, Geschäftsprozesse, Produkte, Technologie, und ohne Berücksichtigung der in der Regel komplexeren Situation ausschließlich auf dieser eindimensionalen Basis die ins Haus stehenden Veränderungen konzipieren – ganz nach dem Motto „Der Friseur schneidet nicht, wie er soll, sondern wie er kann";
- sich in erster und eigentlich alleiniger Linie an betriebswirtschaftlichen Kriterien ausrichten;
- dem Shareholder Value absolute Vorfahrt einräumen (Jürgen Schrempp, ehemaliger Vorstandschef von DaimlerChrysler, sinngemäß zitiert: Die Zielsetzung des Unternehmens heißt Profit, Profit, Profit ...);
- der öffentlichkeitswirksam immer wieder beschworenen Notwendigkeit, auch die Bedürfnisse der betroffenen Mitarbeiter gebührend zu berücksichtigen, durch gebrauchsfertige Instrumente Rechnung tragen, z. B. Leitbildentwicklung, Mitarbeiterbefragung, Zielvereinbarung, Balanced Scorecard, Akzeptanzanalysen. Und dies mit der Überzeugung, dass der technisch einwandfreie Gebrauch solcher Werkzeuge ausreichende Pflichterfüllung aufzeigt;
- manchmal zusätzlich in der naiven Hoffnung, der perfekte technische Gebrauch von Instrumenten müsse quasi automatisch zum erwünschten Ergebnis führen – in Verkennung der Erfahrung: „A fool with a tool is still a fool".

Bilanz und Perspektiven

„Every system should be as simple as possible – but not simpler."

Albert Einstein

Manager und Berater werden auch weiterhin entsprechend ihrem Denkansatz, ihren Fähigkeiten und ihrer persönlichen Interessenslage die Welt wahrnehmen, interpretieren und ihr Handeln danach ausrichten. Was für den Friseur gilt, gilt auch für Manager und Berater: Jeder handelt wie er kann, nicht unbedingt wie er soll.

Vor dem Hintergrund der aktuellen gesellschaftlichen, politischen und wirtschaftlichen Lage wäre es m. E. durchaus empfehlenswert, sich bei der Konzeption von Entwicklungs- und Veränderungsprozessen über folgende Aspekte hinreichend Gedanken zu machen:

Übergreifendes Thema: Zukunftsfähigkeit

Um sich in Szene zu setzen, können Manager und Berater leicht dazu neigen, sich als operative Change Manager zu profilieren, ganz nach dem gängigen Motto „Es gibt nichts Gutes, außer man tut es“. Dem wäre entgegenzustellen: Veränderung ist kein Wert an sich. Die entscheidende Frage lautet: Was macht ein System, ob Unternehmen oder Mensch, eigentlich zukunftsfähig?

Vor der Aktion wären zunächst einmal einige grundsätzliche Fragen zu beantworten, beispielsweise:

- Welches ist unsere derzeitige konkrete Ausrichtung – und wie tun wir es?
- Wie ist es zu dieser Ausrichtung gekommen: Anlass und Zielsetzung?
- In was für einem Umfeld müssen wir uns aktuell behaupten?
- Worin bestehen unsere Stärken?
- Wo liegen unsere Schwächen?

Ziel dieser Übung ist es, sich die aktuelle Lage des Unternehmens ungeschminkt zu vergegenwärtigen und damit den Startpunkt potentieller Veränderungen sauber zu definieren.

Vier Perspektiven sind in diesem Kontext entscheidend:

Erstens, der Blick nach außen (Markt, Kunde, Wettbewerb, relevante technologische Entwicklungen, allgemeine gesellschaftliche und politische Trends) und die Auswirkungen nach innen.

Zweitens, Szenarien – oder Vorgriff auf die Zukunft
Es geht darum, sich auf unterschiedliche mögliche Zukünfte vorzubereiten und das Unternehmen mental darauf einzustellen.

Drittens, die Kernkompetenzen identifizieren beziehungsweise den USP im Vergleich zum Wettbewerb und damit die Frage zu beantworten, worin die Unverwechselbarkeit besteht: im Produkt, in den Dienstleistungen, im Design der Geschäftsprozesse oder in der Art der Marktbearbeitung, in der Logistik, eventuell sogar im Erscheinungsbild oder in der Führungsphilosophie?

Viertens, Konsequenzen und Neu-Positionierung
Die Grundfragen von Michael Hammer und James Champy in ihrem Bestseller *How to reinvent the corporation* sind nach wie vor äußerst nützlich: *Warum tun wir das, was wir tun, überhaupt? Würden wir das noch mal so machen, wenn wir neu anfangen könnten*? Und: *Warum tun wir dies genau so, wie wir es tun – gibt es nicht längst bessere Möglichkeiten*? Mit diesen beiden Hebeln können wir es schaffen, vor dem Hintergrund aktueller Bedingungen und Entwicklungen im Umfeld regelmäßig das Unternehmen mental auszulöschen und neu zu erfinden

Die maßgebliche Rolle des Moderators

„Fahre nicht aus der Haut,
wenn du kein Rückgrat hast."

Stanislaw Lec

Wie im Einzelnen dieser Prozess konzipiert und gesteuert wird, hängt meines Erachtens entscheidend vom Moderator ab. Gerade in der Szene der herkömmlichen Organisationsentwicklung gab und gibt es nicht selten Konzepte der Beratung, die sich sehr stark daran orientieren, inhaltlich außen vor zu bleiben, sich fast ausschließlich auf den Ablauf des Prozesses zu konzentrieren. Unter Prozessbegleitung wird dann vielfach verstanden, darauf zu achten, dass alle zu Wort kommen, die Konsensfähigkeit ausloten, Motto sich „andockfähig" verhalten – häufig insgesamt als „systemisches Beratungskonzept" dargestellt.

Diese sanfte Art der Begleitung reicht meiner Erfahrung nach nicht aus, um Menschen dazu zu bringen, sich auch auf sehr grundsätzliche Fragen einzulassen, die ihr bisheriges Verhalten völlig in Frage stellen. Ein Moderator müsste für diese Aufgabe über folgende Eigenschaften verfügen:

- Gesundes Selbstvertrauen und positive Grundhaltung
- Bereitschaft zur Verantwortung und zu persönlicher Stellungnahme
- Partnerschaftliche Grundeinstellung im Gegensatz zu elitär, autoritär oder hierarchiegläubig und unterwürfig
- Realitätsbezogen und ergebnisorientiert mit Sinn für das Machbare
- Differenziert wahrnehmen und gut zuhören können
- Integrationsfähigkeit, d. h. unterschiedliche Sichtweisen den jeweils anderen gut in deren eigene Denk- und Sprachwelt übersetzen können
- Fähigkeit zur Konfrontation und Mediation, d. h. Fähigkeit und Wille, Konflikte und Interessensunterschiede sowie ihre längerfristigen Auswirkungen herauszuarbeiten und die Betroffenen dazu anleiten, wie sie diese Unterschiede miteinander austragen können
- Auch in turbulenten und emotional aufgeladenen Situationen die innere Ruhe und den Überblick über die Gesamtsituation mit allen relevanten Aspekten bewahren und in der Lage sein, diesen Gesamtrahmen auch streitenden und emotional erhitzten Gemütern wieder zugänglich zu machen
- Klare und allgemeinverständliche Ausdrucksweise
- Innere und äußere Unabhängigkeit (engagierte Neutralität).

Dies wäre ein Moderator, der sich nicht als willfähriges Instrument als Zuteiler von Wortmeldungen, „Metaplanierer" und Protokollant instrumentalisieren lässt, sondern der in erster Linie das System, ob Unternehmensleitung oder Team, mit sich selbst, seinen eigentlichen

Zielen, dem was de facto läuft und dem was eigentlich möglich wäre so konfrontiert, dass in der Art und Weise der Konfrontation gleichzeitig eine lustvolle Einladung mit vermittelt wird, sich tatsächlich mit diesen Fragen auseinandersetzen zu wollen.

Eine Rollenänderung von der „sanft begleitenden systemischen" zur „konstruktiv-konfrontierenden" Moderation hängt natürlich auch maßgeblich davon ab, ob die Art der Begleitung daher rührt, dass der Begleiter nicht anders kann – und er sich folgerichtig ein Konzept sucht, dass zu seiner Kompetenz passt. Oder aber, ob er sehr wohl auch anders könnte, sich aber aus Überzeugung nur im Rahmen dieses so genannten systemischen Konzeptes bewegt.

Die Besonderheit einer Moderation auf der Basis des skizzierten konfrontierenden Profils zeigt sich in der Konsequenz u. a. in den folgenden vier Feldern:

1. Vor dem Handeln die Sinnfrage stellen „cui bono"

Vor dem operativen Veränderungshandeln gilt es, sich zunächst mit der Sinnfrage auseinanderzusetzen: Wozu und wem dient die beabsichtigte Veränderung? Und das in zweifacher doppelter Hinsicht: Zum ersten, aus Sicht des Unternehmers (Shareholder) und aus Sicht der anderen Betroffenen (Stakeholder). Zum zweiten, sowohl im Hinblick auf die geplante Veränderung als auch im Hinblick auf den aktuellen Stand. Häufig wird nämlich dem Bestehenden wie selbstverständlich der Vorrang gegeben, nur das neu Geplante wird kritisch hinterfragt.

Neben der Kernfrage, wem die geplante Veränderung in erster Linie dient, wäre weiter zu erkunden, welche Folgen und Auswirkungen sich mittel- und langfristig ergeben könnten, wer somit im Endeffekt den Nutzen hat oder zur Kasse gebeten wird.

Solche grundsätzlichen Auseinandersetzungen sind alles andere als trivial. Denn wer kann die notwendigen Zusammenhänge überhaupt einigermaßen kompetent einschätzen? Wer hat, nimmt sich oder erhält die Legitimation, solche Fragen zu beantworten? Sind nicht überall mehr oder weniger offene oder auch verdeckte Interessen im Spiel, die die Beantwortung der Sinnfrage beeinflussen? Auch beim Staat, dem eigentlichen Hüter des allgemeinen gesellschaftlichen Interesses, haben sich die Lobbyisten eingenistet, auch deshalb, weil die staatlichen Instanzen zum Teil schlichtweg zeitlich oder auch inhaltlich überfordert sind. Aufklärung wäre notwendig. Aber inwieweit kann es überhaupt eine Aufklärung geben, die keine eigenen Interessen verfolgt?

Andererseits, mit welchem Recht wecken wir Menschen aus ihrem unaufgeklärten Dämmerzustand, der sie die bedrückende Realität besser ertragen lässt, u. a. herbeigeführt durch Verdrängung harter Tatsachen, einhergehend mit medialem Dauerbeschuss sowie Emotionsmanagement mit Hilfe von Religion, Musik, Drogen, welche die passenden Gefühle und Einstellungen liefern, um die Sedierung aufrechtzuerhalten?

Nur die Wahrheit kann uns frei machen? Was ist Wahrheit? „Wahrheit ist die Erfindung eines Lügners" (Titel eines Buches des Kybernetikers Heinz von Förster) „In meinem Staat kann jeder nach seiner Fasson selig werden" proklamierte Friedrich der Große. Allgemeine Liberalität, Relativität und auch Beliebigkeit? Jeder muss für sich entscheiden.

2. Innovation braucht schöpferische Zerstörung

Wer Neues will, muss Grenzen überschreiten, muss „out-of-the-box" denken – muss Platz für das Neue schaffen. Der österreichische Ökonom Joseph A. Schumpeter stellte die These auf, der kreative Unternehmer benötige schöpferische Zerstörung.

Es sind in erster Linie die mentalen Modelle, unsere inneren Einstellungen zu verhaltensrelevanten Themen, die den Weg versperren, Neues zu denken. Zum Beispiel im Hinblick auf die Art, wie organisiert, geplant, gemanagt und geführt werden soll oder was eigentlich ein gutes Unternehmen ausmacht. Was wir heute benötigen, steht oft in totalem Widerspruch zu dem, was in den Köpfen verankert ist.

Wer wirkliche Veränderungen will, kommt nicht umhin, nach Wegen zu suchen, wie sich die Betroffenen mit ihren im Rahmen der geplanten Veränderungen jeweils relevanten mentalen Modellen auseinandersetzen können und müssen.

Es gilt, sie zunächst einmal bewusst zu machen, ihre Funktionalität zu hinterfragen und gegebenenfalls einen gezielten mentalen Veränderungsprozess als Lern- bzw. Übungsfeld einzuleiten und zu begleiten.

Beispiel *Organisation*: Das mentale Modell von *Organisation* bedeutet für viele nach wie vor eindeutige Zuständigkeit, Ordnung, Trennung von Funktionen in Ab-Teilungen, zur Absicherung in dicken Handbüchern alles bis ins Einzelne geregelt. Jeder handelt und optimiert nur im Interesse seines eigenen Teilbereichs. Wissen und Information ist Herrschaftswissen der einzelnen Funktionsträger oder Ab-Teilungen.

> Gefragt ist heute: Statt in starren Verfahren und eindeutigen Zuständigkeiten denken, in erster Linie nach schnellen Lösungen suchen – über die Grenzen von Bereichen, Funktionen, selbst über die Grenzen des Unternehmens hinweg. Die Prinzipien: Nicht in Strukturen denken, sondern in horizontalen Prozessketten, die sich am Markt und an Kundenbedürfnissen ausrichten; Information für jeden offen zugänglich halten, der sie gebrauchen kann, statt als Herrschaftswissen unter Verschluss halten; Organisation als offenes Netzwerk verstehen. Motto: „In Zeiten des schnellen Wandels ist eine Organisation dann gut, wenn sie jederzeit auf Überraschungen gefasst und gleichzeitig in der Lage ist, anderen Überraschungen zu bereiten."
>
> Rudi Wimmer

Beispiel *Manager*: Manager sitzen zwar immer häufiger auf wackligen Stühlen. Trotzdem unterscheiden sich Manager von der normal arbeitenden Bevölkerung zunächst einmal grundsätzlich durch ihre Bedeutung, die sie zum Teil grandios durch die entsprechenden Statussymbole unterstreichen. Und zur Rechtfertigung all dieser Privilegien wird die Schwere der Verantwortung beschworen. Früher waren es Heerführer, Staatslenker, Politiker und Kirchenfürsten, heute treten Manager als die großen Helden unserer Zeit auf. Gesucht und nach Außen dargestellt wird immer ein Typ mit folgenden Eigenschaften: zielstrebig, tatkräftig, lösungsorientiert, Krisen als Chancen begreifend, kommunikativ. Der Manager als Erfolgsgarant für egal welche Herausforderungen.

Diese Grundannahmen sind schlichtweg falsch. Ein Manager managt viel weniger als wir glauben – zumindest, wenn er halbwegs klug ist. Die Menschen im Unternehmen – auch Mitarbeiter genannt – bestimmen durchweg die Professionalität ihrer Arbeit selbst, so wie die Güte eines Orchesters grundsätzlich von der Qualität der Musiker abhängt. Der Dirigent ist in der Regel austauschbar. Er ist wie ein Fußballtrainer eher Katalysator, manchmal auch Antreiber, aber immer angewiesen auf die Qualität und die Einsatzbereitschaft der Mannschaft. Alles andere ist Selbstinszenierung.

Dem alten mentalen Modell eines Managers, der Macher, der Retter, die Lichtgestalt, einer, von dem alles abhängt, der immer weiß, wo es langgeht, steht ein neues gegenüber: Der Manager als Systemarchitekt, als Katalysator, als Trainer oder Spielführer, der die Mannschaft richtig einsetzt und dadurch seinen Beitrag leistet, dass die Mannschaft den Sieg erringt – alles immer auch unter der Voraussetzung, dass das notwendige Stückchen Glück mitspielt.

Beispiel *Mitarbeiter*: Das gängige herkömmliche Bild eines guten Mitarbeiters ist eigentlich in dieser Bezeichnung schon angedeutet: Er soll mit-arbeiten und sich ansonsten heraushalten. Er soll möglichst einsatzfreudig und fleißig sein, flexibel, vielseitig verwendbar, notfalls auch leicht zu entsorgen. Selbstverständlich soll er auch kreativ, innovativ, kooperativ, kommunikativ und konfliktfähig sein – und vor allem loyal. Er soll sein wie eine gute Hausangestellte: der gute Geist, der alles be- und alle versorgt, der aber um sich selbst keinerlei Aufhebens macht, immer pflichtgetreu und unauffällig hinter den Kulissen wirkt, und die Bühne nur zum Putzen, Auf– und Umräumen betritt. Trotz aller Institutionen für Arbeitsschutz und Mitarbeiterrechte bleibt das geheime Wunsch- und Leitbild der meisten Unternehmer: der Mitarbeiter als pflegeleichtes, prinzipiell austauschbares Rädchen im Getriebe.

Die meisten Mitarbeiter leben mit dieser Situation im Grunde ihres Herzens nicht schlecht: Die Verantwortung ist auf das eigene Handeln im Rahmen möglichst enger Vorgaben von oben begrenzt und so lange man gesund ist und auch sonst nicht auf- und aus dem Rahmen fällt, lässt sich damit ganz gut leben und sein Brot verdienen.

Demgegenüber hat sich in den letzten Jahren ein anderes Leitbild entwickelt: Der Mitarbeiter mutiert zum *Unternehmer im Unternehmen.* Er handelt in seinem Verantwortungsbereich möglichst selbstständig – allerdings im Rahmen regelmäßiger Zielvereinbarungen. Er möchte beteiligt sein, an dem, was und wie er es tut. Für ihn ist *ownership* ein wesentlicher Motivationsfaktor. Er denkt über seinen eigenen Bereich hinaus, mischt sich aus eigenem Antrieb in Belange ein, die ihn von seinem engeren Arbeitsfeld her gesehen früher nichts angingen, denkt und handelt bereichsübergreifend – und verdient so tatsächlich das Prädikat *unternehmerisch.*

Er ist wenig führungsbedürftig, vermarktet sich selbst und ist bereit, auch übergreifend Verantwortung zu übernehmen. Solche Menschen wissen übrigens, was sie wert sind – und verhalten sich entsprechend. Gibt es doch mittlerweile ausreichend Unternehmen, die exakt nach diesem Typ suchen.

Beispiel *Führung*: Nahezu komplementär zur Entwicklung auf Seiten der Mitarbeiter hat sich in den letzten Jahren auf der Ebene von Führung einiges getan. Früher wurde, um es kurz zu machen, mehr oder weniger geführt nach dem „Prinzip von An- und Zurechtweisung".

Heute gilt mehr und mehr:

- So viel Selbstführung, Selbststeuerung und Selbstverantwortung wie möglich, so wenig Führungseingriffe von oben oder außen wie nötig;
- Jeder Führungseingriff von außen muss sich legitimieren auf der Basis von wahrnehmbarer zusätzlicher Wertschöpfung.

Der entscheidende Unterschied zwischen diesen beiden Modellen liegt in der Zuordnung von Verantwortung. Und genau diese Zuordnung macht den Unterschied zwischen dem Angestellten und dem Unternehmer aus: Der Angestellte ist verantwortlich für das, was und wie er es tut. Der Unternehmer zwar dafür auch, aber in erster Linie für das Ergebnis seines Handelns.

3. Kreative Kultur benötigt erst einmal Schonraum

Nicht von ungefähr steht einem jungen Unternehmen *(start up)* oft ein so genannter „Business Angel" zur Seite. Zwei Gründe legen es nahe, innovative Ansätze in einem ersten Stadium unter speziellen Schutz zu stellen:

Erstens, die Denke des Umfeldes, in dem sich das Neue behaupten muss, ist geprägt vom Herkömmlichen, vom Gewohnten, kurz: vom Alten. Auch die Wahrnehmung und Begutachtung des Neuen erfolgt nach den Kriterien des Alten. Dafür gibt es hinreichend sprechende Beispiele: So wurde zum Beispiel in der Zeit der Entwicklung der ersten großen Limousinen, die selbstverständlich durch einen Berufschauffeur gesteuert wurden, ernsthaft die Prognose gestellt, es werde nur eine sehr begrenzte Anzahl von solchen Automobilen geben – entsprechend der begrenzten Anzahl von Chauffeuren. Man konnte sich einfach nicht vorstellen, dass jeder Fahrgast seinen Wagen auch selbst lenken könnte.

Einige Entwickler in der ehemaligen AEG hatten wohl als erste das Prinzip des Druckers entdeckt („Tintenpisser"). Das Entscheidergremium stellte eine aus der herkömmlichen Welt der Schreibmaschinen nachvollziehbar äußerst relevante Frage, nämlich ob dieses Gerät in der Lage sei, Durchschläge zu machen. Als diese Frage von den Entwicklern ehrlicherweise verneint wurde, fiel die Entscheidung, das Druckerprinzip im Hause AEG nicht weiter zu verfolgen. Man war in dieser alten Denke einfach nicht in der Lage sich vorzustellen, einen solchen Drucker so weiterzuentwickeln, dass er fähig wäre, unbegrenzt viele Originale zu drucken.

Man könnte auch Smart als Beispiel nehmen. Zunächst war hier die Rede von einem übergreifenden Mobilitätskonzept, in welchem dieses kleine, kostengünstig entwickelte und produzierte Auto eine begrenzte Rolle spielen sollte:

Im Vordergrund stand nicht die Technik, sondern ein Konzept, wie es gelingen könnte, in Zeiten von wachsenden Ansprüchen der Kunden im Hinblick auf Mobilität und Flexibilität, und das bei begrenzten Ressourcen, dieser Entwicklung gerecht zu werden.

Wie es heute damit steht, ist hinlänglich bekannt: Von Mobilitätskonzept ist inzwischen keine Rede mehr, die Ingenieure eines großen renommierten Automobilkonzerns haben sich dieses Teilthemas „kleines Auto" unter rein technischen Gesichtspunkten angenommen und ein Ergebnis erzielt, dass sich wahrscheinlich direkt nie rechnen wird und das insgesamt beim ersten Hinschauen so aussieht als müsste noch etwas nachkommen …

Zweitens, das bestehende Alte hat bewährte Abwehrroutinen entwickelt, um seinen Bestand zu erhalten und sein Überleben in unverändertem Zustand zu sichern. Im Gegensatz zum Neuen steht es zunächst einmal nicht unter dem Druck, sich für seine Existenz zu rechtfertigen. Seine Daseinsberechtigung ist mit seiner Existenz gleichsam selbstverständlich gegeben.

Beide Aspekte stellen eine existenzielle Bedrohung für jegliche grundlegende Innovation dar.

Wer sich gegen solche Entwicklungen wappnen will, tut gut daran, entsprechende Vorsorgemaßnahmen zu treffen, z. B.:

- insgesamt nur genau nach der entsprechend neuen Denke (mentale Modelle) ausgewählte Leute an ein Innovationsthema heranlassen,
- generelle Ausrichtung fördern: „out of the box", „break all the rules",
- Eigenständigkeit und Freiräume sichern durch Struktur und Budget in Form vorläufiger völliger unternehmerischer Selbstständigkeit unter der Schirmherrschaft ausgewählter mächtiger Paten,
- *big picture* entwickeln, in welchem Umfeld, unter welchen Rahmenbedingungen und nach welchen Beurteilungskriterien sich das Neue durch seine Funktionalität und Attraktivität beweisen muss,
- sich gegen die Eingriffsversuche des Alten wappnen, vor allem wenn solche Eingriffe „edel" verschleiert werden, z. B. als
  - uneigennützige Hilfeleistung,
  - nachweisbare Synergieeffekte,
  - notwendige Koordination im Interesse des größeren Ganzen.

4. Dreh- und Angelpunkt: spezielle Form der Kommunikation

Häufig wird mit dem Bedürfnis nach Kommunikation das Anliegen verbunden, zur Übereinstimmung aller Beteiligten und Betroffenen zu kommen. Das wäre der Weg des geringsten Widerstandes. Dieser Weg birgt jedoch die Gefahr, dass der Schwächste das Tempo und die Richtung bestimmt, Minderheiten Mehrheiten blockieren. In diesem Sinn würde Kommunikation nach dem kleinsten gemeinsamen Nenner suchen und damit als Beruhigungspille dienen, damit alle das Gleiche verstehen und dasselbe wollen – ganz aus der Erfahrung und dem Verständnis ihrer bisherigen Weltanschauung.

Das für Innovation und Veränderungsprozesse notwendige Modell von Kommunikation sieht allerdings anders aus. Zunächst einmal bedeutet es, gleiche Augenhöhe auch bei unterschiedlicher Bedeutung der Funktionen und unterschiedlichen Wertigkeiten. Damit ist das hierarchische System ausgehebelt. Dafür muss in Form von Argumenten und Machtallianzen gekämpft werden. Die Bastionen der herkömmlichen Denke werden nämlich nicht von selbst aufgegeben.

Die mentalen Modelle, die das Neue bestimmen und solche, die dem Neuen im Weg stehen, müssen offengelegt und so lange durchdiskutiert werden, bis die tiefere emotionale Ebene erreicht ist, wo solche Einstellungen verankert sind, bis die Bedürfnisse deutlich werden, die bislang durch das Alte erfüllt werden, und bis deutlich wird, welche Bedürfnisse durch das Neue erfüllt werden sollen und können. Das geht ganz natürlich einher mit harten Konfrontationen und Auseinandersetzungen, die aber so zu führen sind, dass die Betroffenen immer spüren, es geht nicht gegen ihre Person, sehr wohl aber um ihre Zukunftsfähigkeit, und dass auch harte Zumutungen als Form von Wertschätzung nachvollzogen werden können.

Damit wird Kommunikation auch zur nicht immer willkommenen Aufklärung. Wer Zukunftsfähigkeit will, wird nicht an Innovationen vorbeikommen. Wer dies gemeinsam mit Betroffenen und auf der Basis ihrer Selbstverantwortung zuwege bringen will, kommt um diese Art der konfrontierenden Kommunikation nicht herum, so dass auch im Umgang mit Widerständen ein sehr klarer, aber emotional gelassener Austausch stattfindet – und zwar so lange, bis auf einer Seite neue Einsichten gewonnen werden, weil es gelungen ist, die bisherige Perspektive zu wechseln.

Literatur

BECKER, HORST/LANGOSCH, INGO, *Produktivität und Menschlichkeit*, 1987.

DOPPLER, KLAUS, *Incognito. Führung von unten betrachtet,* Hamburg 2006.

DOPPLER, KLAUS, *Führen in Zeiten der Veränderung*, in: OrganisationsEntwicklung. Zeitschrift für Unternehmensentwicklung und Change Management, 1/2006.

DOPPLER, KLAUS/LAUTERBURG, CHRISTOPH, *Change Management. Den Unternehmenswandel gestalten*, 12. Auflage, Frankfurt 2008.

DOPPLER, KLAUS, *Veränderungsmanagement,* in: Campus Management, Bd.1, S. 493 – 497, Frankfurt 2003.

DOPPLER, KLAUS: *Der Change Manager. Sich selbst und andere verändern – und trotzdem bleiben, wer man ist,* Frankfurt 2003.

DOPPLER, KLAUS/FUHRMANN, HELLMUTH/LEBBE-WASCHKE, BIRGITT/VOIGT, BERT, *Unternehmenswandel gegen Widerstände. Change Management mit den Menschen*, Frankfurt 2002.

DOPPLER, KLAUS, *Coaching – Markt, Mode oder Notwendigkeit,* in: Papmehl/Walsh (Hg.): Personalentwicklung im Wandel, Wiesbaden 1991.

TREBESCH, KARSTEN, *50 Definitionen der Organisationsentwicklung – und kein Ende*, in: *Organisationsentwicklung*, Zeitschrift der Gesellschaft für Organisationsentwicklung, 2/1982, S. 37.

Creativity Challenges for Business Leaders

Ervin Laszlo

Ervin Laszlo
ist Gründer und Präsident des „The Club of Budapest" sowie Gründer und Direktor der General Evolution Research Group. Außerdem ist Ervin Laszlo Präsident der Private University for Economics and Ethics in Wien, Fellow of the World Academy of Arts and Sciences und Mitglied der International Academy of Philosophy of Science, Senator der International Medici Academy und Herausgeber von *World Futures: The Journal of General Evolution*. Er ist Autor bzw. Co-Autor von 74 Büchern, welche in über 20 Sprachen übersetzt wurden sowie zahlreicher weiterer Publikationen, u. a. einer Enzyklopädie.

Ervin Laszlo hat einen Doktortitel von der Sorbonne und ist vielfacher internationaler Doktorvater. 2001 erhielt er den Friedenpreis von Japan, den Goi Award in Tokyo, sowie im Jahr 2005 den internationalen Mandir of Peace Prize in Assisi. Außerdem wurde er für den Friedens-Nobelpreis nominiert.

Zusammenfassung

Weltkonzerne sind nicht lediglich einer unter vielen sozialen Akteuren; in vielerlei Hinsicht sind sie zu *dem* Schlüsselakteur schlechthin geworden. Sie haben mehr Macht als die meisten nationalen Regierungen; die Reichweite ihrer Aktivitäten und ihres Einflusses erstreckt sich über Staatsgrenzen hinweg, ohne auf Hoheitsgrenzen zu treffen – Grenzen, auf die Nationalstaaten stoßen, sobald sie grenzüberschreitende Aktionen in Erwägung ziehen. Die Herausforderung für Leiter von Weltkonzernen – und zu einem geringeren, aber ebenso entscheidenden Grade für Leiter jeglicher Unternehmen – besteht darin, so zu handeln, dass sowohl die Interessen des Konzerns als auch die seines sozialen und ökologischen Umfelds gewahrt werden. Diese Interessen überschneiden sich mehr denn je. Schnell integriert sich die menschliche Gemeinschaft auf diesem Planeten in einem System auf globaler Ebene, dessen Untersysteme – Zivilgesellschaft, der politische Staat und die Umwelt – sich immer enger verflechten. Was dem einen widerfährt, hat Auswirkungen auf den anderen.

Die Zukunft von Unternehmen ist weitgehend eine gemeinsame Zukunft. Sicher zu stellen, dass diese Zukunft vielversprechend und nicht düster aussieht, liegt in der Verantwortung der Unternehmensleitung. Vor allem liegt es in der Verantwortung derjenigen Unternehmensleiter, die Macht haben, das globale System entscheidend zu beeinflussen. Das sind die Führungskräfte von Unternehmen mit globalem Einfluss. Um dieser Verantwortung zu entsprechen, bedarf es Anpassungsfähigkeit im Denken und Handeln sowie der Fähigkeit, Ideen und Strategien hervorzubringen, die einen positiven Beitrag zur Zukunftsfähigkeit des Systems leisten, das sich gemeinsam aus dem Geschäftsunternehmen und seinen menschlichen, sozialen und ökologischen Beteiligten aufbaut.

The lines of demarcation between business and society, especially between large corporations and the multi-national environment, have become indefinite and indistinct. Nobody knows exactly where a large corporation ends and the host country and its social and ecological environment begins. Hence the challenge to business managers today is to confront the problems and seize the opportunities that are inherent in our times of change and transformation. These are problems and opportunities that concern the entire human community.

The global corporation is not merely one among many social actors; it has become in many respects the *key* actor. It is more powerful than most national governments, and its range of activity and influence extends beyond national borders without encountering limitations of sovereignty – limitations that national states confront as soon as they contemplate action beyond their own national borders. The challenge to leaders of global corporations – and to a lesser but likewise essential extent to leaders of all corporations – is to act in a way that ensures the interests of the corporation as well as of its social and ecological environment. These interests coincide more than ever. The human community is rapidly integrating on this planet as a global-level system, of which the subsystems – civil society, the political state, and the environment – are in increasing close interrelation. What happens to one affects the others.

The future of the corporation is to a large extent a shared future. To ensure that it is bright rather than dismal is the responsibility of the business leadership. It is the responsibility above all of those leaders who possess the power to influence global the system in critical ways. These the managers of large corporations, even more than the political leaders of nation-states.

In today's world business leadership creativity can be defined as the creativity to discover strategies that ensure the short-term interest of the enterprise not at the expense of, but in conjunction with, the medium- to long-term interest of civil society, the system of national states, and the biosphere as a whole.

This paper highlights the nature of the challenge. It is up to the business leaders themselves to find the strategies that respond to the challenge creatively, in the interest of all parties. This is not an altruistic undertaking: in an interdependent integral system not only is the success and growth of one a factor in the success and development of all, also the failure of one is a negative factor threatening failure for the others. Even if in the short-term it is not true, as Edward Wilson former CEO of General Motors said, that "what is good for General Motors is good for the United States," in the long-term what is sustainably good for General Motors is surely that what contributes also to the sustainable development of US civil society, the US economy, and the global community of societies and economies in which General Motors is embedded. Even if this tenet applies above all to global enterprises, it applies to all companies, large and small, and wherever they are located.

It is essential for exercising creativity with genuine chances of success to exercise it with realism. For this it is necessary to have a basic understanding of the dynamics of the system that is the object of creativity. As regards business leaders, this system is the integrated and interdependent system of the human community.

The human community is a system in the systems-theoretical sense of the term: the dynamics of complex open systems apply to it. Understanding this dynamics requires familiarity with basic tenets in the theory of complex open systems. A brief overview follows here.

Essential Knowledge for Creative Business Leaders

We begin with a basic but frequently neglected fact: complex open systems (systems that are open to flows of information, matter, and energy in their environment) do not evolve smoothly and gradually: they evolve through long periods of comparative stability, punctuated by brief periods of instability and transformation.[1] Complex systems can be chemical,

1 By contrast, closed systems (systems that are not open to flows of information, matter and energy in their environment) evolve comparatively smoothly: they use up their available free energy in a progressive fashion, until they run down and reach the state of maximum entropy: at that point no further irreversible processes can take place in them, the systems become inert. However, systems on the surface of this planet are open systems: the energy lost through performing work is compensated by energy flows from the sun, so that the irreversible increase of entropy applies not to the evolving Earth-based systems but to the integral Sun-Earth system.

biological, economic, ecological, even cultural. The sudden leap-phase of their evolution is known as punctuated equilibrium in evolutionary biology; revolution in the political sciences; and cultural /institutional transformation in the human social sciences. The popular expression currently in fashion is "tipping point." These critical points can be mapped by computer simulation; the systems at these points exhibit a sudden shift from stable point and periodic attractors, to strange or chaotic attractors.

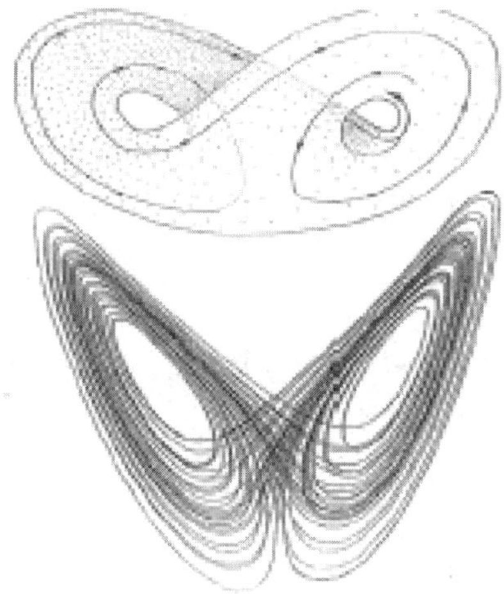

Figure 1

A dynamic system, whether it comes about in nature, in society or in a computer simulation, is governed by *attractors*. These define the system's "phase portrait": the way it behaves over time. Stable attractors pull the trajectory of the system's development into a recurring and recognizable pattern, either converging on a given point (if governed by point-attractors) or cycling through different states (when under the command of periodic attractors). Dynamic systems, however, can also reach a state where attractors emerge that are not stable, but "strange." These are the chaotic attractors. The first such attractor to be discovered was the "butterfly attractor." It got its name from the shape of the evolutionary path of the global weather system as mapped by meteorologist Edward Lorenz in the 1960s. (In the above graphic, Lorenz's original model is on the top; a more recent computer-projection is shown below it.)

The mapping applicable to the evolution of complex open systems is the general bifurcation diagram.

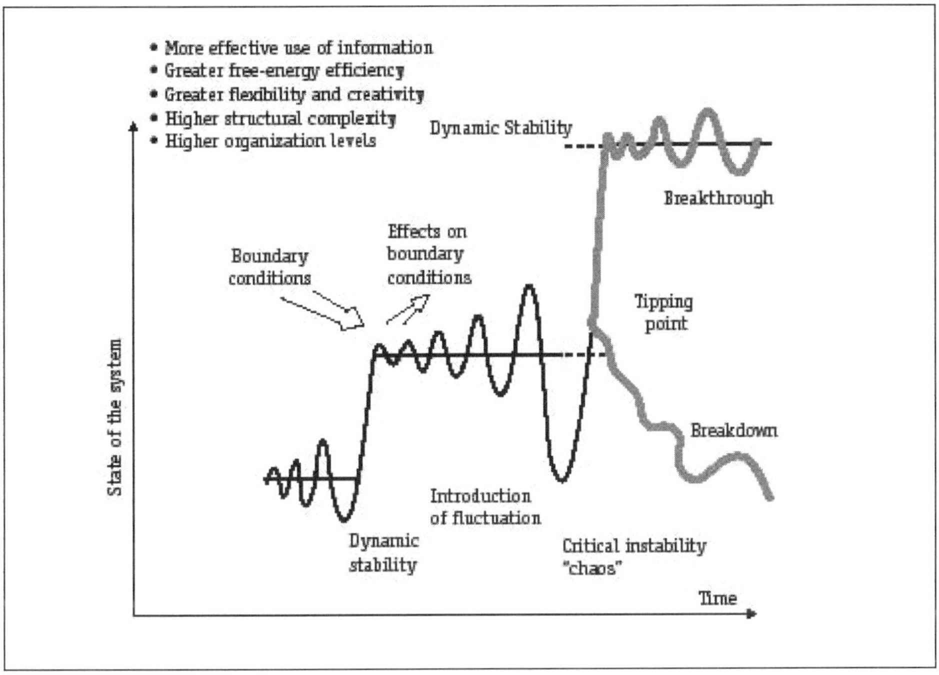

Figure 2

Systems enter a state of chaos when fluctuations that were until then corrected by self-stabilizing negative feedbacks run out of control. The developmental trajectory becomes nonlinear: Prevailing trends break down and in their place come a variety of complex developments. Chaos is seldom a prolonged condition; in most cases, it is but a transitory epoch between more stable states. When fluctuations in the system reach levels of irreversibility, the system reaches a critical point where it either collapses into its individually stable components *(breakdown),* or undergoes rapid evolution toward a state that is resistant to the fluctuations that had destabilized it *(breakthrough).* If the breakthrough path is selected, the system evolves into a state in which it has enhanced information-processing capacity and greater efficiency in the use of free energy, as well as more flexibility, higher structural complexity, and additional levels of organization.

In today's world the process of rapid and nonlinear evolution applies to the interdependent global system. In this system human activity is the driver impelling the system beyond its self-stabilizing quasi-stable state toward the critical instability that leads to a bifurcation.

The process of bifurcation involves three major phases. In the system of the global community the first two phases are mow behind us; we are presently in the third phase.

The Trigger Phase, 1800 – 1960

Innovations in "hard" technologies (tools, machines, operational systems) trigger fundamental changes in the way people live and work for the sake of creating greater efficiency in organizing people, resources, and nature to reach the desired ends.

By the year 1800, the Industrial Revolution had been brewing in England for about half a century. Yet even in the three countries at the forefront of the revolution – England, France, and the United States – there was no telegraph, no railroads, no macadamized roads, no steamboats. The iron and steel industries were still embryonic. But the steamboat was invented in 1802, and oil was found in Pennsylvania in 1859. In the middle of the nineteenth century, the Industrial Revolution entered into full swing, bringing an entire battery of new technologies onto the scene.

The first breakthroughs occurred in textiles: Innovations in spinning cotton stimulated related inventions, leading to machines capable of factory-based mass production. Industrial development soon spread from textiles to iron, as cheaper cast iron replaced more expensive wrought iron.

Closely following on the heels of innovations in the machine tool industry were developments in the chemical industry. Many of the twentieth-century technologies in the automobile, steel, cement, petrochemical and pharmaceutical industries were spawned in the 1860s and the years that followed. The traction-based combustion engine, a key innovation in modern transportation, appeared in the 1880s simultaneously with Edison's electric light bulb, followed by Marconi's wireless and the Wright brothers' flying machine.

In the first half of the twentieth century, these technological innovations shifted industrial production from coal and steam, textiles, machine tools, glass, pre-Bessemer forged steel, and labor-intensive agriculture to electricity, the internal combustion engine, organic chemistry, and large-scale manufacturing.

The Accumulation Phase, the 1960s to the Present

Hard technology innovations accumulate and irreversibly transform social and environmental relations. They bring about, at an ever-increasing rate:

- Higher levels of resource production
- Faster growth in the population
- Increasing societal complexity
- Increasing impact on the natural environment

In the early 1960s, nearly 160 years after the innovations that led to the unfolding of the first industrial revolution, a new type of technological innovation occurred. The "second industrial revolution" replaced reliance on massive energy and raw material inputs with the more intangible resource known as *information.* In the last quarter of the twentieth century, a rapidly growing quantity of information came to be stored on optical disks, communicated via fiber optics, with computers equipped with sophisticated programs elaborating the data. The new "soft" technologies made the classical "hard" technologies more efficient. Sophisticated information systems rationalized and dropped the cost of production and consumption and led to vast increments in the mining, production, use, and, ultimately, discard of the manufactured goods produced by ever more powerful automated or semi-automated technologies.

The spread of industrial technologies to the four corners of the globe produced a series of profound transformations, globalizing the economic and financial sectors while leaving social structures locally diverse and disparate. For a minority it brought new wealth and great increases in the material standard of living, but for the growing masses it brought deepening poverty and seemingly hopeless marginalization. Uneven and imbalanced globalization sparked a new gold rush for the wealth promised by the high-technology service and production sectors. The unreflective rush for wealth broke apart traditional structures and placed in question established values and priorities. It led to the exploitation, and occasionally overexploitation, of both renewable and nonrenewable resources, and it degraded the livability of the urban as well as the rural environment.

The Window of Decision, 2007 – ?

The global system is now stressed by unrest, frustration, and violence in civil society; uncertain leadership and retrograde policies in the political system, and climate change and deterioration of the quality of air, water, and land in the ecology. The system is now entering a critical period where it either moves toward breakdown or breakthrough. At this point it is the flexibility and creativity of the leadership that creates the momentum that decides which of these paths the system chooses.

By the end beginning of the 21st century century, globalization had reached a new phase: The global system had become increasingly and visibly unsustainable. The progressive globalization of the economy, coupled with intensifying contact among disparately developed cultures and societies, is building toward a critical condition in which local and national communities, even if wealthy and well-endowed with natural and human resources become intrinsically unsustainable. This condition is triggered by high levels of stress, including terrorism and war, cultural and political conflict, uncontrolled fluctuations in the economic and financial sphere, and threatening changes in the climate and the environment.

The window of decision is a finite window in time. In this period processes will be initiated that drive the global systems either toward breakdown or toward breakthrough.

(a) The Breakdown Path
Rigidity and lack of creativity lead to stresses that the established systems and their institutions can no longer contain. Conflict and violence assume global proportions, and anarchy follows in their wake.

or

(b) The Breakthrough Path
People and institutions master the stresses that arose in the wake of the preceding generation's unreflective fascination with technology and untrammeled pursuit of wealth and power. In the next few decades, a new era dawns for humanity.

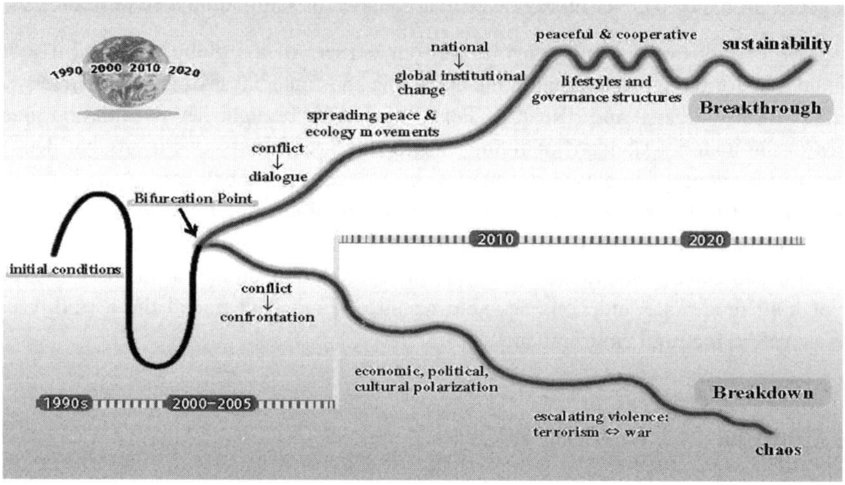

Figure 3

The Breakdown Path

Critical conditions arise first in the regions most directly exposed to the pernicious effects of climate change. In these regions, home to hundreds of millions of inhabitants,

- changing weather patterns create drought, flooding, devastating storms and widespread harvest failures;
- coastal areas are flooded by rising sea levels;
- areas dependent on adequate rainfall for food production and exposed to tornados, hurricanes and violent storms experience growing famine;
- massive waves of migration get under way from the worst-hit areas to areas where resources seem more assured.
- The breakdown of the poorest and most directly exposed regions creates a global security threat.
- People pressed into poverty and left without adequate means of survival join rebellions against local landowners and government officials;

- Epidemics of infectious diseases spread over Africa, Asia, and the Americas owing to heat waves, outbreaks of agricultural pests, and contaminated drinking water;
- massive waves of migration to the relatively well-off regions overload the local resource base and create conflict with the established populations;
- Terrorist groups, nuclear proliferators, narco-traffickers, and organized crime form alliances with unscrupulous entrepreneurs and expand the scale and scope of their activities.

Global Breakdown: the Economic and Political Dimensions

- Terrorism spreads, together with wars aimed to eliminating the terrorists by attacking the countries that harbor them.
- The North Atlantic alliance linking Europe, the United States and Russia collapses.
- France, Germany, Russia, and China form a coalition to balance what they perceive as growing US military-economic hegemony, joined by Brazil, India, South Korea, and other developing countries.
- There is a sharp rise in global military spending, as on the one hand the U.S. and its allies, and on the other the alternative bloc countries enter the spiral of arms competition.
- Global economic stagnation combined with U.S. unilateralism weakens the International Monetary Fund and the World Trade Organization and, as regional economic agreements become more attractive than multilateral trade arrangements and bilateral trade with the U.S., trade wars become frequent and increasingly destabilizing.
- North-South trade agreements are cancelled and trade flows disrupted; the international economic/financial system is in shambles.
- Corruption as well as maverick and organized crime spread on the six continents.

The Ecological Dimension

- Water and food shortages in Sub-Saharan Africa, China, Southern Asia, and Meso-America generate water- and hunger-wars.
- Starvation and unsanitary conditions accelerate the spread of HIV/AIDS, SARS, and other epidemics.
- Last-minute and increasingly desperate efforts are undertaken to stave off the advent of a new ice age in Western and Northern Europe as the Gulf Stream vacillates, producing occasional icy temperatures in both spring and summer.
- All over the world millions of climate refugees from flooded coastal cities and low-lying areas and from destitute urban and rural regions move inland.

The military dimensions

- Political and economic conflict between the U.S. and its allies, and the alternative military-political bloc reaches a crisis point; hawks and armaments lobbies on both sides press for the use of weapons of mass destruction.
- Strong-arm régimes come to power in the developing world, determined to use armed force to right perceived wrongs.
- Regional wars erupt in the traditional hot-spots and spread to neighboring countries.
- The major military-political-economic power-blocs use hi-tech weaponry to achieve conflicting economic and political objectives.
- Some of the newly arising strong-arm régimes insert nuclear, chemical or biological weapons to resolve regional conflicts.
- War fought with conventional and nonconventional weapons escalates to the global level; and as political relations among states break down, anarchy and destruction become generalized.

The Breakthrough Path

The First Steps toward a Breakthrough

- Business leaders in the major industry sectors pull together in their joint interest to confront the threats their companies and their stakeholders face in common. They adopt strategies where the pursuit of profit and growth is informed by a search for genuine social and ecological sustainability.
- The rise of enlightened business initiatives together with popular movements for peace and international cooperation leads to the election of similarly motivated political figures, lending fresh impetus to projects of economic cooperation and intercultural understanding. A host of new measures are implemented to ensure the quality and quantity of water required to satisfy human needs as well as the sustainability of the essential cycles of nature.
- An electronic E-Parliament comes on line, linking parliamentarians worldwide and providing a forum for debates on the best ways to serve the common good.
- Non-governmental organizations link up through the Internet and develop shared strategies to restore peace, revitalize war-torn regions and environments, and ensure an adequate supply of clean water. They promote socially and ecologically sustainable policies in local and national governments and in business.

The Crystallizing Contours of Peace and Cooperation

- Business leaders join forces in creating a voluntarily self-regulating ecosocial market economy that ensures a fair access to natural resources as well as to industrial goods and economic activity to all countries and populations.

- Money is re-assigned from military and defense budgets to fund practical attempts at conflict resolution and the implementation of internationally agreed and globally coordinated social and ecological sustainability projects.
- Agriculture is restored to a place of primary importance in the economy, both for producing staple foods and for growing energy crops and raw materials for communities and industry
- A worldwide renewable energy program is created, paving the way toward a third industrial revolution making use of solar and other renewable energy sources to transform the global economy, provide clean water, and lift marginalized populations out of the vicious cycles of poverty.

The challenge in the current decision-window is to launch processes that shift the dominant dynamic of the status quo and select toward a path to breakthrough. The breakthrough path is one that leads to dynamic stability in the global system. This path is distinct from those that prolong the stability of the current system but are ultimately unable to avert its breakdown.

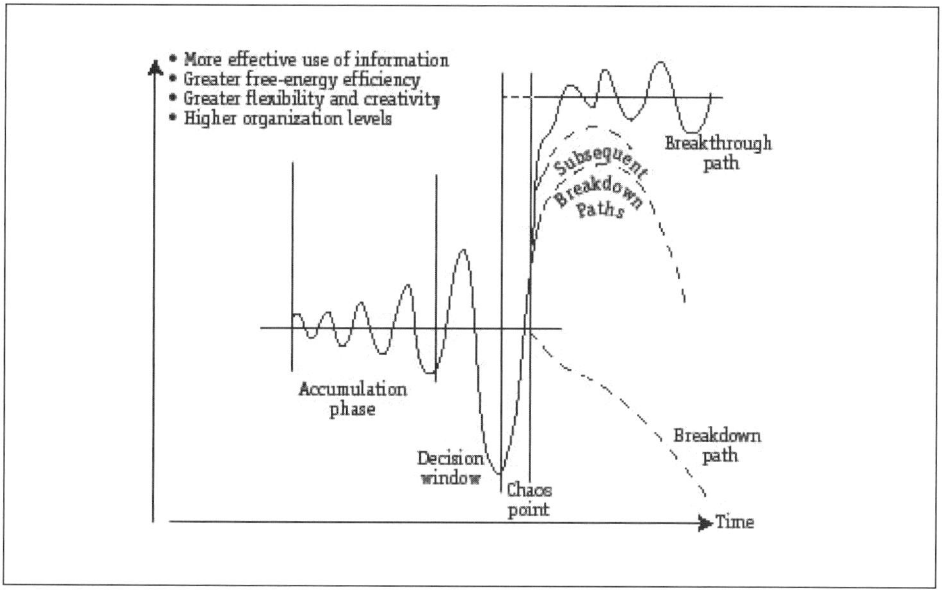

Figure 4

Conclusions

The challenge to the creativity of business leaders is to find the strategies that lead toward the sustainability and development of the entire global system. Meeting this challenge is a major, and possibly crucial, factor in deciding the future of all of humanity.

Never before had business leaders faced a challenge of this dimension. If they are to confront it with creativity, they need to become aware of its reality and its urgency. This paper intends to open a debate on the reality of the challenge and thereby help catalyze creativity in business leaders who have the intelligence to perceive and to serve the wider interest of their company beyond the next accounting period, and the ethics to serve at the same time the common good.

Kreative Mitunternehmer entfesseln – Anspruch und Wirklichkeit

André Papmehl

André Papmehl,
Jahrgang 1958, arbeitet als Personalleiter für einen internationalen Konzern. An der European School of Business studierte er Europäische Betriebswirtschaft in London und Reutlingen. Er hat Führungsaufgaben im Personal- und Bildungswesen sowie Vertrieb/Marketing für angesehene Unternehmen wie Daimler und Robert Bosch verantwortet, zuletzt als Director Corporate Personnel für eine mittelständische Unternehmensgruppe in der Schweiz.

André Papmehl verfügt über zwei Jahrzehnte Praxiserfahrung in den Bereichen Personalmanagement, Kundenorientierung und Organisationsentwicklung. Sein Schwerpunkt ist die Gestaltung von Veränderungen an der Schnittstelle zwischen Management, Mitunternehmern und Kunden, insbesondere im Kontext Führungskräfteentwicklung und Change Management, bspw. Gründung einer Corporate University mit firmeneigenem Lehrstuhl.

Buchveröffentlichungen: *Personalentwicklung im Wandel* (Gabler 1991); *Interkulturelles Management – Abschied von der Provinzialität* (Gabler 1994); *Wird Arbeit zum Luxus? Wege aus der Arbeitslosigkeit* (1995); *Wissen im Wandel – Die lernende Organisation im 21. Jahrhundert* (1999), *Personal-Controlling* (2. Auflage 1999) und *Absolute Customer Care* (2. Auflage 2002).

Ausgangslage

„Man kann im Leben alles erreichen, solange es einem egal ist, wer den Lohn dafür einstreicht.“
Harry S. Truman

Wer nur daran denkt, wie der Wandel ihm persönlich nutzen oder schaden könnte, wird Veränderungen nicht mit Freude gestalten. Heute wie bereits gestern ist der Satz von Ian Walsh zutreffend: „Wir müssen den Wandel lieben lernen“ (Papmehl/Walsh 1991). Dementsprechend benötigen Organisationen unternehmerische Menschen (für welche ich den Begriff Mitunternehmer geprägt habe), welche positive „Zukünfte“ mit Elan und Kreativität gestalten können, wollen und dürfen!

Kreativität: *„Das schöpferische Denken, die Produktion origineller Einfälle, welche zum Erkennen und zur Lösung von Problemen führen.“* finden wir zur Bedeutung. Ursprung können die lateinischen Begriffe creare (etwas neu schöpfen, erfinden) bzw. crescere (werden, wachsen) sein; Kreativität beinhaltet also aktive und passive Komponenten. Verkürzt ausgedrückt, geht Kreativität mit Begabungen, Motivation und Persönlichkeitseigenschaften einher. Holm-Hadulla hat insbesondere intrinsisches Interesse, Neugierde und Selbstwertsteigerung als treibende Motivationsfaktoren erkannt. Mittelpunkt dieses Beitrages ist kein grundsätzlicher Diskurs, sondern die Beantwortung von drei Fragen, mit denen sich Unternehmer und Geschäftsleitung in Organisationen beschäftigen (sollten):

- Wie können wir kreative Mitunternehmer entfesseln?
- Wie passen Anspruch und Wirklichkeit derzeit zusammen?
- Welchen Beitrag kann Kreativität im globalen Wettbewerb leisten?

Sechs Mythen zur Kreativität

Eine Studie zur Kreativität der renommierten Harvard Business School (T. Amabile) hat bereits vor geraumer Zeit mit sechs Kreativitäts-Mythen aufgeräumt:

1. **Kreativität kommt von den Kreativen**:
   Diese Aussage ist schlicht nicht zutreffend. Vielmehr kann jeder intelligente Mensch in jeder Unternehmensfunktion kreativ sein. Organisationen, welche dieses Potenzial nicht nutzen, verschwenden folglich wertvolle Ressourcen und somit Geld.

2. **Geld motiviert zu Kreativität:**
   Eine zu starke Fokussierung auf erfolgsabhängige Vergütung kann bei den Mitarbeitern zu Risikoscheu führen und somit kontraproduktiv sein. Wichtig sind insbesondere Rahmenbedingungen, welche Kreativität und Wertschätzung ermöglichen.

3. **Zeitdruck fördert Kreativität:**
   Es ist ein Irrglaube, dass Zeitdruck für Kreativität förderlich ist. Das Gegenteil ist der Fall: Menschen sind dann am kreativsten, wenn sie tatsächlich die Zeit/Muße haben, ihre Gedanken schöpferisch zu entfalten!

4. **Angst erzwingt kreative Lösungen:**
   Auch hier ist das Gegenteil der Fall: Kreativität geht mit Zuwendung, Freude und Spaß einher – nicht aber mit Angst, Befürchtungen und Aggressionen.

5. **Wettbewerb ist besser als Zusammenarbeit:**
   Richtig ist: Die Kreativität in Gruppen nimmt stark ab, wenn Wettbewerb und nicht Kooperation im Vordergrund steht. Es sei auf die spannenden Erkenntnisse von Joachim Bauer (2006) verwiesen, dass der Mensch eher für gelingende Beziehungen konstruiert ist:

   > *„Kern aller menschlichen Motivation ist es, zwischenmenschliche Anerkennung, Wertschätzung, Zuwendung oder Zuneigung zu finden und zu geben. Wir haben heute die Möglichkeit, uns aus dem Albtraum des Darwinismus (...) zu befreien. Die Alternative heißt Kooperation. Das Ergebnis gelingender Kooperation hieße: Menschlichkeit."*

6. **Eine schlanke Organisation ist eine kreative Organisation:**
   Während so genannter „Downsizing-Phasen" leidet die Kreativität der Mitarbeiter erheblich. Beunruhigend ist, dass auch Monate später die Kreativität „weiterhin am Boden liegt". Führungskräfte sind deshalb gehalten, solche Restrukturierungen mit Augenmaß zu gestalten; insbesondere sollten vorhandene Unsicherheiten und Unwägbarkeiten möglichst schnell wieder einem stabilen Umfeld weichen.

Wir treffen hier auf ein Paradoxon: einerseits den postulierten permanenten Wandel – andererseits die Notwendigkeit für Ruhe und Stabilität, damit sich Kreativität in der Praxis entfalten kann. Folgendes Bild beinhaltet m. E. eine mögliche Antwort bzw. einen Erklärungsversuch:

■ Die Sportart und Spielregeln müssen feststehen: Denn Menschen haben Schwierigkeiten damit, wenn die Unternehmensleitung eine Woche „American Football" und in der nächsten Woche „Golf" als Unternehmenszweck predigt. Stehen Sportart und Spielregeln aber einmal fest, sind der Kreativität des Teams kaum Grenzen gesetzt. Es ist Aufgabe des CEO und seiner Führungsmannschaft, rechtzeitig zu erkennen, wann dieser Sport (sprich Geschäftszweck) nicht mehr zielführend ist (oder gar zum Risiko werden könnte), und dementsprechend die notwendige Veränderungen pro-aktiv einzuleiten!

Engpass Führung – der Fisch stinkt vom Kopf her

Das Management-Ansehen hat in der Öffentlichkeit in letzter Zeit schwer gelitten. Wie Politiker ist die Bezeichnung Manager zwischenzeitlich im Volke zum Schimpfwort geworden. Im Hinblick auf „Politikerkaste“ hat Helmut Schmidt treffend bemerkt: *„Der Politiker muss die Folgen seines Handelns und die Folgen seines Nichthandelns verantworten können. Nicht nur die Erfolge muss er verantworten, sondern auch seine Misserfolge. (...) Und: Er muss von uns, den regierten Bürgern, zur Verantwortung gezogen werden.“*

Aufgrund aktueller „Fälle“ (wie globales Banken-Versagen, Deutsche Post, IKB, Lidl, Siemens, Deutsche Telekom, VW, Würth) tituliert der Volksmund Manager zwischenzeitlich als „Nieten in Nadelstreifen“, „Mafiosi“ oder gar „Neue Assoziale“. Der Satz, dass Eigentum auch verpflichtet, scheint in einigen Chefetagen in Vergessenheit geraten zu sein. Ohne der vielfach polemisch und scheinheilig geführten Diskussion Vorschub leisten zu wollen – dem Beobachter drängen sich einige kritische Fragen auf:

- Kann das Management über dieses Fremdbild wirklich verwundert sein? Wenn Konzerne jahrelang Aufwendungen in Milliardenhöhe für Bestechung getätigt haben?
- Wenn Unternehmenslenker aufgrund „kooperativen Verhaltens“ bei Firmenübernahmen mit millionenschweren Pensionszusagen beschenkt werden. Es so scheinen will: Je größer das eigene Einkommen, desto größer der Appetit nach immer größeren Geldzuwendungen!
- Wenn Firmenverkäufe so suboptimal gestaltet werden, dass zunächst das gesamte Know-how entwendet wird und das Unternehmen danach in der Insolvenz endet?
- Wenn unfähige Spitzenmanager mit millionenschwerem „Golden Handshake“ in die Freiheit verabschiedet werden und im Nachgang an ihren Aktienoptionen vorzüglich verdienen!
- Wenn der so genannte „kleine Mann“ (so gut wie immer) die Rechnung für Management-Fehlleistungen zahlen muss, mithin nicht selten seinen Arbeitsplatz verliert!

Richtig: Die Mehrheit der deutschen Unternehmer und Führungskräfte gehört sicher nicht in diese Kategorie und leistet verantwortungsvoll eine gute Arbeit; die nachhaltigen Erfolge der deutschen Wirtschaft bestätigen dies eindrücklich.

Dennoch: Die negativen Abstrahleffekte sind ebenfalls unübersehbar. Sie treffen – als Kollateralschaden – den ganzen Berufsstand. Teile des Top-Managements sind offensichtlich sehr kreativ, wenn es um die Gestaltung der eigenen Belange geht. Muss deshalb nicht etwas kreativer auch über neue Rahmenbedingungen für diese Berufsgruppe nachgedacht und entschieden werden? Wie wäre es beispielsweise mit folgenden, strikteren Prinzipien?

- Wenn angestellte Top-Manager mit ihrem ganzen Privatvermögen (zumindest aber 50 %) für unternehmerische Fehlleistungen gerade stehen müssten? Wie dies die „echten Unternehmer“ ohnehin seit jeher tun.
- Wenn Boni, Pensionszusagen und Aktienoptionen erst zeitlich nach dem eigenen Austritt vom Unternehmen ausbezahlt würden? Zumal dies auch der Zeitpunkt ist, zu welchem persönliche bzw. strategische Fehler sowie Erfolge oft zum Tragen kommen.

- Wenn Vorbildfunktion, gemäß Alfred Herrhausen wieder zum verbindlichen Maßstab würde? Denn es gibt genügend sehr positive Beispiele wie BASF, dm, Cisco, Hertie-Stiftung, HOMAG, Oldendorff Carriers, um nur einige Benchmarks zu nennen.
- Firmen wie Lidl, Schlecker oder Ryanair können (oder wollen) eine angemessene Personalarbeit nicht gestalten. Auch dies ist eine Unternehmensaussage und wird zum positiven Image am Arbeitsmarkt wenig beitragen.
- Wenn mit Corporate Governance endlich ernst gemacht würde: Also ebenfalls mit deutlich schärferen gesetzlichen Bestimmungen! Denn *„alle Märkte verändern sich radikal. Überall spielen moralische Kriterien auf einmal eine Rolle: Maximen wie Nachhaltigkeit, Fairness, Solidarität.“* (Nico Stehr)
- Wäre es nicht an der Zeit, dass diese Herausforderungen von den Personalleitern angepackt werden? Denn wer, wenn nicht das *„Personalmanagement kann dafür die Verantwortung übernehmen, dass im Unternehmen das Sachgerechte mit dem Menschengerechten zusammenfällt?“* (Artur Wollert)
- Von „dunkel-schwarzen“ Schafen im eigenen Bereich sollten wir uns keinesfalls irritieren lassen – ganz im Gegenteil!

Beispiel: Wechselnde Management-Prioritäten

Ein Projektteam hat Monate intensiv am Thema *Optimale Kundenorientierung* gearbeitet, u. a. wurden Kunden-Workshops durchgeführt, Mitarbeiter befragt, Benchmarks analysiert und Reklamationen berücksichtigt. Nunmehr steht die Umsetzung an. Leider will es der Zufall, dass eine neue „obere Führungskraft“ berufen wird.

Der neue Manager stoppt eigenmächtig das Projekt, u. a. mit dem Hinweis: *„Für die bisherigen Ergebnisse zeichne ich nicht verantwortlich. Machen wir uns doch erst einmal einige grundsätzliche Gedanken. Auch halte ich eine Beschäftigung mit der Lean-Management-Thematik aktuell für deutlich wichtiger.“* Was hat dies mit Kreativität zu tun? Gar nichts! Angesichts solchen Fehlverhaltens muss vor der eigenen Tür gekehrt und derartiges Führungsverhalten zunächst abgestellt werden.

Führen, Verantworten, Werte schaffen*

Führen

Dennoch bleibt die Herausforderung, kreative Mitunternehmer nicht nur zu fördern, sondern tatsächlich zu entfesseln; einige Probleme aus dem Alltag wurden aufgezeigt. Können Wissenschaft bzw. Literatur weiterführende Antworten geben? Von der Praxis wird die Vielzahl

---

* Diese Überschrift wurde von Artur Wollert „entliehen“ – vielen Dank!

neuer Managementansätze nicht selten als „alter Wein in neuen Schläuchen" empfunden (s. a. Norman 1993). Diverse publizistische Botschaften werden als wenig praktikabel für die konkreten Führungssituationen angesehen (s. a. Lautz, in diesem Buch).

Beispiel: Widersprüchliche Botschaften

Als Beispiel habe ich Aussagen von Michael Maccoby (1989) gewählt. Nach seiner Einschätzung gibt es (stark verkürzt ausgedrückt) vier unterschiedlich Führungs-Typen:

Vier Führungs-Typen:

- Typ1: Den Experten
- Typ 2: Den Beschützer
- Typ 3: Den Förderer
- Typ 4: Den Innovator

und die erfolgreichsten Unternehmensführer vereinen nach seiner Auffassung die genannten positiven Merkmale in sich. Dies ist sicherlich zutreffend, obschon in der Praxis (verkürzt ausgedrückt) ebenfalls vier andere Führungs-Typen anzutreffen sind:

- Typ 1: Der Besserwisser
- Typ 2: Der Egomane
- Typ 3: Der Kontroll-Freak
- Typ 4: Der Überforderte

und die schlechtesten Unternehmensführer vereinen diese negativen Merkmale in sich. Trotz solcher Widersprüche bleibt festzuhalten: Viele Führungskräfte sind schlicht nicht in der Lage, Menschen angemessen zu führen. Dies ist nicht als Schuldzuweisung, sondern lediglich als nüchterne Feststellung zu verstehen. Reinhard Sprenger (z. B. 2002) hat insofern leider recht mit der Aussage, dass *„schon viel damit gewonnen wäre, wenn Führungskräfte ihre Mitarbeiter zumindest nicht demotivieren würden".* Dennoch besteht kein Anlass zur Resignation! Die konsequente Anwendung nachfolgender vier Leitsätze kann bereits viel Positives bewirken:

- Schaffen Sie ein Umfeld, in dem Mitarbeiter ihr Potenzial voll entfalten können!
- Seien Sie in Ihrem persönlichen Führungsstil (z. B. konstruktiv, kritisch, fair) jederzeit konsistent und berechenbar!
- Gewinnen, fordern und fördern Sie Mitunternehmer, von denen Sie selbst überrundet werden könnten!
- Geben Sie Ihrem Team durch persönliches Vorbildverhalten stets eine klare Orientierung!

Der Unternehmensalltag sieht gelegentlich anders aus: Führungskräfte verfahren nicht selten nach der schwäbischen Weisheit *„Nicht geschupfen – ist gelobt genug!“*. Obschon dieser Ansatz sicherlich keine Kreativitätsfeuerwerke entfesselt. Ein deutlich rüderes, stellenweise menschenverachtendes Managementverhalten (vgl. Mobbing/Bossing) hat sich ebenfalls auf die Agenda geschlichen.

Im Hinblick auf eine verantwortungsvolle Unternehmensleitung muss konstatiert werden, dass heute nicht selten Rückschritte erkennbar sind. Beispielsweise, wenn ein massiver Personalabbau als (ökonomisch) sinnvoll bezeichnet und durch globale Kennziffern wortreich untermauert wird. Selbst wenn diese Unternehmen gleichzeitig Milliarden-Gewinne ausweisen. Oder auch im Hinblick auf den „Tanz um das goldene Lamm“ Shareholder Value, mit Profitzielen, die stellenweise schon als „unanständig“ bezeichnet werden müssen. Angesichts der aktuellen Bankenkrise muss man sich verwundert die Augen reiben. Hier wurden Milliarden verschleudert und nun ertönt auch noch der Ruf nach staatlicher Hilfe, dessen Einmischung man sich sonst so strikt verbittet. Eine der „kreativen“ Konsequenzen lautet dann wieder einmal: Stellenabbau! In diesem Kontext spricht Rolf Wunderer folglich zu Recht von „Finanzdummlingen“ (s. Wunderer, in diesem Buch).

Wer es dann auch noch als persönlichen Erfolg (und nicht als Niederlage) ansieht, Menschen in die Arbeitslosigkeit zu schicken, dessen Charakter darf zu Recht mit Skepsis hinterfragt werden. Dammann (2007) nennt solche Menschen Narzissten und Egomanen:

Beispiel: Fehlende Kontrolle bzw. Bodenhaftung im Management

„Bei den schwersten Formen narzisstischer Persönlichkeitsstörungen (...) dominiert dieses Problem die Beziehungen zu den Mitmenschen vollkommen. Solche Personen müssen, um ihren Selbstwert zu regulieren, die Verdienste anderer kleinreden oder für sich beanspruchen“ (...) *Wenn der Chef während der Vorstandssitzung telefoniert und alle warten lässt, um nach Beenden des Gesprächs die Sitzung kommentarlos zu verlassen; wenn er nicht nur erfolgreich sein, sondern seine Konkurrenten als Versager darstellen und demütigen will; wenn er alles daran setzt, bewundert zu werden, und auf Widerspruch mit einem Wutausbruch reagiert – in solchen Fällen wird man mit dem ganz alltäglichen Wahnsinn im Management konfrontiert.“*

Insofern gilt es (trotz aller schöner Führungstheorien) bescheiden zu bleiben und den notwendigen Wandel in kleinen Schritten zu realisieren. Oder aber den radikalen Bruch zu wagen und längst überfällige Veränderungen direkt einzuleiten. Allerdings muss in diesem Fall die Maxime von Hinterhuber *„Im Zweifel, nein!“* tatsächlich zum Maßstab für die Auswahl und Entwicklung von Managern werden.

Verantworten

Unternehmerische Verantwortung – insbesondere die Unternehmensführung ist hierzu natürlich verpflichtet! Ebenso unsere Mitarbeiter, Lieferanten und idealerweise unsere Kunden, welche unsere besten Berater seien könnten. Gleichermaßen sind die gesellschaftlichen Eliten hier direkt angesprochen: Nur „zurückgelehnt & intellektuell spitzfindig“ zu kritisieren – wie dies einige Kollegen aus Politik, Wissenschaft, Journalismus oder Kunst-/Sozialwissenschaften gerne (im Rahmen einer deutschen, gemütlichen Beobachter-Perspektive) handhaben – scheint kein wirklich geeigneter Lösungsansatz. Etwas mehr Kreativität bzw. persönlicher Einsatz ist gewünscht. Insbesondere aber – geht es um die Verantwortung von:

- Aufsichtsrat und Unternehmensleitung
- Personalleitung und Sozialpartner
- Oberen Führungskräften

Allerdings sei vor Blauäugigkeit gewarnt. Trotz schöner Lippenbekenntnisse – spielt bspw. das Personalmanagement machtpolitisch nicht selten nur eine Nebenrolle. Auf höherer Ebene ist zu konstatieren: Die vorhandenen Eliten haben sich (stellenweise) verselbstständigt und sich somit der Kontrolle punktuell entzogen. Viktor Parma (2007) hat beispielsweise eine „Geheimkonferenz der Schweizer Machtelite" aus Wirtschaft und Politik aufgedeckt, welche in diesem Kontext *„sehr kreativ unterwegs ist"*. Diese Treffen finden übrigens bereits seit Jahren (ohne jegliches Medienecho) statt. Im kleinen, elitären Kreis werden weitreichende, strategische (politische bzw. wirtschaftliche) Entscheidungen getroffen! Was de facto einer Aushöhlung der Demokratie gleichkommt. Mit von der Partie in diesem exklusiven Kreis ist ebenfalls die Kirche: *„Die Gottesmänner geben der Runde den nötigen höheren Beistand, und die Topmanager erhalten ihren Heiligenschein. Der Herr im Himmel dürfte staunen."*

Helmut Schmidt (1993) hat in anderem Zusammenhang angemahnt: *„Keine Demokratie und keine offene Gesellschaft kann auf Dauer Bestand haben ohne das doppelte Prinzip von Rechten und von Pflichten – und beide Prinzipien gelten für jedermann."* Es bleibt zu wünschen, dass sich bestimmte Eliten auf diese Verantwortung zurückbesinnen. Ansonsten wird der Begriff Elite Schaden nehmen, was sich bereits heute abzeichnet. Dass unternehmerische Verantwortung und eine offene, faire Zusammenarbeit sehr gut funktionieren können, beweisen Unternehmen wie Amazon, Bosch, Dräger oder Sage (s. a. in diesem Buch), welche zudem auch noch erfolgreich (und mit guter Presse) unterwegs sind.

Werte schaffen

Im globalen Wettbewerb muss auf Unternehmens-, auf nationaler und transnationaler Ebene (insbesondere in der EU) wesentlich effektiver agiert und kooperiert werden. Aus den Fehlern der Vergangenheit bzw. innovativen Erkenntnissen gilt es tatsächlich zu lernen! Obschon diese Aussagen als Binsenweisheiten abgetan werden können, spricht die Praxis oft eine ganz andere Sprache.

Statt von anderen zu lernen und Gutes zu kopieren („Klau – schau wem"), was Asien perfekt beherrscht (damit sind natürlich intelligente Adaptionen und nicht Markenpiraterie gemeint), wird hierzulande immer wieder nach dem neuen „großen Wurf" gesucht; statt erprobte Instrumente (bspw. Kaizen) konsequent anzuwenden. Folglich steht die Unternehmensleitung in der Pflicht, mit der *„Kreativen Organisation"* endlich Ernst zu machen. An klugen Ideen mangelt es uns wirklich nicht! Wohl aber bestehen erhebliche Implementierungsdefizite, insbesondere bzgl. der „knochentrockenen“ Umsetzung von Innovationen. Dies könnte auch mit einem Mangel an herausragenden, hart arbeitenden Führungspersönlichkeiten (an der einen oder anderen Stelle) zu tun haben.

Eine Rückbesinnung auf traditionelle Werte wie Disziplin, Zuverlässigkeit, Ehrlichkeit und Vertrauen erscheint insofern keine schlechte Idee. Eine Vertrauenskultur und gelebte Sozialpartnerschaft (Deutschland ist in der Vergangenheit damit sehr gut gefahren) könnten sich als erfolgskritisch erweisen. Insbesondere im Wettbewerb mit aufstrebenden Nationen wie China oder Indien, welche ihre Hausaufgaben (insbesondere in Bezug auf den „Turbo-Kapitalismus“) sehr professionell erledigt haben.

Aus strategischer Perspektive muss unser Potenzial an Talenten wesentlich intelligenter ausgebaut und deren Abwanderung (Stichwort: „Brain Drain“) schnell umgekehrt werden. Von staatlicher Seite muss die systemische Innovationsfähigkeit (Kreativität, Bildungssystem, Wissenschaft etc.) deutlich effektiver gefördert und finanziell untermauert werden. Keine wirklich originellen Gedanken: Die gute Nachricht lautet aber – die geeigneten „Blaupausen“ liegen bereits seit Jahren vor (z. B. im japanischen MITI).

Aktuelle Etappenerfolge sollten uns nicht zu Hochmut oder dem Ausruhen auf vermeintlichen Lorbeeren verleiten (s. a. Peter Gastberger in diesem Buch). Einige Leser werden sich noch daran erinnern, wie einst die japanische Automobil-Industrie herablassend belächelt wurde. Heute ist Toyota einer der besten und profitabelsten Automobilhersteller der Welt; nicht zuletzt aufgrund „strukturierter Kreativität“ (Stichworte: Kaizen, Konsistenz, Konsequenz, Muda). Es wurde und wird systematisch, professionell und konstruktiv an zielführenden Lösungen gearbeitet (s. a. Edward de Bono zur Thematik Konstruktivität) und das zahlt sich aus!

Beispiel: Manager als Besserwisser

In Konsequenz bedeutet dies: Wenn das „ob“ einmal konstruktiv entschieden wurde, müssen wir uns mit aller Kraft auf das „wie“ konzentrieren. Die typisch-destruktive Intervention eines „Typ-1-Managers“ (sprich Deutscher-Besserwisser, nennen wir ihn der Einfachheit halber „Tom Wagner-Carsten“, Kurzform: TWC), der mitten im Arbeitsprozess entscheidet: *„Die bisherigen Ergebnisse interessieren mich wenig! Jetzt fangen wir doch einmal ‚kreativ‘ mit einem weißen Blatt Papier neu an.“* ist zukünftig nicht mehr gestattet. Denn solche Ego-Schleifen sind nicht kreativ, sondern vielmehr ein Ausdruck von Verantwortungslosigkeit und virtueller Wertvernichtung. Dies gilt ebenfalls auf volkswirtschaftlicher Ebene, insbesondere für Länder des „alten Europa“ wie Deutschland. Unser einziger, wirklicher Wettbewerbsvorteil und Rohstoff der Zukunft sind das Wissen, Können, Wollen & Dürfen unserer Menschen. Diese wertvollen Ressourcen müssen verantwortungsvoll aktiviert, ausgebaut und gepflegt werden.

Kreative Mitunternehmer entfesseln

Menschen gestalten die Unternehmens-Zukunft – oder auch nicht. Anders ausgedrückt: Unternehmen haben genau die Führungskräfte, Sozialpartner und Mitarbeiter, welche sie verdienen. Bezeichnend ist, dass einige Menschen während der Arbeit nur das Nötigste tun (ihre Zeit also praktisch absitzen). In der Freizeit entpuppen sie sich dann aber als „echte Freizeit-Unternehmer“:

- Vorsitzende von Vereinen/anspruchsvolle Hobbys;
- Erziehung der Kinder/Altersvorsorge;
- Bau eines Eigenheims/selbstständige Tätigkeiten.

Ursache hierfür ist in der Regel eine schlechte Führung; derartige Kreativitäts-Verschwendung muss vermieden werden. Denn im globalen Wettbewerb sind die positiven Energien der arbeitenden Menschen „schlachtentscheidend“. Ebenfalls sind arbeitslose Menschen *intelligenter* und *fairer* wieder in die Wirtschaft zu integrieren. Angesichts des demografischen Wandels wären viele Personalchefs ebenfalls gut beraten, von dem latent immer noch gegebenen „Jugendlichkeitswahn“ Abschied zu nehmen. Grundsätzlich gilt – aus Mitarbeitern müssen Mitunternehmer werden. Sprache ist verräterisch – Mitarbeiter arbeiten (bestenfalls) mit; Mitunternehmer hingegen gestalten Unternehmenserfolg.

Die Rahmenbedingungen in Organisationen müssen folglich „neu erdacht“ werden; denn Mitunternehmer:

- erhalten keinen Lohn, sondern ein leistungsgerechtes, faires Unternehmergehalt;
- entscheiden autonom im Team, beispielsweise über die Verteilung von Prämien;
- werden nicht zu Seminaren geschickt, sondern verfügen über ein persönliches Bildungs-Budget (vgl. Papmehl/Baldin 1989);
- gestalten unternehmerische Ergebnisse (statt per Zeiterfassung aufwendig kontrolliert zu werden) und entscheiden über ihre persönliche Gesamtvergütung mit (z. B. Cafeteria-Ansatz);
- haben gleichermaßen die Chance und Verpflichtung, Unternehmenserfolg (bspw. in entsprechenden Unternehmensgremien) persönlich zu verantworten.
- Hierzu gehört selbstverständlich auch eine partnerschaftliche und pro-aktive Zusammenarbeit mit dem Betriebsrat.

Den Würden- und Bedenkenträgern, also Menschen, die an ihrer Würde und ihren Bedenken schwer zu tragen haben, sei erwidert: Im Privatleben sind diese Menschen schließlich auch in der Lage:

- mit ihrem Einkommen und Vermögen angemessen umzugehen;
- ihre persönlichen Ziele und Interessen adäquat zu gestalten;
- persönliches Lernen oder Freizeit sinnvoll zu verwirklichen.

Mitunternehmer agieren also (im übertragenen Sinne) wie Surfer, die auf der „Welle des Wandels“ reiten. Sie haben vor dieser Welle keine Angst, sondern es macht ihnen vielmehr Spaß: „Den Wandel zu surfen.“

© *Mark Berkowitz*

Schaffen Sie also geeignete Rahmenbedingungen, welche Surfen ermöglichen. Überdenken Sie Ihre Führungsrolle. „Führungstechnisch“ gesprochen können Manager nicht mit auf dem Surfbrett stehen. Denn dazu ist der Wandel zu rasant und die Sportart gleichermaßen ungeeignet. Heute sind eher Trainerqualitäten, Coaching und Mentoren-Eigenschaften als Kernkompetenzen gefragt. Denn sie befähigen ihre Mannschaft, Spitzensport zu realisieren. Sie inspirieren ihr Team durch vorbildliche Führung, Empathie und Verlässlichkeit. Sie finden die richtige Balance zwischen Wirtschaftlichkeit und Menschlichkeit in einem rauer gewordenen Umfeld. Es gilt der kluge Satz (2002) von Artur Wollert: *„Ohne Wirtschaftlichkeit schaffen wir es nicht, ohne Menschlichkeit ertragen wir es nicht!“* Für Kritik und persönliche Anliegen Ihres Teams haben Sie stets ein offenes Ohr. Dies wird bereits kurzfristig zu überraschend-positiven Ergebnissen führen ...

© *Mark Berkowitz*

Natürlich können solche Veränderungsprozesse auch mit menschlichen Enttäuschungen einhergehen. Aber „enttäuschende“ Menschen *(nennen wir sie einfach die „Michael Müllers“ dieser Welt)* wurden vermutlich von Ihnen persönlich falsch eingeschätzt. Insofern sind Schuldzuweisungen in Richtung des eigenen Teams nicht angebracht. Vielmehr besteht Anlass für eine kritische Selbst-Reflexion; insbesondere im Hinblick auf die Qualität Ihrer eigenen Auswahlentscheidungen.

Last, but not least – und dies ist „eigentlich“ selbstverständlich, leider aber keine Selbstverständlichkeit: Geben Sie durch Ihr Vorbildverhalten dem Team stets eine klare Orientierung.

„Denn schlechte Vorbilder haben immer eine verheerende Auswirkung auf Mannschaft und Unternehmen“ (vgl. Wollert 2002); dies gilt natürlich auch für die so genannten Kleinigkeiten!

Beispiel: Kleine CEO-Fehler mit großer Wirkung

Wie das Beispiel eines deutschen (in der Schweiz arbeitenden) CEO sehr peinlich zeigt, welcher sich die Kosten für seinen Sehtest (bzgl. Erneuerung seines Führerscheins) allen Ernstes von der Firma erstatten ließ. Seine Begründung: *„Ich fahre schließlich einen Dienstwagen, für welchen ich den Führerschein respektive Sehtest benötige.“*

Dies erinnert frappierend an die Argumentation eines Mitarbeiters, der abgemahnt werden musste, weil er in der Arbeitszeit zum Frisör gegangen war. Seine Begründung lautete: *„Meine Haare wachsen ja schließlich auch während der Arbeitszeit.“* Als einziger Unterschied bleibt festzuhalten: Der CEO wurde natürlich nicht abgemahnt und die Begründung des Mitarbeiters war zumindest etwas kreativer. Insofern darf es nicht wirklich verwundern, wenn solche Unternehmenslenker als unglaubwürdig eingestuft werden.

Anstelle eines Ausblicks

Es scheint angemessen, an dieser Stelle nicht der eigenen Kreativität „freien Lauf“ zu lassen; zumal die meisten klugen Dinge (von anderen Menschen) bereits gesagt wurden. Anstelle eines Ausblicks an dieser Stelle einige nützliche Zitate bzw. Kernaussagen für die tägliche Praxisarbeit. Viel Erfolg bei der „Entfesselung ihrer Mitunternehmer“ – insbesondere aber auch das gewisse „Quäntchen Glück“ – welches selbst die Tüchtigen stets benötigen:

Marke und Reputation / Jeff Bezos:
„Eine Marke ist für ein Unternehmen, was die Reputation für eine Person ist. Reputation erntest du, wenn du schwierige Dinge gut meisterst.“

Vorbildverhalten / Jim Collins:
„Geht alles gut, sehen exzellente Manager aus dem Fenster und suchen draußen nach Gründen für ihren Erfolg. (Finden sie nichts, reden sie von Glück.) Läuft es einmal nicht so gut, werfen sie einen Blick in den Spiegel und übernehmen selbst die Verantwortung.“

Authentizität / Alfred Herrhausen:
„Wir müssen sagen – was wir denken. Wir müssen tun – was wir sagen. Wir müssen sein – was wir tun.“

Führung / Hans H. Hinterhuber:
„Nur die Besten sind gut genug! Im Zweifel, nein! Führung beginnt, wo der Konsens aufhört!"

Kundenorientierung / Robert Bosch:
„Lieber Geld verlieren – als Vertrauen ..."

Vertrauen / Hans L. Merkle:
„Es ist mit dem Vertrauen ein Kommen und ein Gehen – und darüber, so hoffen wir, manchmal auf das Lächeln eines Gottes, der uns für den steinigen Weg trösten will."

Als abschließendes Credo möchte ich anmerken: *„Gelänge es, Mitarbeiter so einzusetzen, dass sie ihr Bedürfnis nach Selbstverwirklichung im Rahmen der eigenen Arbeit realisieren könnten, so würden herkömmliche Unternehmensziele, wie beispielsweise Kundenorientierung oder Profitmaximierung, zu zwangsläufigen Abfallprodukten dieser Strategie."* (Papmehl 1988)

Voraussetzung ist der Glaube an die Fähigkeiten der eigenen Mannschaft. Es gilt, täglich erneut den Mut zu haben, den Menschen (auch in schwierigen Situationen) zu vertrauen! Vergessen Sie nicht: Es kann von Zeit zu Zeit sinnvoll sein, einen kreativen Umweg (vgl. Schröder 2003) zu gehen. Insbesondere dann, wenn das Ziel auf direktem Wege unerreichbar scheint. Auch sind Gelassenheit und Humor durchaus nützliche Wegbegleiter guter Führungskräfte, welche den Stellenwert der eigenen Person bzw. die eigene Wichtigkeit „richtig" einzuschätzen wissen ...

Oder wie Klaus Doppler (1999) es (fast schon poetisch) formuliert hat: *„Der König ist tot – es lebe der König! Glücklich, wer dies versteht und innerlich akzeptieren kann, anstatt darunter zu leiden, dass er nicht mehr gefragt ist – beziehungsweise nicht mehr gebraucht wird, und seine Leistungen, auf die er so stolz war, weggespült werden wie Sandburgen am Meeresstrand."*

In letzter Konsequenz heißt gutes Management für mich folgende Herausforderung persönlich anzunehmen und täglich erneut zu meistern:

„Ich persönlich verbürge mich für den Unternehmenserfolg. Ich persönlich übernehme Verantwortung, insbesondere auch für Misserfolge. Ich persönlich begeistere die Menschen, gemeinsam eine positive Zukunft Realität werden zu lassen!"

Oft vergessen wir, dass hierzu geeignete Rahmenbedingungen gehören, denn *„Der Mensch lebt nicht vom Brot alleine (...)."* (Matthäus-Evangelium). Also eine lebenswerte Unternehmensumgebung tatsächlich zu verwirklichen – mit einem guten, ethischen Arbeitsklima sowie einer motivierenden Unternehmenskultur; mithin *„Die kreative Organisation"* – in welche wir unsere Fähigkeiten und Talente und Leidenschaft gerne einbringen! Denn nachhaltige Spitzenleistungen werden genau dann zur Normalität, wenn wir jeden Tag erneut Freude und Spaß an der eigenen Arbeit finden sowie auf unsere Erfolge gemeinsam stolz sein können ...

Ansonsten wäre ein Großteil unserer Lebenszeit verschwendete Zeit gewesen!

Literatur

AMABILE, TERESA, *The 6 Myth Of Creativity*, zitiert aus: www.fastcompany.com.

BALZER, ARNOLD, *Editorial, Manager Magazin,* Mai 2008.

BAUER, JOACHIM, *Das Prinzip Menschlichkeit*, Hamburg 2006.

BEZOS, JEFF, zitiert aus: www.wirtschaftszitate.de.

BONO, EDWARD DE, *Die positive Revolution – konstruktiv denken und effektiv handeln*, Düsseldorf 1992.

BONO, EDWARD DE, *Serious Creativity – Die Entwicklung neuer Ideen durch die Kraft des lateralen Denkens*, Stuttgart 1996.

BORN, RAINER, *Was soll und kann es bedeuten, von Wissen zu reden?*, www.sowi.uni-linz.ac.at.

BOSCH, ROBERT, *Lieber Geld verlieren als Vertrauen* in: Der Bosch Zünder, 1. Jahrgang, Heft 2, Stuttgart und Feuerbach 5. April 1919.

BRANDES WOLFRAM P. et al., *Intellectual Capital und Kommunikation,* Wiesbaden 2005.

COLLINS, JIM, *Der Weg zu den Besten*, 5. Auflage, München 2005.

DIE BIBEL, *Matthäus-Evangelium 4,1 – 11*, Württembergische Bibelanstalt, Stuttgart 1968.

DAS AKTUELLE WISSEN.DE LEXIKON, Gütersloh 2004.

DAMMANN, GERHARD, *Narzissten, Egomanen, Psychopathen in der Führungsetage*, Bern 2007.

DRUMM HANS JÜRGEN, *Personalwirtschaft,* 6. Auflage, Heidelberg 2004.

DOPPLER, KLAUS, *Dialektik der Führung – Opfer und Täter*, München 1999.

GASTBERGER, PETER, *scalaria – Kernkompetenz Inszenierung*, in diesem Buch.

HERRHAUSEN, ALFRED, *Denken – Ordnen – Gestalten*, Berlin 1990.

HINTERHUBER, HANS H., *Leadership*, 3. Auflage, Frankfurt a. M. 2004.

HINTERHUBER, HANS H., *Kundenzufriedenheit durch Kernkompetenzen,* München/Wien 1997.

HOLM-HADULLA, RAINER M., *Kreativität – Konzept und Lebensstil*, Göttingen 2005.

HOLM-HADULLA, RAINER M., *Kreativität – Ein Lebensthema,* Vortrag bei den 53. Lindauer Psychotherapiewochen.

KRETSCHMANN, CARSTEN et al., *Wissen in der Krise*, Berlin 2004.

LAUTZ, DIETER, *Kompetenz und Konsequenz,* in diesem Buch.

MACCOBY, MICHAEL, *Warum wir arbeiten, Motivation als Führungsaufgabe*, Frankfurt 1989.

MARR, RAINER/STEINER, KARIN, *Personalabbau in deutschen Unternehmen*, Wiesbaden 2002.

MERKLE, HANS L., *Der steinige Weg*, Zürich 1993.

NORMAN, DAVID, *The Changing Fokus of Strategy,* Journal of the Strategic Planning Society, März 1993.

PAPMEHL, ANDRÉ (HRSG.), *Absolute Customer Care,* 2. Auflage, Wien 2002.

PAPMEHL, ANDRÉ, *Personal-Controlling,* 2. Auflage, Heidelberg 1999.

PAPMEHL, ANDRÉ/BALDIN KLAUS, *Kann man Bildungsnutzen messen?* in: Personalführung 8/1989.

PAPMEHL, ANDRÉ/WALSH, IAN (HG.): *Personalentwicklung im Wandel*, Wiesbaden 1991.

PARMA, VIKTOR, *Machtgier – Wer die Schweiz wirklich regiert*, München 2007.

SCHMIDT, HELMUT, *Globalisierung – Politische, ökonomische und kulturelle Herausforderungen,* Stuttgart 1998.

SCHMIDT, HELMUT, *Handeln für Deutschland*, Berlin 1993.

SCHOLZ, CHRISTIAN, *Personalmanagement,* 5. Auflage, München 2000.

SCHRÖDER, WOLFGANG, *Performance: Von der Arbeitswelt zur Ergebniswelt,* Wien 2003.

SPRENGER, REINHARD K., *Aufstand des Individuums,* 2. Auflage, Düsseldorf 2001.

STEHR, NICO, *Ethik verändert die Wirtschaft,* Interview im Spiegel: 25/2007.

STIEFEL, ROLF TH., *Personalentwicklung KMU: Innovationen durch praxiserprobte Konzepte,* 5. Auflage, Leonberg 2006.

STIEFEL, ROLF TH., *Lektionen für die Chefetage,* Stuttgart 1996.

VESTER, FREDERIC, *Neues Denken im Management,* in: Papmehl, André/Siewers, Rainer (Hg.): Wissen im Wandel, Wien/Frankfurt 1999.

WALSH, IAN, *Management of Change* in: A. Papmehl/I. Walsh (Hg.): Personalentwicklung im Wandel, Wiesbaden 1991.

WALSH IAN/WEBER GERO F. (Hg.), *Management Audit,* Göttingen 1996.

WWW.WIKIPEDIA.ORG/WIKI/KREATIVITÄT

WOLLERT, ARTUR, *Führen, Verantworten, Werte schaffen*, Frankfurt 2002.

WOLLERT, ARTUR, *Ethik-Kodex für Personalmanager im Rahmen der Corporate Governance Diskussion,* Universität Karlsruhe, Antrittsvorlesung am 23.06.2004.

WUNDERER, ROLF, *Der gestiefelte Kater*, Wiesbaden 2008.

WUNDERER, ROLF, *Kreativität in Management und Märchen*, in diesem Buch.

FOTOS „WAVE & SURFER“: © Mark Berkowitz [mjberkey@hawaii.rr.com].

Schlusswort

Von Bohemia zur „kreativen Klasse"

Matthias Horx

Matthias Horx,
Jahrgang 1955, ist einer der profiliertesten Redner zum Thema Zukunft & Trends im deutschsprachigen Raum. Er war zwölf Jahre lang als Journalist und Publizist für Zeitschriften wie *Zeit, Merian* und *Tempo* tätig, bevor er Anfang der 90er-Jahre das Trendbüro mitbegründete. Seit 1998 ist er Inhaber des von ihm gegründeten „Zukunftsinstituts" mit Sitz in Kelkheim und Wien. Er gibt den „Zukunftsletter" im VNR-Verlag heraus und ist mit zahlreichen Buch-Publikationen einem breiten, internationalen Publikum bekannt.

Matthias Horx ist als Zukunftsberater für zahlreiche, namhafte Unternehmen tätig. Seine innovativen, kreativen Vorträge dienen unterschiedlichen Wirtschaftsbranchen als Benchmark und Orientierung im Hinblick auf die Thematik „Entwicklung von Zukünften". Seine Vorträge umfassen insbesondere die Wechselwirkungen von sozialen, technologischen, ökonomischen und politischen Trends in einer globalisierten Welt.

Gegen Mitte des 19. Jahrhunderts tauchte zum ersten Mal ein Menschenschlag auf, der die bürgerliche Welt zu Naserümpfen und Befremdung veranlasste. Diese Menschen kümmerten sich allem Anschein nach nicht um den Erwerb oder die Vermehrung des Geldes, legten aber großen Wert auf Kategorien, die auch in der bürgerlichen Welt hohen Stellenwert einnahmen: Kunst, Musik, Gefühle, ja sogar Stil und Genuss. Sie lasen Unmengen Bücher in einer Zeit, in der das Lesen den Privilegierten vorbehalten war. Einige von ihnen sprengten sexuelle oder Kleidernormen, so hatten etwa Frauen kurz geschnittene Haare oder Männer lange.

„Bohemiens" rebellierten gegen das rationale Prinzip, das im beginnenden Industrialismus das Menschenverhältnis mehr und mehr zu durchdringen schien. Sie verherrlichten die Kreativität, den Geist, die „Selbstverwirklichung", und zogen all dies dem „Fabrikprinzip" vor, das die Welt umzugestalten begann.

Sie waren stilbildend. Erotik, Hedonismus, Kunst, Kreativität, Individualismus – all diese Themen machten sich aus den Ghettos der Minderheit auf den langen Marsch zum Mainstream, wo sie in den siebziger und achtziger Jahren mehr und mehr ankamen.

Business-Herren in dunklen Anzügen unterscheiden sich immer noch graduell von Künstlertypen. Aber ohne Zweifel weicht die Demarkationslinie auf:

- Innovation ist nicht mehr nur eine Marginalie modernen Geschäftslebens. Die New Economy, so sehr sie auch in Verruf geraten sein mag, schuf einen neuen Typus des Erlebnisunternehmers, der seine große Zeit noch vor sich hat. Der Siegeszug von Star-Berufen wie Art Director oder Topdesigner, die oft besser bezahlt sind als die Managerkaste, zeugt von dieser Gewichtsverschiebung in Richtung Kreativität. Aber auch die Triumphe der Pop-Marken wie Starbucks, Apple, H&M singen das Lied einer neuen Innovationsökonomie.
- Marketing ist heute längst nicht mehr nur Verkaufstechnik, sondern kreative Symbiose. Sportartikelhersteller verbinden sich mit alternativen Extrembergsteigern, Getränkehersteller mit Popstars, die Post mit Entertainern. In einem weltweit ausgestrahlten Spot für UPS wurden Paketboten als megakreative Talente dargestellt, die man – mit allen Mitteln und Tricks – von der Straße wegfangen und ihrer eigentlichen Bestimmung, eben dem „kreativen Botentum", zuführen muss …

Die Kreative Ökonomie und der Kreative Sektor

Wo endet das Reich der Wiederholung, und wo beginnt das der Schöpfung? Das lateinische Wort „creare" für „erzeugen" hilft uns kaum weiter. Ist es kreativ, ein Auto zu bauen? Eine Buchhaltung in den Griff zu bekommen? Einen Ort sauber zu halten?

Fangen wir zunächst mit den „genuin" kreativen Berufen an: Architekten, Animateure, Analysten, Ärzte, Autoren, Ballerinen, Berater, Bibliothekare, Caster, Caterer, Clowns, Coaches, Comiczeichner, Choreographen, Designer, DJs, Dokumentarfilmer, Event-Agenten, Entertainer, Erfinder, Fitnesstrainer, Fotografen, Forscher, Grafikdesigner, Kabarettisten, Kommunikationsspezialisten, Lektoren, Lebensberater, Logistiker, Masseure, Märchenerzähler, Magier,

Mediatoren, Medientrainer, Maler, Musiker, Musen, Moderatoren, Motivatoren, Models, Modeberater, Kameraleute, Keramikkünstler, Creative Manager, Prediger, Praxisphilosophen, Rechtsanwälte, populäre Wissenschaftler, Software-Cracks, Stilberater, Tänzer, Therapeuten, Trainer, Rapper, Rennfahrer, Redakteure, Regisseure, Starköche, Stuntmänner, Schönheitschirurgen, Wohnberater, Webdesigner, Zirkusdirektoren, Zahlenmagier …

Eine eindrucksvolle und völlig unvollständige Liste. Wenn man alle zusammenzählt, die heute schon in kreativen Berufen ihr Einkommen finden, kommt ordentlich etwas zusammen. Aber der Teufel liegt schon wieder im Detail. Sind Architekten *wirklich* schöpferisch tätig oder ist Brückenzeichnen nicht eine Strafe Gottes? Gewiss, es gibt kreative Doktoren, aber ist der Arztberuf nicht eher ein handwerklicher und fremdbestimmter Routineberuf geworden? Ist „Model“ nicht eine entfremdete Profession, die mehr mit Fließbandarbeit zu tun hat, als mit dem Erschaffen von etwas Neuem? Umgekehrt könnte man mit einiger Legitimität auch fragen: Ist nicht *alles* ein kreativer Beruf? Postbote? Verkäuferin? Babysitter allemal?

Immer wieder werde ich gefragt, welche Berufe „wirklich zukunftssicher“ sind. Hier einige bombensichere Tipps: Ethnopsychologe, Prozessdesigner, Waldkindergärtnerin, Kulturvermittlerin, Duftgestalter, Trauerritualist, Zähnewellnessguru.

Von jedem dieser Berufe kenne ich mindestens einen erfolgreichen Pionier persönlich. Ich weiß, dass es sich um Zukunftsberufe handelt, eben weil sie sich gerade erst am Anfang ihrer Evolution befinden und noch nicht jeder zweite Jugendliche „so etwas“ werden will. Weil sie an den Schnittstellen starker, tief liegender Bedürfnisse ansetzen. Weil sie originär, neu und faszinierend sind. Und weil wir vor 20 Jahren auch noch nicht wussten, was ein „Programmierer“ ist.

Das Leonardo-Prinzip oder kreative Imperien

Der heiße Nukleus jeder Kreativkarriere besteht in einer fokussierten Idee, die sich deutlich an einen Personennamen oder eine „Gruppenmarke“ bindet. Diese Leistung muss extrem „spitz“ sein, das heißt, sie muss sich im Meer der kulturellen Meme gnadenlos unterscheiden, einen Kontrast bilden, der sich tief ins Herz einfräst und dort von Mensch zu Mensch weiterkopiert wird. Diesen Prozess könnte man „memetisches Signieren“ nennen. Ein Comiczeichner findet eine Figur („Ahh – das kleine Arschloch vom Moers!“). Ein Fußballspieler schießt das entscheidende Tor beim Elfmeterschießen („Ahh! Beckenbauer!“). Der Designer gestaltet das erfolgreiche Kultauto, das von nun an für immer mit seiner Handschrift verbunden sein wird („Ahh, Bertone-Stil!“). Von nun an kann der Comiczeichner jeden Vorschuss, der Fußballspieler riesige Ablösesummen, der Autodesigner gigantische Vertragssummen verlangen. Von nun an dreht sich die Verwertungskette um: Der Kreative wird zum begehrten Signet, zum „Arbeitgeber“ seiner selbst.

Leonardo da Vinci, das Allround-Genie der künstlerischen Renaissance, war schon zu seinen Lebzeiten ein berühmter und reicher Mensch. Er beschäftigte in seinen Studios, die modernen Künstlerateliers wie Warhols „Factory“ ähnelten, ständig zig Nachwuchskünstler, Handwerker, Zeichner, Konstrukteure, denen er Auskommen und bisweilen auch Nachfolgeruhm ermöglichte. Leonardo da Vinci war einer der ersten *Meta-Kreativen*, dem es gelang, seinen Namen als Symbolmarke zu brauchen. Seine Unterschrift reichte, um einer Arbeit einen ganz bestimmten Wert zu geben.

Im „creative age" springt diese Methode der kreativen Wertschöpfung auf immer mehr Berufe über. Heute signieren Bauern mit ihren Unterschriften ihre Produkte – zum Beispiel Eier von freilaufenden Hühnern – und sogar Putzfrauen verewigen auf Toiletten ihr Wirken! Diese Individualisierung individueller Differenzleistungen ist ein typisches Merkmal des Paradigmenwechsels. Ein industrielles Produkt lebt durch seine *Normierung*. Es unterscheidet sich vom handwerklichen Unikat durch beliebige Kopierbarkeit und geringen Preis. Im Zuge des Übergangs zum „conceptual age" wollen wir jedoch (wieder) wissen, von wem etwas stammt.

Führt das nicht, wie Richard Sennett es in seinem Buch *Der flexible Mensch* ausdrückt, zu „Märkten des Alles oder Nichts"? „Die Auszahlungsmodalität der modernen Wirtschaft", schreibt Sennet, „ führt dazu, bescheidenere, aber produktivere Alternativen aufzugeben. Alle sind immer nur hinter dem Hauptgewinn her."

„The winner takes it all." Das mag schon sein. Aber wo trägt er es hin? Was macht der „kreative Kapitalist" mit seinem erbeuteten Mehrwert? Antwort: Er investiert es in sein Umfeld. In seine Freunde. Gewiss, bisweilen auch in bescheuerte Autos und sinnlose Koksorgien. Aber kreatives Geld hat eine andere „breeding rate" als industriell verdienter Mehrwert. Kreatives Geld neigt dazu, mehr Kreativität zu erzeugen. Es wird investiert in Wünsche, Träume und Vorhaben, die so gut wie immer einen sozialen, humanen, ethischen Charakter haben.

Kreative Klasse – zum Lichte Empor!

Natürlich fehlt der kreativen Klasse jene kollektive Homogenität und gemeinsame „Seinslage", die einst die Arbeiterklasse verband. Auch hat der Kreative kaum Machtmittel wie etwa den Streik, um seine Interessen durchzusetzen. Dennoch lassen sich seine *Klasseninteressen* durchaus definieren. Alle Geschichte ist, so Marx, eine Geschichte von Klassenkämpfen. Worin besteht, um eng an Marx zu bleiben, zunächst das *Produktionsmittel* der kreativen Klasse? Es ist der eigene Körper und Kopf. Aber zu jedem kreativen Kopf gehört eine Umgebung, die ihn befähigt, anregt und herausfordert, seine Komplexität und Geschwindigkeit steigert. Man ist – ich weiß es aus vielen Eigenversuchen – in der einsamen Hütte im Wald nicht wirklich kreativ, trotz 300 digitaler Fernsehsatellitenkanäle und einem 40-GB-iPod.

Das Klasseninteresse der Kreativen bezieht sich also auf Milieu. Auf urbane Lebenswelten, die zur Kreativität befähigen. Das eigentliche „Produktionsinstrument" der Kreativen sind die Montmartres, Portobello Roads, die Tribecas, die Kreuzbergs, die kreativen Ecken und künstlerischen Anregungsfelder und Ideopolen.

In den USA hat Richard Florida mehr als zehn „creativity hubs", kreative Boomtowns, ausgemacht. „Ideopolis" nennt der Soziologe Ruy Teixera wissensstarke und bohemienverseuchte Agglomerationen wie Boston, Tuscon, Phoenix, Raleigh-Durham, Seattle, Portland, Minneapolis, San Francisco. Florida zählt in diesen Städten und Regionen die diversen Indexe für Bildungsniveau und Einkommen. Drei zentrale Faktoren, die „drei Ts“, sind dabei besonders signifikant für die Stärke der kreativen Klasse:

- *Technologie:* Voraussetzung und Begleiterscheinung für ein kreatives Milieu ist moderne Kommunikationstechnologie. Denn die Arbeit des Kreativen besteht überwiegend im „Einloggen“. Das liegt einerseits daran, dass viele Kreative nun mal mit Computern arbeiten. Andererseits begründet es sich aber auch in der Sozialtechnik des Networking, die ohne Internetanschluss kaum zu bewerkstelligen ist. Technologien „empowern“ Netzwerke auf vielfältige Art und Weise.
- *Toleranz:* Laut Florida entscheidet der „Schwulenfaktor“ über die kreative Produktivität einer Region oder Stadt. Wie bitte? Ja. Aber nicht, weil alle Schwulen kreativ sind. Sie sind nur die „Zeigerpflanzen“ jener Milieus der Vielfalt, in der kreative Leistung blüht und gedeiht.
- *Talente:* Wie viele Cafés, Galerien, Lounges gibt es in einer Stadt oder Region? Das ist der sogenannte „Boho“-Faktor, der Indikator für ein reichhaltiges soziales Leben. Je mehr Menschen jung, gebildet und sozial anspruchsvoll sind, desto häufiger gehen sie in solche Institutionen der individualisierten Begegnung. Das hängt nicht zuletzt von den Bildungsmilieus ab, von der Existenz einer herausragenden Universität. Aber auch von der Fähigkeit einer Stadt oder Region, Talente von außen, aus den anderen Ländern und Kulturen anzuziehen.

Kommandobrücke Enterprise oder das Diversity-Prinzip

Arbeit in der Zukunft können wir uns vorstellen wie auf der Kommandobrücke des Raumschiffs Enterprise. Wir sitzen auf Kontursesseln oder halten uns im Hintergrund bei Kontrollpaneelen auf. Über eine Vielzahl von Monitoren „scannen“ wir den Raumquadranten um uns herum. Wenn ein Phänomen oder Problem auftaucht, rufen wir: „Auf den Schirm!“

Und dann beginnt der Stress!

Die Enterprise-Metapher kann in der Tat so gut wie alles erklären, was mit dem Wandel von Arbeit zu tun hat. Es beginnt mit der Veränderung der *Mission*. Die Enterprise (der Name sagt es) befindet sich, wie moderne Unternehmen, in unerforschten Quadranten des Weltraums (= volatile globale Märkte). Sie ist konfrontiert mit Überraschungen (Innovationen, neue Technologien), die dem Team das Äußerste an Wissen und Reaktionsschnelle abverlangen. Sie befindet sich in ständiger Konfrontation mit seltsamen Spezies (= Konkurrenten), die völlig unberechenbar erscheinen.

Auf der Enterprise-Brücke materialisiert das, was Frans Johansson in seinem Buch *The Medici Effect* den „Überschneidungspunkt“ („Intersection“) genannt hat:

> „Es ist ein Ort, an dem verschiedene Kulturen, Denkweisen und Disziplinen zu einem einzigen Diskurs zusammenströmen. Sie verbinden sich miteinander und erlauben es, dass etablierte Konzepte aufeinanderprallen. Und dabei eine Vielfalt von neuen, Bahn brechenden Ideen formen."

Je komplexer das „Gesamt-Brain" der Crew, desto leichter fällt die zentrale Aufgabe, *unkonventionell* zu denken. Um „Group-Thinking", also das Kopieren von Vor- und Fehlurteilen zu verhindern, müssen die Gruppenmitglieder so anders sein wie möglich. Und störrische „Andere" sind die Mitglieder der Enterprise-Crew allemal! Data, der Androide, setzt sich auf seiner Suche nach dem Wesen von Gefühlen vor allem mit Betrachtungen des Humanen auseinander. Spock, der Vulkanier, Mitglied einer Rasse, die sich dem Verfeinert-Rationalen zuwendet, löst logische Vertracktheiten. Erfolgreich im Showdown ist der Klingone, der die Macho-Art seiner Spezies bewahrt hat, aber mit einem großen Herz kombiniert. Mal nimmt Captain Picard die Brücke in die Hand, der den männlich-erfahrenen Fahrensmann verkörpert, der die Dialektik von Macht und Demut kennt. Aber auch das weibliche Element kommt nicht zu kurz – zu den weitsichtigsten Kommandanten gehört Captain Janeway, die sich ausgerechnet mit einer „entassimilierten" Borg im Zweierteam bewährt. Oft zeichnen sich Mannschaftsmitglieder auch in plötzlichen Rollenwechseln aus: Wer durch einen Notfall plötzlich die Brücke übernehmen muss, wächst über sich selbst hinaus und löst Krisen auf kathartische Weise: indem er eine existenzielle Krise durchlebt, die ihn läutert und verändert, wie in der griechischen Mythologie, wie in allen Weisheitserzählungen der Menschheit.

„Kognitive Diversität" ist das zentrale Produktionsmittel der Wissensökonomie. James Surowiecki hat in seinem Buch *The Wisdom of Crowds* ausgeführt, wie wichtig dabei jene „blinde" Intelligenz ist, über die Fachexperten eben *nicht* verfügen. Börsengurus etwa irren fast immer, wenn Märkte eine gewisse Dynamik aufweisen. Scott Page, ein Kognitionswissenschaftler an der Universität von Michigan, hat das „Entscheiden in Diversitätsteams" mit Software-Agenten durchgespielt und kam zum selben Ergebnis: Entscheidend ist nicht, wie *schlau* die Agenten sind, sondern wie viele Agenten aus *verschiedenen Blickwinkeln* ein Problem betrachten.

„Wenn alle Personen in einem Raum gleich sind, gibt es weniger Argumente und eine Menge schlechterer Antworten", formulierte Ivan Seidenberg, der ehemalige CEO von Bell Atlantic.

Industrielle Ökonomien sind auf linearer Rationalität aufgebaut. In ihnen geht es um graduelle Optimierungs- und Verbesserungsprozesse. Dazu dienen Millionen von Maßnahmen und Messinstrumente, vom Bewerbergespräch über Kosten-Controlling bis zur „Balanced Scorecard". In der Sternenföderation – sprich: im Unternehmen der Zukunft – geht es hingegen um radikale Durchbruchserkenntnis – um ideelles Wissen.

Das „Enterprise-Prinzip" markiert auch den Übergang von einem vertikalen zu einem horizontalen Konkurrenzprinzip. Die Individuen stehen nicht in einem hierarchischen Wettbewerb, in dem alle dieselben Fähigkeiten anstreben, wobei dann der Bessere „den Posten" gewinnt. Jeder Einzelne soll vielmehr seine Andersartigkeit trainieren und ausprägen. Der

Commander zeichnet sich dabei nicht durch überlegene Autorität aus, sondern durch sein Talent zur Koordination des Verschiedenen. Und vor allem durch das Stellen der richtigen Fragen!

Zurück in der Gegenwart übernehmen die global operierenden Fluggesellschaften die Pionierfunktion in diesem Prozess der „Diversifizierung der Diversität“. Monika Rühl, eine Diversity-Beauftragte der Deutschen Lufthansa, formulierte folgende Sätze, die vor weißen, älteren, verheirateten „Organization Men“ zwischen 50 und 70 vorgetragen, immer eine interessante Unruhe auslösen:

> „Im Jahre 2012 sind zwei von vier Vorstandsposten von Frauen besetzt, eine davon ist Türkin. Von den beiden Männern ist einer US-Amerikaner, der andere körperbehindert. Die mittlere Führungsriege ist zu 43 Prozent mit Frauen zwischen 28 und 70 Jahren besetzt, davon arbeiten 15 Prozent vorübergehend nur halbtags, aus Familiengründen (10 Prozent der Männer haben nur eine Zweidrittelstelle). Ein Drittel der Gesamtbelegschaft besteht aus Ausländern, unter den Führungskräften sind es 26 Prozent. 25 Prozent sind Moslems, 10 Prozent Buddhisten, weitere 15 Prozent gehören verschiedenen anderen Religionsgemeinschaften an.“

Die kreative Meritokratie

Neulich sprach ich mit einem sehr hoch angesiedelten europäischen Manager über die wichtigsten Probleme in seinem Unternehmen. „Im Grunde können wir alles managen“, sagte er, „den Ölpreis, die brutalen US-Konkurrenten, die unverschämten Chinesen, die Marketing-Probleme – alles! Wir haben nur ein einziges *echtes* Problem: die Mentalität unserer Leute. Unsere Mitarbeiter sind in der Welt der lebenslangen Festanstellung zu 100-prozentigen Befehlsempfängern geworden, die nur in einer Schiene denken: „Wie kann ich möglichst lange hier sitzen und dafür bezahlt werden?“

Was wäre, wenn die kreative Klasse sich in der Ökonomie der Zukunft tatsächlich als *dominante* Klasse durchsetzen würde? Wenn ihr Werdegang dem der Bourgeoisie ähnelte, die zu Beginn auch nur eine belächelte und befehdete Minderheit war, bevor sie zur Kernschicht des Kapitalismus aufstieg?

Das Prinzip der Kreativität demontiert das Zeitmaß abhängiger Arbeit. Wie lange einer in der Firma *sitzt*, das sagt nichts mehr aus über seine Produktivität (im Gegenteil: oft eine negative). Kreative Zeit ist ver-rückte Zeit. Wie bei *Alice im Wunderland*, wenn der Hase die Zeit rückwärts und vorwärts laufen lässt und alle Uhren gleichzeitig schlagen; ein einziger Gedanke – ein Claim, ein Patent, eine Formel, eine Headline, eine Melodie – kann gewaltige Geldmengen bewegen.

Kreative Ökonomie ist in ihrem Kern Ergebnisökonomie. Das ist der Grund, warum in Zukunft der industrielle Stundenlohn absterben wird. Er weicht – wir können es heute schon deutlich sehen – einem Grundlohn, einer „Haltermiete“ am untersten Niveau. Darauf kommt die eigentliche Performance-Prämie: Dem jeweiligen Team oder Individuum wird der Überschuss zugewiesen. Wenn die Elefanten nach Hause getragen wurden, nicht vorher …

Dass dies über kurz oder lang via Beteiligungsmodelle auch zu anderen Eigentumsverhältnissen führen wird, liegt auf der Hand. Vor allem aber zerstört es den Kern unserer gewohnten Zeitstrukturierungen und Bemessungskriterien. Und hier steckt das eigentliche Motiv für jene Hartnäckigkeit, mit der wir das Aufkommen der Wissensökonomie ignorieren, ablehnen, ja denunzieren. Wir ahnen, dass es in der Kreativökonomie keine Nischen mehr geben wird. Keine gemütlichen Schreibtische, hinter deren Gummibäumen und Sachzwängen man sich verstecken kann. Keine ausgedehnten Kaffeepausen, bezahlte, teure Zeit. Alles, was Industriekultur ja auch so komfortabel machte – das Gleichmaß, die Unschärfe, die Fehlertoleranz, die Nischen, die Delegationsmöglichkeit an andere, aber auch die saubere und komfortable Trennung zwischen „Arbeit“ und „Freizeit“ –, geht zu Ende.

Doch machen wir wieder einen kurzen Schritt zurück – in die Gegenwart. Und stellen uns zwei essenzielle Fragen:

1. Welche notwendigen Schritte müssen von Unternehmern und Unternehmen heute schon vollbracht werden, um auf diese „neue Kreative Gesellschaft“ gut vorbereitet zu sein?
2. Wie agieren die verantwortlichen Menschen in diesen Unternehmen und welche Auswirkungen hat das auf ihre „eigene Kreative Gesellschaft“ – also auf ihre Organisation und deren Kultur?

Dieses Buch *Die kreative Organisation* zeigt auf sehr anschauliche Weise, wie renommierte Unternehmen unterschiedlicher Größe und unterschiedlicher Branchen ihren zukünftigen Erfolg schon heute vorbereiten – und „üben“, indem sie bestimmte Anforderungen der Zukunft als bereits gesetzte Realitäten antizipieren. Damit sie gewappnet sind, wenn es wirklich „ernst“ wird.

Ernst mit dem globalen Wettbewerbsvorteil durch nicht imitierbare „Kreative Kulturen“.

Literatur

HORX, MATTHIAS, *Wie wir leben werden. Unsere Zukunft beginnt jetzt,* Frankfurt a. M. 2005.